普通高等教育“十三五”规划教材

冶金原理实验及方法

韩桂洪　主编
黄艳芳　彭伟军　黄宇坤　刘兵兵　副主编

北　京
冶 金 工 业 出 版 社
2020

内 容 提 要

本书共分 3 篇，第 1 篇讲述了冶金原料分析与制备，主要包括矿物基本性质、磨矿与筛分、重选、磁选、浮选、细粒物料造块等；第 2 篇阐述了冶金过程研究方法，主要内容包括冶金炉渣的物理性质、湿法冶金中电势-pH 图的测定、冶金过程宏观动力学、离子交换法分离铜钴、钴镍 P204 萃取过程分离系数的测定、铝土矿的加压溶出等；第 3 篇介绍了仿真与模拟，主要包括冶金原料制备过程仿真训练、电解铝生产模拟仿真、高炉炼铁仿真模拟、转炉炼钢仿真与模拟等。

本书可作为高等院校冶金工程及相关专业本科生的实验课教材，也可供冶金工程技术人员和管理人员参考。

图书在版编目(CIP)数据

冶金原理实验及方法/韩桂洪主编. —北京：冶金工业出版社，2020. 1

普通高等教育“十三五”规划教材

ISBN 978-7-5024-8286-2

Ⅰ. ①冶…　Ⅱ. ①韩…　Ⅲ. ①冶金—实验—高等学校—教材　Ⅳ. ①TF03

中国版本图书馆 CIP 数据核字（2019）第 255832 号

出 版 人　陈玉千
地　　址　北京市东城区嵩祝院北巷 39 号　邮编　100009　电话　(010)64027926
网　　址　www. cnmip. com. cn　电子信箱　yjcbs@ cnmip. com. cn
责任编辑　徐银河　美术编辑　吕欣童　版式设计　禹　蕊
责任校对　郑　娟　责任印制　李玉山
ISBN 978-7-5024-8286-2
冶金工业出版社出版发行；各地新华书店经销；三河市双峰印刷装订有限公司印刷
2020 年 1 月第 1 版，2020 年 1 月第 1 次印刷
787mm×1092mm　1/16；13. 5 印张；324 千字；205 页
39. 00 元

冶金工业出版社　投稿电话　(010)64027932　投稿信箱　tougao@cnmip. com. cn
冶金工业出版社营销中心　电话　(010)64044283　传真　(010)64027893
冶金工业出版社天猫旗舰店　yjgycbs. tmall. com
（本书如有印装质量问题，本社营销中心负责退换）

前　言

本书对冶金工程专业基础实验进行了较为全面、系统地归纳与总结。书中内容参考了中南大学、东北大学等冶金院校相关实验教材，在传统湿法冶金、火法冶金基本实验方法基础上，增加了部分冶金矿物资源加工（选矿、造块)、典型金属选矿、冶金流程工艺仿真实验方法，能够更好地适应“资源-冶金-材料”学科一体化发展。

本书可作为冶金工程、矿物加工工程、化学工程、材料科学与工程等专业的本科生及研究生课程的教材，也可供相关领域的科研技术人员阅读参考。

在本书编写和校订过程中，得到了黄艳芳、黄宇坤、彭伟军、刘兵兵等教师的帮助。其中，彭伟军、刘兵兵博士负责第1篇的编写和校核；黄宇坤博士负责第2篇的编写和校核；黄艳芳副教授负责第3篇的编写和校核。

由于编者水平有限，书中难免存在缺漏和不足之处，敬请读者和专家不吝批评和斧正。

韩桂洪

2019年9月

目　录

第1篇　冶金原料分析与制备

1　矿物基本性质 …… 3

1.1　矿物的物理性质 …… 3

1.1.1　密度 …… 3

1.1.2　比表面积 …… 4

1.1.3　磁性 …… 5

1.1.4　电性质 …… 8

1.2　表面化学性质 …… 10

1.2.1　表面能 …… 11

1.2.2　表面氧化与溶解 …… 12

1.2.3　表面电性 …… 14

1.2.4　表面润湿性 …… 16

习题 …… 18

参考文献 …… 18

2　磨矿与筛分 …… 19

2.1　磨矿基本原理 …… 19

2.2　筛分基本原理 …… 20

2.3　磨矿与筛分实验 …… 21

习题 …… 22

参考文献 …… 22

3　重选 …… 23

3.1　基本原理 …… 23

3.2　自由沉降实验 …… 24

3.3　摇床分选实验 …… 25

习题 …… 27

参考文献 …… 28

4 磁选……………………………………………………………………………………… 29

4.1 基本原理………………………………………………………………………………… 29
4.2 磁选管分选实验………………………………………………………………………… 29
4.3 赤泥磁选回收铁资源…………………………………………………………………… 31
习题 ……………………………………………………………………………………………… 33
参考文献 ………………………………………………………………………………………… 33

5 浮选……………………………………………………………………………………… 34

5.1 基本原理………………………………………………………………………………… 34
5.2 铝土矿可浮性研究……………………………………………………………………… 34
5.3 铝土矿选矿实验………………………………………………………………………… 36
习题 ……………………………………………………………………………………………… 39
参考文献 ………………………………………………………………………………………… 39

6 细粒物料造块…………………………………………………………………………… 40

6.1 基本原理………………………………………………………………………………… 40
6.2 静态成球性能检测实验………………………………………………………………… 41
6.3 造球实验………………………………………………………………………………… 44
习题 ……………………………………………………………………………………………… 46
参考文献 ………………………………………………………………………………………… 46

第2篇 冶金过程研究方法

7 冶金炉渣的物理性质…………………………………………………………………… 49
7.1 炉渣熔点的测定——铂片法…………………………………………………………… 50
7.2 炉渣黏度的测定——内圆柱体旋转法………………………………………………… 52
7.3 炉渣表面张力及密度测定……………………………………………………………… 56
习题 ……………………………………………………………………………………………… 60
参考文献 ………………………………………………………………………………………… 60

8 电势-pH 图 ……………………………………………………………………………… 61

习题 ……………………………………………………………………………………………… 64
参考文献 ………………………………………………………………………………………… 65

9 冶金过程宏观动力学…………………………………………………………………… 66

9.1 反应动力学概述………………………………………………………………………… 66
9.1.1 反应动力学的发展…………………………………………………………………… 66
9.1.2 反应动力学的研究对象和任务……………………………………………………… 66

9.1.3　冶金过程动力学概述……66
9.1.4　化学反应速率及速率方程……67
9.1.5　温度对反应速率的影响……73
9.1.6　有效碰撞理论……76
9.2　液-固反应动力学……78
9.2.1　无固态产物层的浸出反应……79
9.2.2　存在固态产物层的浸出反应……82
9.2.3　锌焙砂浸出动力学过程实验……82
9.3　气-固相反应动力学……86
9.3.1　有固体产物层的致密颗粒的反应动力学……86
9.3.2　硫化锌精矿氧化过程动力学分析……89
9.3.3　金属氧化物还原动力学的实验分析……92
9.4　电极反应过程……96
9.4.1　铜电解精炼-电流效率的测定……97
9.4.2　硫酸锌水溶液的电积过程……99
9.4.3　恒电流法测定极化曲线……101
9.5　差热分析法……103
9.5.1　差热分析的基本原理……104
9.5.2　差热分析曲线方程……104
9.5.3　DTA 在反应动力学研究中的实例分析：硫化铜精矿焙烧的非等温动力学研究……106
习题……110
参考文献……111

10　离子交换法分离铜钴……112

10.1　采用强酸性阳离子交换树脂分离铜钴……112
10.2　采用强碱性阴离子交换树脂分离铜钴……116
习题……118
参考文献……118

11　萃取分离系数的测定……119

11.1　萃取的有关基本概念……119
11.2　P204 萃取 Co、Ni 的分离系数……120
习题……124
参考文献……124

12　铝土矿的加压溶出……125

参考文献……128

第3篇　仿真与模拟篇

13　冶金原料制备过程仿真训练……131
13.1　碎矿和磨矿……131
13.1.1　破矿……131
13.1.2　磨矿和分级……133
13.2　浮选……135
13.3　脱水……137
习题……139
参考文献……139

14　电解铝生产模拟仿真……140
14.1　电解铝更换阳极……140
14.2　电解铝抬母线……146
14.3　出铝……149
习题……151
参考文献……152

15　高炉炼铁仿真模拟……153
15.1　槽下炉顶系统仿真……154
15.1.1　槽下上料操作……154
15.1.2　炉顶手动布料……161
15.2　高炉本体仿真……165
15.2.1　高炉崩料……166
15.2.2　高炉悬料……167
15.2.3　低料线……169
15.2.4　高炉休风……172
15.3　炉前出铁仿真……174
15.4　热风炉换炉仿真……179
15.4.1　准备工作……180
15.4.2　燃烧送风……181
15.4.3　送风燃烧……186
15.5　喷煤系统仿真……189
15.5.1　磨制煤粉工艺仿真……190
15.5.2　磨煤机正常停机仿真……194
习题……196
参考文献……196

16　转炉炼钢仿真与模拟 ………………………………………… 198

16.1　条件确认和备料 ………………………………………… 199
16.2　进废钢、兑铁水 ………………………………………… 200
16.3　吹炼前准备 ………………………………………… 201
16.4　吹炼开始 ………………………………………… 203
16.5　出钢 ………………………………………… 203
16.6　溅渣护炉 ………………………………………… 204
16.7　出渣 ………………………………………… 205
习题 ………………………………………… 205
参考文献 ………………………………………… 205

第1篇

冶金原料分析与制备

1 矿物基本性质

1.1　矿物的物理性质

1.1.1　密度

物料密度：单位体积物质的质量称为密度，用δ表示，其单位按国际单位制为kg/m^3，按厘米克秒制为 g/cm^3。

矿石真密度：矿石是冶金原料预富集的主要对象，矿石是多种有用矿物和脉石矿物的混合体，其单位体积矿石的质量称为矿石的真密度，单位 kg/m^3。

矿石堆密度：堆积的矿石存在孔隙，一定粒度组成的矿石自然堆积时，其单位体积的质量称为矿石的堆密度，单位 kg/m^3。

矿物间的密度差异是决定其能否重选分离的主要因素。常见矿物的密度、比磁化率和电导率见表 1-1。

表 1-1　常见矿物的密度、比磁化率和电导率

矿物	密度/kg·m^{-3}	比磁化率/m^3·kg^{-1}	电导率/S·cm^{-1}
强磁性矿物			
磁铁矿	4900~5200	63~120	10^6~10^5
磁赤铁矿	4800~5300	50~60	
钛磁铁矿		30~40	
磁黄铁矿	4650~4850	0.63~6.7	10^6~10^2
弱磁性矿物			
假象赤铁矿		0.7~0.9	
赤铁矿	4800~5300	0.2~0.3	10^{-2}~10^{-7}
褐铁矿	3400~4400	0.02~0.03	
菱铁矿	3800~3900	0.06~0.07	10^1~10^{-5}
黄铜矿	4100~4300	0.17	
钛铁矿	4500~5500	0.14~0.34	10^4~10^2
水锰矿	4200~4400	0.063	
软锰矿	4700~4800	0.04	10^4~10^{-2}
黑钨矿	7100~7500	0.08~0.12	10^2
白云石	2800~2900	0.034	10^{-5}~10^{-10}

续表 1-1

矿物	密度/kg·m^{-3}	比磁化率/m^3·kg^{-1}	电导率/S·cm^{-1}
弱磁性矿物			
斑铜矿	4900~5400	0.18	10^3~1
非磁性矿物			
石英	2650	-0.00025	10^{-13}~10^{-16}
长石	2700~2800	0.0063	10^{-8}~10^{-14}
金红石	4100~5200	0.0025	10^4~10^1
磷灰石	3200	0.00126	10^{-12}~10^{-14}
黄铁矿	4950~5100	0.00126	10^4~10^{-1}
闪锌矿	3500~4200	0.00126	
辉钼矿	4700~5000	0.00126	10^{-1}~10^{-5}
方铅矿	3900~4100	0.00022	10^4~1
锡石	6800~7100		10^2~10^{-8}
毒砂	5900~6200	0.00082	10~1
萤石	3000~3250	0.0006	10^{-13}~10^{-17}
滑石	2500~2800	0.00082	
正长石	2500~2600	0.00027	

1.1.2 比表面积

1.1.2.1 *表面积*

颗粒的表面积包括外表面积和内表面积两个部分。外表面积是指颗粒轮廓所包络的表面积，它由颗粒的尺寸、外部形貌等因素所决定。内表面积是指颗粒内部孔隙、裂纹等的表面积。上述两个部分表面积并无明确的界限，如颗粒尺寸较大时，其内部孔隙的表面积属内表面，但经充分粉碎后颗粒内部封闭的空洞被打开，内表面则变成外表面。

1.1.2.2 *比表面积*

单位体积（或单位质量）物体的表面积，称为该物体的比表面积或比表面。

以 V 代表颗粒的总体积（或以 ω 代表颗粒的总质量），以 S 代表其总表面积，以 S_v（或 S_w）代表比表面积，则有

$$S_v = S/V(m^2/m^3) \tag{1-1}$$

或

$$S_w = S/\omega(m^2/kg \text{ 或 } m^2/g) \tag{1-2}$$

颗粒是细化的固体，粒度越细的粒群，其表面积越大，如直径 1cm 的颗粒破碎成 1μm 的颗粒群时，表面积约增大 104 倍。颗粒的比表面积可通过许多仪器进行测量，也可以利用实际粒度分析结果资料进行理论计算。常用的比表面分析方法如下。

（1）BET 吸附法。吸附法是在试样颗粒的表面上吸附截面积已知的吸附剂分子，根据吸附剂的单分子层吸附量计算出试样的比表面积，然后换算成颗粒的平均粒径。目前多

用 BET 方法进行测定。BET 吸附等温式为

$$\frac{p}{V(p_0-p)}=\frac{1}{V_mK}+\frac{K-p}{V_mKp_0} \tag{1-3}$$

式中 p——吸附气体的压力；

p_0——吸附气体的饱和蒸气压；

V——吸附量；

V_m——单分子层吸附量；

K——与吸附热有关的常数。

以 $p/[V(p_0-p)]$ 对 p/p_0 作图为一直线，由该直线的斜率和截距可以求得 V_m值，再由 V_m值及吸附气体的分子截面积 A，可计算出试样的比表面积 S_w，即

$$S_w=\frac{NA}{V_0}V_m \tag{1-4}$$

式中 V_0——标准状态下吸附气体的摩尔体积（$V_0=22410$mL）；

N——阿伏伽德罗常数（$N=6.023\times1023$/mol）。

由于氮吸附的非选择性，低温氮吸附法通常是测定比表面积的标准方法，此时 $A=0.162\text{nm}^2$，当测定温度为 77.2K 时，式（1-4）可简化为

$$S_w=4.36V_m \tag{1-5}$$

应该注意的是，吸附法测定颗粒粒度，原则上只适用于无孔隙和裂纹的颗粒。如果颗粒中存在孔隙或裂纹，用这种方法测得的比表面积包含孔隙内或缝内的表面积，因而测得的比表面积比其他方法（如透气法）的测定数值大，由此换算出的颗粒粒径则偏小。

（2）气体透过法。气体透过法的理论根据是 Kozeny Carman 关于层流状态下气体通过固定颗粒层时透过流动速度与颗粒层阻力的关系式。

$$\Delta P=5S_v^2u\mu L\frac{(1-\varepsilon)^2}{\varepsilon^3} \tag{1-6}$$

式中 ΔP——粉体层的阻力；

L——粉体层的厚度；

μ——气体的透过流动速度；

ε——粉体层的孔隙率；

u——气体的透过流动速度。

气体透过法测定粉体比表面积应用最广泛的是 Bline 法（又称勃氏法）。Bline 法是测定水泥比表面积的常用方法，也可用于测定其他干燥细粉。

1.1.3 磁性

磁性是物质的基本属性之一。从电磁学原理可知，任何物质的磁性都是带电粒子运动的结果。原子是组成宏观物质的基本单元，原子由原子核和电子组成，电子运动使原子具有磁性。因此，原子磁性是物质磁性的基础。

原子磁性由原子磁矩表示。原子的磁矩来源于原子核和电子的磁矩。原子核的磁矩很小，仅为电子磁矩的千分之一，一般可忽略不计。电子绕原子核的环形运动所产生的磁矩称为轨道磁矩。此外，每个电子还要自旋，由自旋产生的磁矩称为自旋磁矩。二者的矢量和就是原子的总磁矩。

1.1.3.1　*磁化现象与物质磁化率*

磁化是使原来不具有磁性的物质获得磁性的过程。磁化现象是指一些物体在磁体或电流的作用下会显现磁性的现象。物质的磁化程度可用磁化强度表示，磁化强度为单位体积物质的磁矩，可用式（1-7）表示。

$$M = \frac{m}{V} \tag{1-7}$$

式中　m——磁化物质的磁矩，是物质中所有原子磁矩的矢量和，$A \cdot m^2$；

V——物质体积，m^3；

M——磁化强度，A/m。

磁化强度与外磁场强度成比例增加，故又可表示为：

$$M = KH \tag{1-8}$$

式中　H——外磁场强度，A/m；

K——物质体积磁化率，可用以表示物质磁性，无量纲。

合并式（1-7）和式（1-8），得

$$K = \frac{M}{H} = \frac{m}{VH} \tag{1-9}$$

式（1-9）表明，物质体积磁化率为物质磁化时单位体积和单位磁场强度具有的磁矩。物质的磁性又可用比磁化率表示，即

$$\chi = \frac{K}{\rho} = \frac{m}{\rho VH} \tag{1-10}$$

式中　ρ——物质密度，kg/m^3；

ρV——物质质量，kg；

χ——物质比磁化率，是物质磁化时单位质量和单位磁场强度的磁矩，又称为质量磁化率，m^3/kg。

与比磁化率相对应的一个物理量是比磁化强度，即

$$j = \frac{M}{\rho} = \chi H \tag{1-11}$$

式中　j——比磁化强度，$(A \cdot m^2)/kg$。

量度物质磁化程度的另一个重要物理量是磁感应强度，它与磁场强度的关系可用式（1-12）表示。

$$B = \mu H = \mu_0 \mu_r H \tag{1-12}$$

式中　B——磁感应强度，T；

μ——物质磁导率，$(T \cdot m)/A$；

μ_0——真空磁导率，$\mu_0 = 4\pi \times 10^{-7}\ (T \cdot m)/A$；

μ_r——相对磁导率，无量纲，$\mu_r = \mu/\mu_0 = 1+K$。

不同物质的μ_r不同，如水的$\mu_r = 1.00008$，铁的$\mu_r = 18000$。

磁感应强度又可表示为：

$$B = \mu_0(H + M) = \mu_0 H + \mu_0 KH \tag{1-13}$$

在磁学测量中，给定 H，可用磁力天平等仪器测定比磁化率χ，计算 K、j、M 和 B 等物理量，也可用冲击检流计直接测量磁感应强度 B。根据给定的 H 值和测出的其他磁量绘制 $B=f_1(H)$ 或 $M=f_2(H)$ 和$\chi=f_3(H)$ 曲线，用于判别各种的磁性。

1.1.3.2 *矿物质的磁性*

磁性可看成是物质内带电粒子运动的结果，是物质的基本属性之一。自然界中各种物质都具有不同程度的磁性，大多数物质的磁性都很弱，只有少数物质才有较强的磁性。就磁性来讲，物质可分为三类：顺磁性物质、逆磁性物质、铁磁性物质。

典型的顺磁性、逆磁性、铁磁性物质的磁化强度和磁场强度间的关系，如图 1-1 所示。

(1) 顺磁性物质的上述关系是斜率为正的直线关系。

(2) 逆磁性物质为负斜率直线关系。

(3) 铁磁性物质为一渐近曲线，随磁场强度增大，物质磁化强度始变化很快，然后趋于平缓，最后达到饱和。

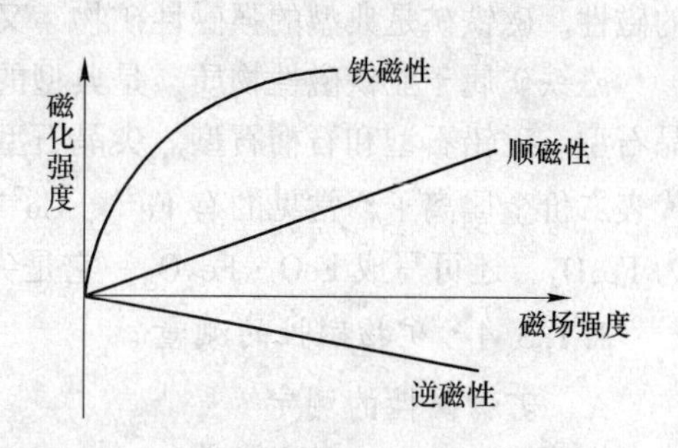

图 1-1 物质的磁化强度和磁场强度间的关系

值得注意的是，当磁场强度相当小的时候，磁化强度就趋于饱和值了。

1.1.3.3 *磁选中矿物的分类*

磁选中矿物磁性的分类不同于物质磁性的物理分类。通常，按比磁化率大小把所有矿物分成强磁性矿物、弱磁性矿物和非磁性矿物。

(1) 强磁性矿物。这类矿物的物质比磁化率$\chi>4.0\times10^{-5}\,m^3/kg$，在磁场强度达 80~136kA/m 的弱磁场磁选机中可以回收。属于这类矿物的主要有磁铁矿、磁赤铁矿（γ-赤铁矿）、钛磁铁矿、磁黄铁矿和锌铁尖晶石等。这类矿物大都属于亚铁磁性物质。

(2) 弱磁性矿物。这类矿物的物质比磁化率$\chi=1.26\times10^{-7}\sim7.5\times10^{-6}\,m^3/kg$，在磁场强度 $H=480\sim1840$ kA/m 的磁选机中可以选出。这类矿物最多，如大多数铁锰矿物——赤铁矿、镜铁矿、褐铁矿、菱铁矿、水锰矿、硬锰矿、软锰矿等；一些含钛、铬、钨矿物——钛铁矿、金红石、铬铁矿、黑钨矿等；部分造岩矿物——黑云母、角闪石、绿泥石、绿帘石、蛇纹石、橄榄石、石榴石、电气石、辉石等。这类矿物大都属于顺磁性物质，也有些属于反铁磁性物质。

(3) 非磁性矿物。这类矿物的物质比磁化率$\chi=1.26\times10^{-7}\,m^3/kg$，是目前难以用磁选法回收的矿物。这类矿物也有很多，如部分金属矿物——方铅矿、闪锌矿、辉铜矿、辉锑矿、红砷镍矿、白钨矿、锡石、金等；大部分非金属矿物——自然硫、石墨、金刚石、石膏、萤石、刚玉、高岭土、煤等；大部分造岩矿物——石英、长石、方解石等。这类矿物有些属于顺磁性物质，也有些属于逆磁性物质（方铅矿、金、辉锑矿和自然硫等）。

矿物的磁性主要取决于矿物晶格中是否存在未成对的电子。未成对电子愈多，其磁性表现愈强。晶格中的过渡型离子常有未成对的电子，因此含钒离子、铬离子、铁离子、锰离子、铜离子等离子的矿物，常具有磁性。但自然界具强磁性的矿物不多，只有当晶格中未成对电子的磁场在一定程度上统一取向时，才表现出强磁性。

此外，矿物的磁性受很多因素影响，不同产地不同矿床的矿物磁性往往不同，有时甚至有很大的差别。这是由于它们在生产过程中的条件不同、杂质含量不同、结晶构造不同等所引起的。另外，各类磁性矿物和非磁性矿物的物质比磁化率范围的规定，特别是弱磁性矿物和非磁性矿物的界限规定不是极其严格的，后者将随着磁选技术的发展，磁选机的磁场力的提高会不断地降低，所以上述分类是大致的。对于一个具体的矿物，其磁性大小应通过矿物磁性测定才能准确得出。

各种常见矿物的物质比磁化率值列于表1-1。

强磁性矿物主要包括磁铁矿、磁赤铁矿、钛磁铁矿、磁黄铁矿等矿物，它们具有共同的磁性。磁铁矿是典型的强磁性矿物，又是磁选所处理的主要矿石。

磁铁矿属于亚铁磁性物质，是典型的铁氧化物。铁氧化物的晶体结构主要有三种：尖晶石型、磁铅石型和石榴石型。尖晶石型铁氧化物的化学分子式为 $XO \cdot Fe_2O_3$，其中，X代表二价金属离子，常见的有 Fe^{2+}、Co^{2+}、Mg^{2+}、Zn^{2+}、Cd^{2+}、Mn^{2+}等，磁铁矿的分子式为 Fe_3O_4，还可写成 $FeO \cdot Fe_2O_3$，它是尖晶石型的铁氧体。

1.1.3.4　矿物磁性的测量

A　矿物磁性的测定

矿物磁性的测量方法可分成三大类：有质动力法、感应法和间接法。选矿中常用的是有质动力法。对一般情况，采用磁力天平就可以满足要求。有质动力法可分成古依（Gouy）法和法拉第（Faraday）法。

（1）古依（Gouy）法测矿物的比磁化率。此法是直接测量比磁化率的方法，适用于强磁性矿物和弱磁性矿物的比磁化率测定。

（2）法拉第法测量矿物的比磁化率。法拉第法一般用来测定弱磁性矿物的比磁化率。该法与古依法的主要区别是样品的体积较小，因此可近似认为在样品所占的空间内磁场力是个恒量。

即

$$\chi = \frac{f_{磁}}{\mu_0 H \mathrm{grad} H} \tag{1-14}$$

B　磁性矿物含量的分析

实验室常用磁选管、磁力分析仪、感应辊式磁力分离机、强磁矿物分离仪等磁力分析器分析矿石中磁性矿物的含量，确定矿石磁选可选性指标，对矿床进行工艺评价，检查磁选机的工作情况，提纯各种单矿物以进行物质组成、矿物组成、可选性等方面的工作。

1.1.4　电性质

固态物质的电性质，在电学上按导电性能或电阻大小可分为导体、半导体和绝缘体。

矿物的电性质是指矿物的电阻、介电常数、比导电度以及电整流性等，它们是判断能否采用电选的依据。一般来说矿物具有较高的电阻，不是电的良好导体。矿物加工中电选分离所涉及的矿物的电性质是指矿物在电场中获得表面电荷的能力，以及表面电荷的传导能力。

1.1.4.1　电导率

电导率是长1cm、截面积为1cm² 的直柱形物体沿轴线方向的导电能力。它是电阻率的倒数，是表示物体传导电流能力大小的物理量。根据所测出各种矿物的电导率值，常将矿物分成下列三种类型。

（1）导体。电导率为 $10^4 \sim 10^5$ S/cm，如自然铜。

（2）半导体。电导率为 $10^2 \sim 10^{-10}$ S/cm，介于导体与非导体之间。这种矿物很多，如硫化矿物和金属氧化矿物。

（3）非导体。电导率为 $10^{-12} \sim 10^5$ S/cm，如硅酸盐矿物和碳酸盐矿物。

部分矿物的电导率见表 1-1。

电选中的导体与非导体的概念与物理学中的导体、半导体和绝缘体是有很大差别的。电选中所指的导体矿物是指在电场中吸附电子后，电子能在矿粒上自由移动，或在高压静电场中受到电极感应后，能产生正负电荷，这种正负电荷也能自由移动。非导体则相反，它在电晕场中吸附电荷后，电荷不能在其表面自由移动或传导，在高压静电场中只能极化，正负电荷中心只发生偏离，并不能移走，只要一脱离电场则又恢复原状，而不表现出正负电性。导电性中等（或称半导体）的矿物，则是介于导体与非导体之间的这类矿物，除确有一部分这类矿物外，在实际中，通常连生体居多。

矿物中的杂质对矿物的导电性有显著影响。在实际中，一些矿物表面常被其他物质污染，从而改变了矿物的电性质。例如，原本属于非导体的矿物如石英、石榴石、长石等，由于表面黏附有铁质变成了导体矿物，使其与其他导体矿物分选困难。

1.1.4.2 电阻

矿物的电阻是指矿物的粒度 $d=1$mm 时所测定出的欧姆数值。根据所测出各种矿物的电阻值，常将矿物分成下列三种类型：导体（电阻小于 1MΩ）、非导体（电阻大于 10MΩ）、中等导体（其导电性介于导体与非导体之间，电阻大于 1MΩ 而小于 10MΩ）。

对于电阻小于 1MΩ 者，电子很容易移动；反之，电阻大于 10MΩ 者，电子不能在表面自由运动。当用电选分选导体和非导体时，两者电阻值差别越大，越容易分选。

1.1.4.3 介电常数

介电常数是指带有介电质的电容与不带介电质（指真空或空气）的电容之比，用 ε 表示。在相同的电压下，如果在电容器两极之间放入介电质后，则电容器的电容会增加。介电常数可用式（1-15）表示。

$$\varepsilon = \frac{c_k}{c_0} \tag{1-15}$$

式中 c_k——矿物或物料的电容，F；

c_0——空气的电容，F。

介电常数值的大小是目前衡量和判定矿物能否采用电选分离的重要判据，介电常数越大，表示其导电性越好；反之则表示其导电性差。一般情况下，介电常数 ε 大于 12 者，属于导体，用常规电选可作为导体分出；低于 12 者，若两种矿物的介电常数仍然有较大差别，则可采用摩擦电选而使之分开；否则，难以用常规电选方法分选，大多数矿物属于半导体矿物。

根据研究结果，介电常数的大小并不取决于电场强度的大小，而取决于测定所用交流电源的频率，且与温度有关。R. M. Fuoss 研究后得出结论：低频时介电常数大，高频时介电常数小。现在常见的矿物介电常数都是在 50Hz 或 60Hz 的交流电条件下测出的数值，在 SI 制中，真空介电常数 $\varepsilon=8.858\times10^{-12}$F/m。

矿物的介电常数，可以用平板电容法及介电液体法测定。前者为干法，适于测大块结晶纯矿物；后者为湿法，可用来测细颗粒的介电常数。

1.1.4.4　比导电度

测定装置如图 1-2 所示。由一接地的金属滚筒和一个平行于滚筒的带高压电的金属圆管组成。被测矿物给到滚筒上，在电场的作用下，颗粒由于感应而产生表面电荷。当电压达到一定数值时，颗粒变成导体，迅速变成等电位表面，与接地滚筒的电位相同，因此被吸向电极，使其落下轨迹发生偏离，此时电压即为最低电压；反之，如电压低，矿粒不表现出导体的偏离作用，而被吸附在滚筒上沿普通轨迹落下。为此可采用不同电压、不同电性（正电或负电）测定出各种矿物所需的最低电压。石墨是良导体，所需电压最低，仅为 2800V，国际上习惯以它为标准，将各种矿物所需最低电压与它相比较，其比值即定义为比导电度。如钛铁矿所需最低电压为 7800V，则其比导电度为 7800/2800=2.79，其他矿物的比导电度以此类推。必须说明的是，这些测出和标定的电压是最低电压，而不是最佳分选电压，实际分选电压比最低电压要高得多。

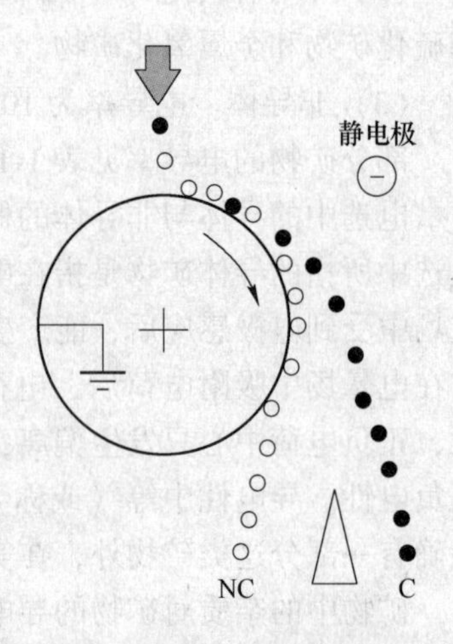

图 1-2　比导电度测定装置
（静电电选机示意图）

1.1.4.5　整流性

在测定矿物的比导电度时会发现，有些矿物只有当高压电极带负电时才能作为导体分出，如方解石；另一些矿物则只有高压电极带正电时才能作为导体分出，如石英；还有一些如磁铁矿、钛铁矿等，无论高压电极的正负，均能作为导体分出。矿物表现出的这种与高压电极极性相关的电性质称作整流性。为此规定：只获得正电的矿物称为正整流性矿物，如方解石，此时电极带负电；只获得负电的矿物称为负整流性矿物，如石英，此时电极带正电；不论电极正负，均能获得电荷的矿物称为全整流性矿物，如磁铁矿等。

根据矿物介电常数和电阻的大小，可以大致确定矿物用电选分离的可能性；根据矿物比导电度，可大致确定其分选电压，当然此电压是最低电压；根据矿物的整流性，可确定电极的极性。但实际上往往采用负电进行分选，正电很少采用，因为采用正电时对高压电源的绝缘程度要求较高，且不能带来更好的效果。

1.2　表面化学性质

矿物颗粒具有一些独特的表面化学性质，如表面能、表面电性、氧化与溶解性等。表面化学性质决定矿物颗粒表面的润湿性，而润湿性是矿物浮选的基础。因此，矿物表面化学性质是矿物加工学的基础之一。

1.2.1 表面能

破碎磨矿暴露的矿物表面是决定矿物可浮性的基础。矿物表面与内部的主要区别，就是矿物内部离子、原子或分子相互结合，键能得到平衡；表面层的离子、原子或分子，朝向内部的一面与内层有平衡饱和键能，而朝向外面的是空间，这方面的键能没有得到补偿，使表面质点比体内质点具有额外的势能，称为表面能，热力学上称为表面自由能。一些常见矿物和材料的表面能见表1-2。

表1-2 一些常见矿物和材料的表面能 （$10^{-11}J/m^2$）

材 料	表面能	材 料	表面能
石膏	40	长石	360
方解石	80	方镁石	1000
石灰石	120	金刚石	10000
高岭土	500~600	碳酸钙	65~70
刚玉	1900	石墨	110
云母	2400~2500	磷灰石	190
二氧化钛	650	玻璃	1200
滑石	60~70	塑料	15~60
石英	780		

表面自由能（A_s）也可以定义为产生新鲜的单位固体表面（∂A）所需的可逆功（∂G）。如不考虑晶体破裂时可能产生的拉伸张力，可把固体表面自由能（A_s）与表面张力（γ）等同起来。于是

$$A_s = \gamma = \left(\frac{\partial G}{\partial A}\right)_{rd} \tag{1-16}$$

根据表面热力学，单位表面积的表面焓 H_s 为

$$H_s = E_s + pV = A_s + TS_s \tag{1-17}$$

式中 T——温度；

E_s——总表面能；

S_s——单位面积的表面熵。

对于表面而言，pV 项可以忽略不计。此时表面能 E_s 相当于表面焓 H_s，则有

$$A_s = H_s - TS_s \tag{1-18}$$

或

$$A_s = E_m - TS_s \tag{1-19}$$

已知在恒定压力下，表面熵 S_s 为

$$S_s = \left(\frac{\partial A_s}{\partial T}\right)_p = \frac{d\gamma}{dT} \tag{1-20}$$

于是得总表面能 E_s 和表面张力 γ 的关系式

$$E_s = \gamma - T\frac{d\gamma}{dT} \tag{1-21}$$

对于多数液体，表面张力随着温度降低而呈线性减少。例如，20℃水的界面张力$\gamma=72.75\times10^{-3}J/m^2$，$\frac{d\gamma}{dT}=-0.16$，按式（1-21）水的总表面能$E_s$是$120\times10^{-3}J/m^2$，正辛烷的$\gamma=21.80\times10^{-3}J/m^2$（20℃），$\frac{d\gamma}{dT}=-0.010$，其总表面能$E_s$应为$51.1\times10^{-3}J/m^2$。

固体晶体的表面能E_s与表面自由能A_s（或表面张力γ）难以通过实验直接测定。根据现有的数据看，在多数情况下E_s与A_s比较接近。例如，岩盐NaCl的A_s为0.23J/m²，E_s为0.28J/m²；氧化镁（MgO）的A_s为1.00J/m²，E_s为1.09J/m²；金刚石的A_s与E_s相同为5.6J/m²。所以，在有些场合，表面能和表面自由能、表面张力可以不加区别。

1.2.2　表面氧化与溶解

1.2.2.1　硫化矿物表面氧化与溶解

硫化矿物的溶解度相对较小（见表1-3），但表面上的硫易发生氧化反应，从而改变硫化矿物的表面性质，这是硫化矿物的重要特征之一。

表1-3　几种典型硫化矿及其硫酸盐的溶解度

硫化矿	溶解度/$mol\cdot L^{-1}$	硫酸盐	溶解度/$mol\cdot L^{-1}$	硫酸盐比硫化矿易溶的倍数
磁黄铁矿 Fe_xS_y	53.60×10^{-6}	$FeSO_4$	1.03（0℃）	约20000
黄铁矿 FeS_2	48.89×10^{-6}			
闪锌矿 ZnS	6.55×10^{-6}	$ZnSO_4$	3.3（18℃）	约500000
辉铜矿 Cu_2S	3.10×10^{-6}	$CuSO_4$	1.08（20℃）	约350000
方铅矿 PbS	1.21×10^{-6}	$PbSO_4$	1.3×10^{-4}（18℃）	约107

硫化矿物的表面氧化反应有如下几种形式［式（1-22）~式（1-25）］，氧化产物有两类：（1）硫氧化合物，如S^0、SO_3^{2-}、SO_4^{2-}和$S_2O_3^{2-}$等；（2）金属离子的羟基化合物，如Me^+、$Me(OH)_n^{(n-1)-}$。

$$MeS + \frac{1}{2}O_2 + 2H^+ = Me^{2+} + S^0 + H_2O \tag{1-22}$$

$$2MeS + 3O_2 + 4H_2O = 2Me(OH)_2 + 2H_2SO_3 \tag{1-23}$$

$$MeS + 2O_2 + 2H_2O = Me(OH)_2 + H_2SO_4 \tag{1-24}$$

$$2MeS + 2O_2 + 2H_2O = 2Me^{2+} + S_2O_3^{2-} + H_2O \tag{1-25}$$

研究表明，氧与硫化物相互作用过程分阶段进行。第一阶段，氧的适量物理吸附，硫化物表面保持疏水；第二阶段，氧在吸收硫化物晶格的电子之间发生离子化；第三阶段，离子化的氧化学吸附并进而使硫化物发生氧化生成各种硫氧化基。

研究表明，在中性溶液中浮选时，需氧量按下列顺序递增：方铅矿<黄铁矿<磁黄铁矿<砷黄铁矿。

1.2.2.2　氧化矿物的溶解

与硫化矿物相比，在水溶液中氧化矿物的溶解度较大，表1-4列出一些典型硫化矿物和氧化矿物的溶解度数据。

表 1-4 矿物的溶解度

矿物	矿物在 100g 水中的溶解度（20℃）		溶度积		解离常数	
	g	mol	数值	温度/℃	数值	温度/℃
$Al(OH)_3$	1×10^{-7}	1.3×10^{-6}	1.9×10^{-23}	25	6.3×10^{-13}	25
$CaCO_3$	2.2×10^{-3}	1.1×10^{-5}	7×10^{-9}	16		
$BaSO_4$	2.3×10^{-4}	9.9×10^{-7}	1×10^{-10}	25		
CaF_2	1.8×10^{-3}	2.3×10^{-5}	4×10^{-11}	25		
$Ca(OH)_2$	1.7×10^{-1}	2.3×10^{-5}	5.5×10^{-6}	18	3.74×10^{-3}（一级） 4.6×10^{-2}（二级）	25
$CaSO_4$	2×10^{-1}	1.5×10^{-3}	6.1×10^{-5}	25	5.3×10^{-3}	25
$Cu(OH)_2$	6.7×10^{-4}	6.9×10^{-6}	5.6×10^{-20}	25	7×10^{-8}（一级） 3.4×10^{7}（二级）	20
CuS	3.4×10^{-5}	3.6×10^{-7}	8.5×10^{-45}	18		
Cu_2S			2×10^{-47}	17		
$FeCO_3$	7.2×10^{-4}	6.2×10^{-6}	2.5×10^{-11}	18		
$Fe(OH)_2$	9.9×10^{-5}	1.1×10^{-6}	3.2×10^{-14}	18		
$Fe(OH)_3$	5×10^{-9}	4.7×10^{-11}	4×10^{-38}	25	2×10^{-12}（三级）	
FeS	6.2×10^{-4}	7.1×10^{-6}	3.7×10^{-19}	18		
HgS	1.3×10^{-6}	5.6×10^{-9}	4×10^{-53}	20		
Hg_2S			1×10^{-45}	25		
$MgCO_3$	1.1×10^{-4}	1.3×10^{-4}	2.6×10^{-5}	12		
$Mg(OH)_2$	9×10^{-2}	1.5×10^{-5}	1.2×10^{-11}	25	4×10^{-3}（二级）	
$MnCO_3$	4×10^{-4}	3.5×10^{-4}	1×10^{-10}	25		
$Mn(OH)_2$	2×10^{-4}	2.2×10^{-6}	4×10^{-14}	18		
MnS	6×10^{-3}	6.9×10^{-5}	1.4×10^{-15}	20		
PbS	3×10^{-5}	1.3×10^{-7}	1×10^{-29}	25		

一般来说，矿物晶格结合的离子键成分越强，晶格质点与水的作用越强，溶解度越大。从表 1-5 可知，硫化矿物有较高的共价键成分，氧化矿物的离子键成分较高，而盐类矿物完全是离子键晶体结构。

表 1-5 常见矿物按表面性质分类

类型	Ⅰ	Ⅱ	Ⅲ	Ⅳ	Ⅴ	Ⅵ
表面性质	分子键，非极性表面，润湿性小	共价键，部分金属键和离子键，润湿性较小	离子键，极性表面，润湿性较大	多种键型，极性表面，润湿性大	氧化易溶，极性表面，润湿性大	表面极易溶解

续表 1-5

类型	Ⅰ	Ⅱ	Ⅲ	Ⅳ	Ⅴ	Ⅵ
所包含的主要矿物	硫	黄铜矿	萤石	赤铁矿	孔雀石	硼砂
	石墨	辉铜矿	白钨矿	针铁矿	蓝铜矿	岩盐
	煤	铜蓝	磷灰石	磁铁矿	赤铜矿	钾盐
	滑石	斑铜矿	方解石	褐铁矿	硅孔雀石	
	辉钼矿	黝铜矿	白云石	软锰矿	白铅矿	
	金	斜方硫砷铜矿	重晶石	菱锰矿	铜矾	
	银	砷黝铜矿	菱镁石	黑钨矿	钼铅矿	
	铂	方铅矿		钛铁矿	菱锌矿	
		闪锌矿		钽铁矿	异极矿	
		黄铁矿		铌铁矿		
		磁黄铁矿		金红石		
		砷黄铁矿		锆英石		
		镍黄铁矿		绿柱石		
		针硫镍矿		锡石		
		砷镍矿		锂辉石		
		硫化钴矿		石英		
		辉砷钴矿		电气石		
		雄黄		蓝晶石		
		雌黄		高岭土		
		毒砂		铝土矿		
		辉锑矿		刚玉		
		辉铋矿				
		辰砂				

1.2.3 表面电性

矿物在水溶液中受水偶极及溶质的作用，表面会带一种电荷。矿物表面电荷的存在影响到溶液中离子的分布，带相反电荷的离子被吸引到表面附近，带相同电荷的离子则被排斥而远离表面。于是，矿物-水溶液界面产生电位差，但整个体系是电中性的。这种在界面两边分布的异号电荷的两层体系成为双电层。

矿物表面电荷主要起源于以下四种类型。

(1) 优先解离（或溶解）。离子型矿物在水中由于表面正、负离子的表面结合能及受水偶极的作用力（水化）不同而产生非等量向水中转移，使矿物表面荷电。

表面离子的水化自由能 ΔG_h 可由离子的表面结合能 ΔU_s 和气态离子的水化自由能 ΔF_h 计算。即对于阳离子 M^+：

$$\Delta G_{\mathrm{h}}(M^{+}) = \Delta U_{\mathrm{s}}(M^{+}) + \Delta F_{\mathrm{h}}(\mathrm{M}^{+}) \tag{1-26}$$

对于阴离子 X^-，则

$$\Delta G_{\mathrm{h}}(\mathrm{X}^{-}) = \Delta U_{\mathrm{s}}(\mathrm{X}^{-}) + \Delta F_{\mathrm{h}}(\mathrm{X}^{-}) \tag{1-27}$$

根据 $\Delta G_{h}(M^{+})$ 和 $\Delta G_{h}(X^{-})$ 中负值较大的，相应离子的水化程度就较高，该离子将优先进入水溶液，于是表面就会残留另一种离子，从而使表面获得电荷。

对于表面上阳离子和阴离子呈相等分布的 1-1 价离子型矿物来说，如果阴、阳离子的表面结合能相等，则其表面电荷符号可由气态离子的水化自由能相对大小决定。

例如，碘化银（AgI），气态银离子（Ag^+）的水化自由能为-44kJ/mol，气态碘离子（I^-）的水化自由能为-279kJ/mol，因此 Ag^+优先转入水中，故碘银矿在水中表面荷负电；相反，钾盐矿（KCl）气态钾离子（K^+）的水化自由能为-298kJ/mol，氯离子（Cl^-）的水化自由能为-347kJ/mol，Cl^-优先转入水中，故钾盐矿在水中表面荷正电。

对于组成和结构复杂的离子型矿物，则表面电荷将决定于表面离子水化作用的全部能量，即式（1-26）和式（1-27）。

例如，萤石表面氟离子（F^-）的水化自由能比表面钙离子（Ca^{2+}）的水化自由能（正值）小，故氟离子（F^-）优先水化并转入溶液，使萤石表面荷正电。重晶石（$BaSO_4$）、铅矾（$PbSO_4$）的负离子优先转入水中，表面阳离子过剩而荷正电；白钨矿（$CaWO_4$）、方铅矿（PbS）的正离子优先转入水中，表面负离子过剩而荷负电。

（2）优先吸附。这是矿物表面对电解质阴、阳离子不等摩尔比吸附而获得电荷的情况。

离子型矿物在水溶液中对组成矿物的晶格阴、阳离子吸附能力是不同的，结果引起表面荷电不同，因此矿物表面电性与溶液组成有关。

例如，白钨矿在自然饱和溶液中，表面钨酸根离子（WO_4^{2-}）较多而荷负电。如向溶液中添加钙离子（Ca^{2+}），因表面优先吸附钙离子（Ca^{2+}）而荷正电。

（3）吸附和电离。对于难溶的氧化物矿物和硅酸盐矿物，表面因吸附 H^+或 OH^-而形成酸类化合物，然后部分电离而使表面荷电，或形成羟基化表面，吸附或解离 H^+而荷电。以石英（SiO_2）在水中为例，其过程可示意如下：

石英破裂：

$$\begin{array}{ccccc} & | & & | & \\ & \mathrm{O} & & \mathrm{O} & \\ & | & & | & \\ -\mathrm{O}- & \mathrm{Si} & -\mathrm{O}-\!\vdots\!- & \mathrm{Si} & -\mathrm{O}- \\ & | & & | & \\ & \mathrm{O} & & \mathrm{O} & \\ & | & & | & \end{array} \longrightarrow \begin{array}{ccc} & | & \\ & \mathrm{O} & \\ & | & \\ -\mathrm{O}- & \mathrm{Si} & -\mathrm{O}^{(-)} \\ & | & \\ & \mathrm{O} & \\ & | & \end{array} + \begin{array}{ccc} & | & \\ & \mathrm{O} & \\ & | & \\ ^{(+)} & \mathrm{Si} & -\mathrm{O}- \\ & | & \\ & \mathrm{O} & \\ & | & \end{array}$$

H^+和 OH^-吸附：

$$\rangle\mathrm{Si{-}O}^{(\text{电离})} + \mathrm{H{-}O{-}H} + {}^{(+)}\mathrm{Si}\langle \longrightarrow \rangle\mathrm{Si{-}OH} + \mathrm{HO{-}Si}\langle$$

$$\rangle\mathrm{Si{-}OH} \rightleftharpoons \mathrm{SiO}^{(\text{电离})} + \mathrm{H}^{+}$$

其他难溶氧化物，如锡石（SnO_2）也有类似情况。因此，石英和锡石在水中表面荷负电。

（4）晶格取代。黏土、云母等硅酸盐矿物是由铝氧八面体和硅氧四面体的层状晶格构成。在铝氧八面体层片中，当 Al^{3+}被低价的 Mg^{2+}或 Ca^{2+}取代，或在硅氧四面体层片中，Si^{4+}被 Al^{3+}置换，结果会使晶格带负电。为维持电中性，矿物表面就吸附某些正离子（如碱金属离子——Na^+或 K^+）。当矿物置于水中时，这些碱金属阳离子因水化而从表面进入溶液，故这些矿物表面荷负电。

1.2.4　表面润湿性

1.2.4.1　润湿现象

润湿是自然界常见的现象。例如，往干净的玻璃上滴一滴水，水会很快地沿玻璃表面展开，成为平面凸镜的形状。但若往石蜡表面滴一滴水，水则力图保持球形，但因重力的影响，水滴在石蜡上形成一椭圆球状而不展开。这两种不同现象表明，玻璃能被水润湿，是亲水物质；石蜡不能被水润湿，是疏水物质。

同样，将一水滴滴于干燥的矿物表面上，或者将一气泡引入浸在水中的矿物表面上（见图 1-3），就会发现不同矿物的表面被水润湿的情况不同。在一些矿物（如石英、长石、方解石等）表面上水滴很容易铺开，或气泡较难在其表面上扩展；而在另一些矿物（如石墨、辉钼矿等）表面则相反。

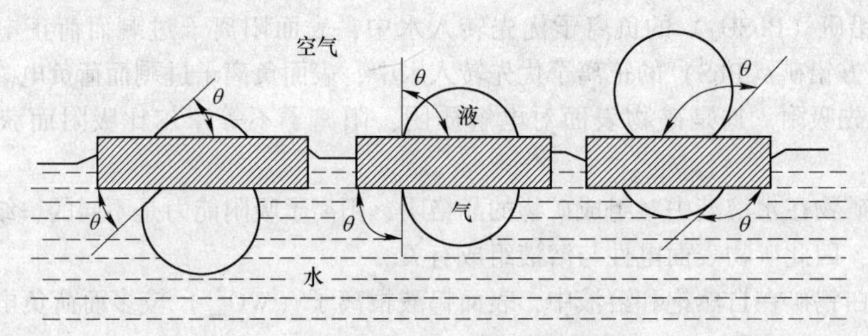

图 1-3　矿物表面润湿现象

由此可知，为了占有固体表面，在气相与液相之间存在着一种竞争。但矿物表面液相为另一相（气相或油相）取代的条件是非常重要的。杜普雷（Dupre）首先应用热力学进行研究，奥斯特豪夫（Osterhof）等人提出了三种基本润湿形式，即附着润湿、铺展润湿和浸没润湿，如图 1-4 所示。图 1-4 中的液相是水，另一相为空气。如果以油代替空气，并以其他液体代替水，其关系仍然相同。

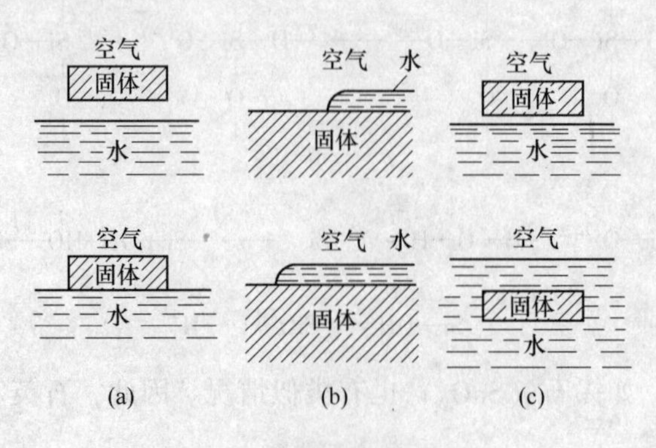

图 1-4　三种基本润湿形式
（a）附着润湿；（b）铺展润湿；（c）浸没润湿

许多学者用润湿过程来说明浮选的原理：（1）表层浮选基本上取决于矿物表面的空气是否能被水所取代，如水不能取代矿物表面的空气，此矿物就将漂浮在水面上；（2）全油浮选是由于被浮矿物表面的亲油性和疏水性所造成的；（3）泡沫浮选是由于被浮矿物经浮选剂处理，造成了表面疏水性而附着于气泡上浮。

任意两种流体与团体接触后，所发生的附着、展开或浸没现象（广义地说）均可称为润湿过程。其结果是一种流体被另一种流体从固体表面部分或全部被排挤或取代，这是一种物理过程，且是可逆的。例如，浮选过程就是调节矿物表面一种流体（如水）被另一种流体取代（如空气或油）的过程（即润湿过程），其规律性对浮选有实际意义。

1.2.4.2　接触角

矿物表面所谓“亲水”“疏水”之分是相对的。为了判断矿物表面的润湿性大小，常用接触角 θ 来度量，如图 1-5 所示。在一浸于水中的矿物表面上附着一个气泡，当达平衡时气泡在矿物表面形成一定的接触周边，称为三相润湿周边。在任意二相界面都存在着界面自由能，以 σ_{sl}、σ_{lg}、σ_{sg} 分别代表固-水、水-气、固-气两相界面上的界面自由能。固-水与水-气两相界面自由能所包之角（包括水相）称为接触角，以 θ 表示。可见，在不同矿物表面接触角大小是不同的，接触角可以标志矿物表面的润湿性；如果矿物表面形成的 θ 角很小，则称其为亲水性表面；反之，当 θ 角较大，则称其疏水性表面。亲水性与疏水性的明确界限是不存在的，只是相对的。θ 角越大说明矿物表面疏水性越强；θ 角越小，则矿物表面亲水性越强。

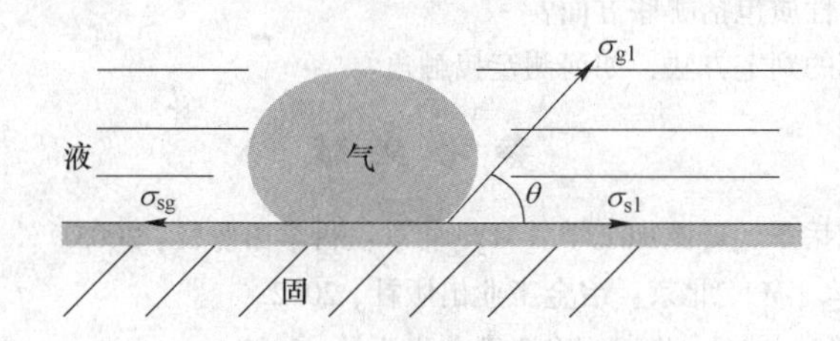

图 1-5　气泡在水中与矿物表面相接触的平衡关系

矿物表面接触角大小是三相界面性质的一个综合效应。如图 1-4 所示，当达到平衡时（润湿周边不动）作用于润湿周边上的三个表面张力在水平方向的分力必为零。于是其平衡状态（杨氏 Young）方程为：

$$\sigma_{sg} = \sigma_{sl} + \sigma_{gl}\cos\theta \tag{1-28}$$

$$\cos\theta = (\sigma_{sg} - \sigma_{sl})/\sigma_{gl} \tag{1-29}$$

式中，σ_{sl}、σ_{gl}、σ_{sg} 分别代表固-水、水-气、固-气两个界面上的界面自由能。

式（1-28）和式（1-29）表明了平衡接触角与三个相界面之间表面张力的关系，平衡接触角是三个相界面张力的函数。接触角的大小不仅与矿物表面性质有关，而且与液相、气相的界面性质有关。凡能引起任何两相界面张力改变的因素都可能影响矿物表面的润湿性。但式（1-28）和式（1-29）只有在系统达到平衡时才能使用。

从式（1-28）中可见，接触角 θ 值越大，$\cos\theta$ 值越小，说明矿物润湿性越小，而可浮性越好。因为 $\cos\theta$ 值界于 $-1\sim1$ 之间，因此对矿物的润湿性和可浮性的定义为：润湿性 $=\cos\theta$，可浮性 $=1-\cos\theta$。

故通过测定矿物接触角可大致评价矿物的湿润性和可浮性。

接触角的测定方法有很多，如观察测量法、斜板法、光反射法、长度测量法和浸透测量法等，可参考表面化学方面资料。但由于矿物表面的不均匀和污染等原因，要准确测定接触角比较困难，再加上润湿阻滞的影响，难于达到平衡接触角，一般用测量接触前角和后角、再取平均值的方法测得数据作为矿物接触角（见表1-6）。

表1-6　矿物接触角

矿物名称	接触角/(°)	矿物名称	接触角/(°)
硫	78	黄铁矿	30
滑石	64	重晶石	30
方铅矿	60	方解石	20
辉钼矿	47	石灰石	0~10
闪锌矿	46	石英	0~4
萤石	41	云母	≈0

习　题

1-1 矿物的基本性质包括哪些方面，其与物理化学分选方法有何联系？

1-2 矿物样品的比表面积的测试方法及其适用原料的区别？

1-3 矿物样品的表面化学性质包括哪些方面？

1-4 矿物表面润湿性好坏的判定方法，如何测定接触角？

参 考 文 献

[1] 王淀佐，邱冠周，胡岳华．资源加工学［M］．北京：科学出版社，2005.
[2] 周乐光．工艺矿物学［M］．北京：冶金工业出版社，2002.
[3] 许时．矿石可选性研究［M］．北京：冶金工业出版社，2007.
[4] 谢广元．选矿学［M］．徐州：中国矿业大学出版社，2001.

2 磨矿与筛分

2.1 磨矿基本原理

矿石在经过破碎（筛分）之后，根据矿石中有用矿物的嵌布特性，没有达到选别作业所需的解离粒度时，则需要磨矿，对矿石继续进行加工使其达到下一步选别作业所需的粒度。

如图 2-1 和图 2-2 所示，原料通过空心轴颈给入空心圆筒（其两端有端盖）进行磨碎。圆筒内装有各种规格的磨矿介质（钢球、钢棒或砾石等）。

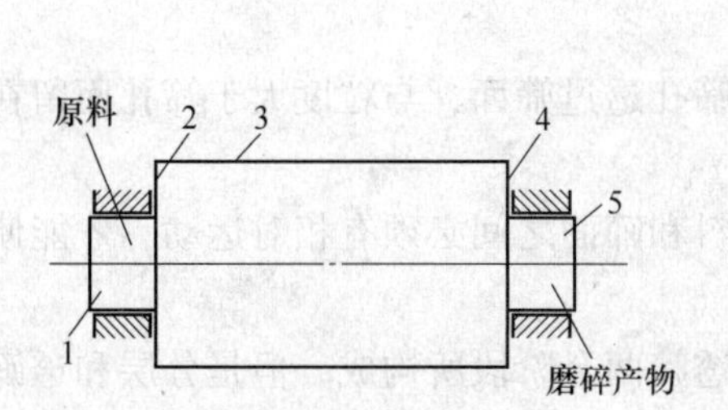

图 2-1 磨矿机工作原理
1，5—空心轴颈；2，4—端盖；3—空心圆筒

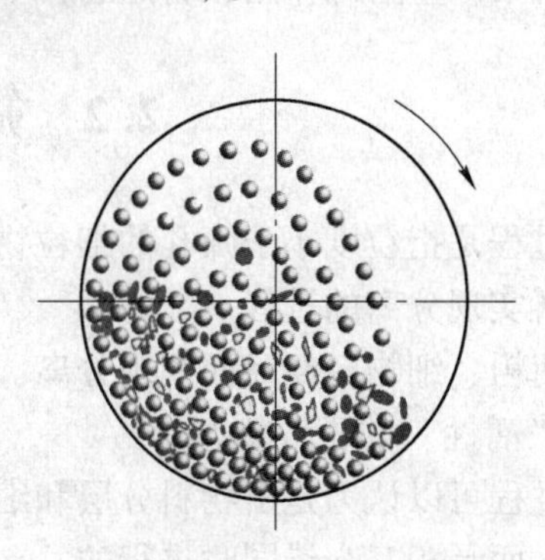

图 2-2 磨矿机工作过程示意图

当圆筒绕水平轴以一定转速回转时，装在筒内的介质和原料在离心力和摩擦力的作用下，随着筒体达到一定高度，当它们自身的重力大于离心力时，便脱离筒体内壁抛射下落或滚下，由于冲击力而击碎矿石。同时，在磨机转动过程中，磨矿介质相互间的滑动运动对原料也产生研磨作用。磨碎后的物料通过空心轴颈排出。由于不断给入物料，其压力促使筒内物料由给料端向排料端移动。湿式磨矿时，物料被水流带走；干式磨矿时，物料被抽出筒外的气流带走。

在磨矿机中，磨碎介质被提升的高度和下落的轨迹与筒体转速、介质数量及衬板形式有关。一般情况下，按磨矿机筒体转速由低到高，可将介质运动状态分为三种（见图 2-3）。

（1）泻落状态（图 2-3（a））。磨机在低速运转时产生泻落式运动状态，物料主要靠介质相互滑动时产生的压碎和研磨作用而粉碎。棒磨机和管磨机一般在这种运动状态下工作。

（2）抛落状态（图 2-3（b））。磨机在较高速度运转时产生抛落式运动状态，此时磨碎过程以冲击为主，研磨次之。球磨机一般在这种运动状态下工作。

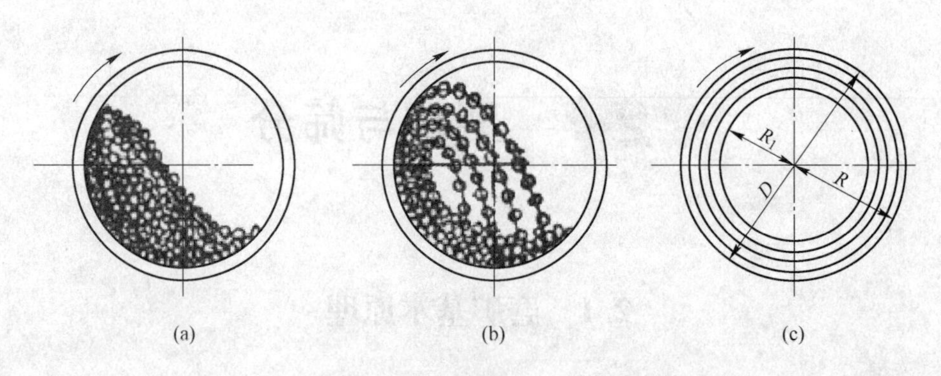

图 2-3　磨机在不同转速时的介质运动状态
（a）泻落状态；（b）抛落状态；（c）离心状态

（3）离心状态（图 2-3（c））。当筒体转速提高到某极限值时，即达到或超过临界转速时，所有介质都随筒体转动而不会落下，此时便称为介质离心运动状态。在离心状态下，一般就不产生磨碎作用，普通磨机不在这种状态下工作。

2.2　筛分基本原理

筛分过程是指粒度小于筛孔的细粒物经筛孔透过筛面，与粒度大于筛孔而留在筛面上的粗粒物料实现分离的过程。

为了使粗、细物料经筛面实现分离，物料和筛面之间必须有相对运动，才能使物料呈现出具有“活性”的松散状态。

分离过程可以认为是由物料分层和细粒透筛两个阶段所构成。但是分层和透筛不是先后的关系，而是相互交错同时进行的。

将颗粒大小不同的碎散物料群，多次通过均匀布孔的单层或多层筛面，分成若干不同级别的过程称为筛分。理论上大于筛孔的颗粒留在筛面上，称为该筛面的筛上物，小于筛孔（最小有二维小于筛孔尺寸）的颗粒透过筛孔，称为该筛面的筛下物。

碎散物料的筛分过程，可以看作由两个阶段组成：（1）小于筛孔尺寸的细颗粒通过粗颗粒所组成的物料层到达筛面；（2）细颗粒透过筛孔。要想完成上述两个过程，必须具备最基本的条件，就是物料和筛面之间要存在着相对运动。为此，筛箱应具有适应的运动特性，一方面使筛面上的物料层成松散状态；另一方面，使堵在筛孔上的粗颗粒闪开，保持细粒透筛之路畅通。

实际的筛分过程是：大量粒度大小不同，粗细混杂的碎散物料进入筛面后，只有一部分颗粒与筛面接触，而在接触筛面的这部分物料中，不全是小于筛孔的细粒，大部分小于筛孔尺寸的颗粒，分布在整个料层的各处。由于筛箱的运动，筛面上料层被松散，使大颗粒本来就存在较大的间隙被进一步扩大，小颗粒乘机穿过间隙，转移到下层。由于小颗粒间隙小，大颗粒不能穿过，因此，大颗粒在运动中，位置不断升高。于是原来杂乱无章排列的颗粒群发生了析离，即按颗粒大小进行了分层，形成小颗粒在下，粗粒居上的排列规则。到达筛面的细颗粒，小于筛孔者透筛，最终实现了粗、细粒分离，完成筛分过程。然而，充分的分离是没有的，在筛分时，一般都有一部分筛下物留在筛上物中。

细粒透筛时，虽然颗粒都小于筛孔，但以它们透筛的难易程度不同的经验得知，和筛孔相比，颗粒越小，透筛越易，和筛孔尺寸相近的颗粒，透筛就较难，透过筛面下层的大颗粒间隙就更难。

由于物料和筛面间相对运动的方式不同，从而形成了不同的筛分方法：(1) 滑动筛分法；(2) 推动式筛分法；(3) 滚动式筛分法；(4) 摇动式筛分法；(5) 抛射式筛分法。

2.3 磨矿与筛分实验

实验 2-1 磨矿与筛分实验

1. 实验原理

借助于机械设备中的介质（钢球、钢棒、砾石）和矿石本身的冲击和磨剥作用，使矿石的粒度进一步变小，直至研磨成粉末的作业称为磨矿。目的是使组成矿石的有用矿物与脉石矿物达到最大限度的解离，以提供粒度上符合下一选矿工序要求的物料。

筛分是用带孔的筛面把粒度大小不同的混合物料分成各种粒度级别的作业。目的是将混合物料按照粒度大小进行分级。

通常用筛分效率 E 来衡量筛分效果见式 (2-1)：

$$E = \frac{\beta(\alpha - \theta)}{\alpha(\beta - \theta)} \tag{2-1}$$

式中 E——筛分效率,%；

α——入料中小于规定粒度的细粒含量,%；

β——筛下物中小于规定粒度的细粒含量,%；

θ——筛上物中小于规定粒度的细粒含量,%。

用所测出的磨矿设备单位体积生产能力或单位耗电量的绝对值来度量物料的可磨度称为绝对可磨度。

开路法是将一定数量的平行试样在所需的磨矿条件下，依次分别进行不同时间的磨矿，然后将每次的磨矿产物用套筛进行筛分，建立磨矿时间与磨矿产品各粒级累积产率的关系，从而找出将物料磨到目标细度所需要的时间。

2. 实验目的与要求

(1) 了解球磨机和棒磨机的基本原理、结构及磨矿时间对磨矿细度的影响，通过实验绘出磨矿细度与磨矿时间的关系曲线。

(2) 学习振筛机的基本原理、结构及使用方法，学习筛分数据的处理及分析方法，分析物料的粒度分布特性，掌握筛分分析曲线的绘制。

3. 实验条件

(1) 仪器：实验室磨矿机、标准套筛、振筛机、天平、秒表。

(2) 工具：试样盘（盆）、毛刷、试样铲。

(3) 材料：-3.0mm 铝土矿矿样、试样袋。

4. 实验步骤

(1) 称取矿样 4 份，每份 100g。

(2) 将所称矿样依次加入球磨机，分别干式磨矿 4min、6min、8min 和 10min。

(3) 将标准筛按筛孔由大到小、从上到下顺序组合好，然后分别将磨好试样倒入套筛最上层筛面上，盖好上盖。

(4) 把套筛置于振筛机上，固定好，开动机器。

(5) 筛分 10~20 min，筛分时间结束后，依次将每层筛子取下，在塑料布上用手筛，检查是否已到终点。手筛 1min，筛下物的质量不超过筛上物质量的 1%，即为筛净。筛下物倒入下一粒级中，各粒级都依次进行检查。

(6) 筛分结束后，对每一层筛上物进行逐渐称重，记录相关数据。

5. 实验报告

(1) 按表 2-1 分别记录不同磨矿时间的筛分实验数据。

表 2-1　磨矿筛分试验结果

级别		质量/g	质量分数/%	筛上累积质量分数/%	筛下累积质量分数/%
目	筛孔宽/mm				
共计					

(2) 分别绘制“粒度-质量分数”“粒度-筛上累积质量分数”和“粒度-筛下累积质量分数”三种曲线。

(3) 计算不同磨矿时间条件下的筛分效率。

习　题

2-1 破碎、磨矿、筛分在选矿过程中的作用和地位是什么？

2-2 如何计算标准筛目与筛孔尺寸大小之间的关系？

2-3 磨矿时间对试样的粒度大小有什么影响？

2-4 球磨机和棒磨机的机械结构和工艺性能各有什么特点？

参 考 文 献

[1] 王淀佐，邱冠周，胡岳华．资源加工学［M］．北京：科学出版社，2005.

[2] 杨松荣，蒋仲亚，刘文拯．破碎工艺及应用［M］．北京：冶金工业出版社，2006.

[3] 段希祥．碎矿与磨矿［M］．北京：冶金工业出版社，2012.

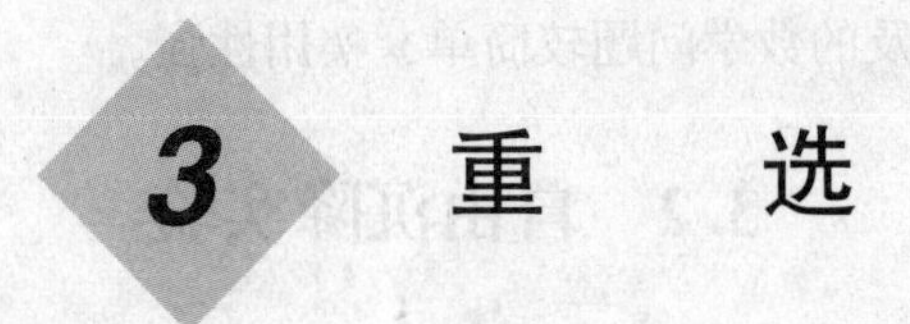

3 重 选

3.1 基本原理

重力选矿（重选）是根据矿粒间密度的不同，因而在运动介质中所受重力、流体动力和其他机械力不同，从而实现按密度分选矿粒群的工艺过程。在重选过程中，矿物的分离是在运动过程中逐步完成的，也就是说，应该使性质不同的矿粒在重选设备中具有不同的运动状况——运动的方向、速度、加速度和运动轨迹等，从而达到矿物分离的目的。

重选的实质概括起来就是松散—分层—分离过程。置于分选设备内的散体矿石层（称作床层），在流体浮力、动力或其他机械力的推动下松散，目的是使不同密度（或粒度）颗粒发生分层转移，就重选来说就是要达到按密度分层。故流体的松散作用必须服从粒群分层这一要求。这就是重选与其他两相流工程相区别之处。流体的松散方式不同，分层结果亦受影响。重选理论所研究的问题，简单说来就是探讨松散与分层的关系。分层后的矿石层在机械作用下分别排出，即实现了分选。故可认为松散是条件，分层是目的，而分离则是结果。前述各种重选工艺方法即是实现这一过程的手段。它们的工作受这样一些基本原理支配：（1）颗粒及颗粒群的沉降理论；（2）颗粒群按密度分层的理论；（3）颗粒群在斜面流中的分选理论。

斯托克斯研究了球体颗粒在流体中运动时所受的阻力，奠定了重选的理论基础。

此外还有在回转流中的分选，尽管介质的运动方式不同。但除了重力与离心力的差别外，基本的作用规律仍是相同的。有关颗粒群在垂直流中按密度分层的理论，最早是从跳汰过程入手研究的。曾有人提出了不少的跳汰分层学说，后来又出现一些专门的在垂直流中分层的理论。

斜面流选矿最早是在厚水层中处理较粗粒矿石，分选的根据是颗粒沿槽运动的速度差。1940 年以后，斜面流选矿向流膜选矿方向发展，主要用来分选细粒和微细粒级矿石。流态有层流和紊流之分。一贯认为紊流脉动速度是松散床层基本作用力的观点，在层流条件下即难以做出解释。1954 年，R. A. 拜格诺（Bagnold）提出的层间剪切斥力学说，补充了这一理论上的空白。但与分层理论一样，斜面流选矿要依靠现有理论做出可靠的计算仍较为困难。颗粒群在回转流中的分选，尽管介质的运动方式与斜面流不同，但除了重力与离心力的差别外，基本的作用规律仍是相同的。

现在，重选理论的发展方向基本上有两个。定性颗粒运动理论是研究单个颗粒在介质中运动时的受力情况，列出并解出运动微分方程，得出运动规律，以此来判断不同性质颗粒被分选的可能性。由于实际遇到的问题大都涉及粒群，颗粒运动理论很难考虑颗粒碰撞和其他颗粒存在的影响，往往只能得出定性的规律。统计模型理论则是把具有同一性质的颗粒视为一个整体，以实验为依据来建立描述粒群运动的数学模型，研究不同性质粒群所组成的悬浮体运动规律的差异，从而判断其被分选的可能性。它客观地反映了实验范围内粒群的统计运动规律，涉及的数学问题较简单，实用性强。

3.2　自由沉降实验

实验3-1　自由沉降实验

1. 实验原理

(1) 矿粒自由沉降速度实测值见式 (3-1)。

$$v_{0矿} = \frac{H}{t} \tag{3-1}$$

式中　$v_{0矿}$——矿粒自由沉降速度实测值，cm/s；

H——矿粒自由沉降距离，cm，$H=100$cm；

t——矿粒沉降 H 距离的时间，s。

(2) 同一级别矿粒直径计算见式 (3-2)。

矿粒直径见式 (3-2)。

$$d_0 = \sqrt{\frac{6\sum G}{\pi n\delta}} \tag{3-2}$$

式中　d_0——矿粒直径，cm；

$\sum G$——几个矿粒总质量，g；

δ——实验矿粒密度，g/cm³，此处 $\delta=2.65$g/cm³；

n——实验用矿粒颗粒数，此处 $n=20$。

(3) 同体积球体自由沉降末速。

1) 计算无因次参数 $R_e^2\Psi$ 值：

$$R_e^2\Psi = \frac{\pi d_v^3(\delta-\rho)}{6\mu^2}\rho g \tag{3-3}$$

式中　d_v——矿粒当量直径，cm；

ρ——水的密度，$\rho=1$g/cm³；

δ——水的黏度，$\delta=0.01$P (1P=0.01g/(cm·s))；

g——重力加速度，980.67cm/s²。

2) 球速 V_0 球计算：

根据 $R_e^2\Psi$ 值计算公式为：

$$v_{0球} = \frac{\mu}{d_v\rho}R_e\Psi \tag{3-4}$$

(4) 矿粒形状修正系数计算见式 (3-4)。

$$\rho = \frac{v_{0矿}}{v_{0球}} \tag{3-5}$$

2. 实验目的

（1）掌握待测矿物颗粒在静止介质中自由沉降末速（v_0）的方法；

（2）学会运用理论公式进行相关参数的计算。

3. 实验条件

自由沉降管、天平、秒表、表面皿。

石英砂（$\rho=2.65\mathrm{g/cm^3}$）四个不同粒级。

4. 实验步骤

（1）在自由沉降管口下约10cm处作一标记A，距A垂向100cm处作另一标记B，即$H=AB=100\mathrm{cm}$；

（2）将自由沉降管竖直放入管架并注满水；

（3）选择两种不同粒级的矿粒各20粒，分别用天平称出20颗粒总质量（注意：同一粒级尽量大小均匀）；

（4）将第一个粒级的20颗矿粒，依次逐个从管口中央贴液面轻轻放入水中，用秒表记录每个矿粒沉降H距离的时间，然后依次测算第二粒级；

（5）实验数据记录在表3-1。

5. 实验报告

（1）按表3-1记录实验数据。

表3-1　自由沉降实验记录

粒级	矿粒总质量/g	沉降100cm的时间/s										时间平均值/s
1												
2												
3												

（2）按四个粒级分别计算$v_{0矿}$、d_v、$R_e^2\Psi$、$v_{0球}$，求出矿粒形状修正系数。

3.3 摇床分选实验

实验3-2　摇床分选实验

1. 实验原理

矿粒群在创面的条沟内因受水流冲洗和床面往复振动而被松散、分层后的上下层矿粒受到不同大小的水流动压力和床面摩擦力作用而沿不同方向运动，上层轻矿物颗粒受到更大程度的水力冲动，较多地沿床面的横向倾斜向下运动，于是这一侧即被称作尾矿侧，位于床层底部的重矿物颗粒直接受床面的摩擦力和差动运动而推向传动端的对面，该处即称精矿端。矿物在床面的分布如图 3-1 所示。

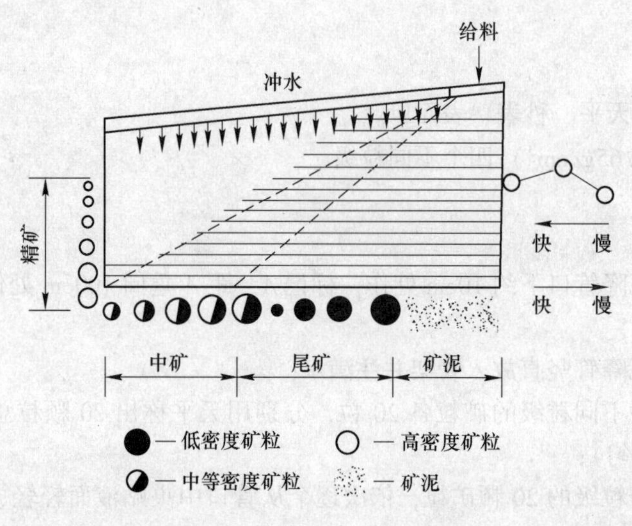

图 3-1　摇床工作过程示意图

影响摇床分选的因素如下：

（1）床面的运动特性。床面运动的不对称程度将影响矿粒床层的松散分层与沿纵向的运搬分带。床面的不对称程度愈大，愈有利于颗粒的纵向移动，在选别矿泥时，应选用不对称程度较大的摇床。

（2）床条的形状、尺寸。床条的高度、间距和形状影响水流沿横向流动速度的大小，特别对条沟内形成的脉动流速影响更大，矩形床条和锡床条引起的脉动速度大，可在选别粗砂和细砂时使用，三角形床条，尤其是刻槽形床条所能形成的脉动速度很小，适用于细砂或矿泥使用。

（3）冲程和冲次。冲程和冲次的组合决定床面运动的速度和加速度。冲程过小，粒度不松散；冲程过大，矿粒来不及分层就被冲走，冲程、冲次的适宜值主要与入选的粒度有关，处理粗砂的摇床取较大的冲程，较小的冲次，处理细砂和矿泥的摇床取值正好相反。

（4）横向坡度和冲洗水。冲洗水由给矿水和洗涤水两部分组成。冲洗水的大小和坡度共同决定着横向水流的流速。处理粗粒物料时，既要求有大水量又要求有大坡度，而选别细粒物料时则相反。处理同一物料“大坡小水”和“小水大坡”均可使矿粒获得同样的横向流速，但“大坡小水”的操作方法则有助于省水，不过此时精矿带将变窄，而不利于提高精矿质量。

（5）给矿性质。

1）给矿量。给矿量大，精矿品位高，但回收率降低。

2）给矿浓度。给矿浓度大，处理量大，精矿品位提高，回收率降低，正常给矿浓度在 15%~30%。

3）给矿粒度组成。适宜处理粒度为3~0.034mm，矿石入选前进行分级。

2. 实验目的与要求

（1）熟悉实验摇床的构造和操作；

（2）考察不同密度和粒度的矿粒在摇床上的分布规律。

3. 实验条件

包括仪器设备：倾斜仪、天平、米尺、秒表、瓷盘、量筒、水桶、分样铲、毛刷、1100mm×500mm 摇床。

试样：0~1mm 的物料。

4. 实验步骤

（1）称取矿样两份，每份1kg，分别用水润湿调匀；

（2）观察床面结构；

（3）开动摇床，并在面上给入适当的调浆水和冲洗水，取一份试样在约5min内均匀给入，调节水量和床面坡度，以矿粒在床面呈扇形分带为宜；

（4）物料呈扇形分带后，停止给料和机器运转，给水管和冲洗水固定在调好的位置，不要关闭，记下此时的水量及坡度，然后清洗干净床面及接矿槽的试料；

（5）固定以上条件，将另一份试样按以上步骤进行正式选别试验；接取精矿、次精矿、中矿和尾矿四个产品；

（6）将选出的四个产品分别烘干称重，然后每个产品缩分出10g样品，过200目筛子，做化验样品。

5. 实验报告

要求实验报告中的实验数据记录于表3-2。

表3-2 摇床分选试验结果记录表

产品名称	质量/g	产率/%	品位/%	回收率/%
精矿				
次精矿				
中矿				
尾矿				
原矿				

习 题

3-1 自由沉降管A标记距离管口为何留一段距离？

3-2 重选的原理是什么，工业上常用的重选设备有哪些，各有什么特点？

3-3 如何调节摇床的冲程和冲次？

3-4 冲水量和摇床倾角对床面的扇形分布有何影响?

参 考 文 献

[1] 王淀佐, 邱冠周, 胡岳华 . 资源加工学 [M]. 北京: 科学出版社, 2005.
[2] 孙玉波 . 重力选矿 (修订版) [M]. 北京: 冶金工业出版社, 1993.
[3] 谢广元 . 选矿学 [M]. 徐州: 中国矿业大学出版社, 2001.
[4] 周晓四 . 重力选矿技术 [M]. 北京: 冶金工业出版社, 2006.

4 磁 选

4.1 基 本 原 理

磁选是在不均匀磁场中利用矿物之间的磁性差异而使不同矿物实现分离的一种选矿方法。磁选法广泛地应用于黑色金属矿石的分选、有色和稀有金属矿石的精选、重介质选矿中磁性介质的回收和净化、非金属矿中含铁杂质的脱除、煤矿中铁物的排除以及垃圾与污水处理等方面。

由于矿物之间磁性不同，它们进入磁选设备的磁场中所受的磁力就不同，因而运动轨迹不同，最后分为磁性产物和非磁性产物（或强磁性产物和弱磁性产物），实现磁选分离。

磁选机的磁场是实现磁选分离的必要条件。磁场可分为均匀磁场和不均匀磁场，磁场的不均匀程度用磁场梯度来表示，磁场梯度就是磁场强度沿空间的变化率，即单位长度的磁场强度变化量。磁场梯度越大，则磁场的不均匀程度越大，也就是磁场强度沿空间变化率大。

磁性矿粒所受磁力的大小，与磁场强度和磁场梯度的乘积成正比。如果磁场梯度等于零（均匀磁场无论磁场强度多高，其磁场梯度均等于零），则磁性矿粒所受磁力为零，磁选就不能进行了。因此，磁选机都采用不均匀磁场。

在磁选过程中，矿粒受到多种力的作用，除磁力外，还有重力、离心力、水流作用力及摩擦力等。当磁性矿粒所受磁力大于其余各力之和时，就会从物料流中被吸出或偏离出来，成为磁性产品，余下的则为非磁性产品，实现不同磁性矿物的分离。

4.2 磁选管分选实验

实验 4-1 磁选管分选实验

1. 实验原理

具有不同磁性的矿物颗粒，通过由磁选管形成的磁场时，必然要受到磁力和机械力（重力及流体作用）的作用。由于磁性较强和磁性较弱的矿粒所受的磁力不同，便产生了不同的运动轨迹。磁性较强的颗粒富集在两磁极中间，而磁性弱的颗粒则在水流的作用下排出，由于磁选管与磁极间的相对往复运动，使得磁极间的物料产生“漂洗作用”，将夹杂在磁性颗粒间的非磁性颗粒冲洗出来。于是物料颗粒按其磁性不同分选出来。

2. 实验目的

（1）掌握用磁选管分析强磁性矿物含量的方法及操作。

（2）通过用磁选管分选磁铁矿，了解强磁性矿物在不同磁场强度条件下进行选别对分选指标的影响。

3. 实验条件

磁选管（见图4-1）1台；天平1台；矿样盒数个；-0.074mm占70%磁铁矿矿粉；硒整流器1台。

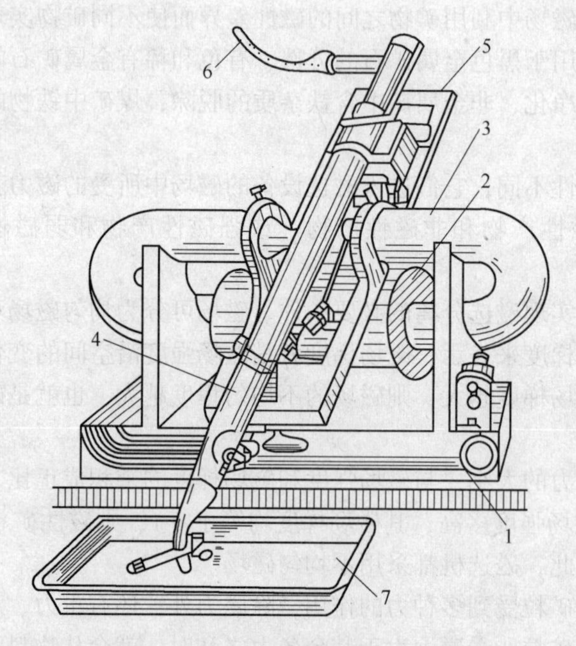

图4-1　磁选管结构示意图

1—机架；2—线圈；3—铁芯；4—玻璃管；5—传动机构；6—给水管；7—收矿槽

4. 实验步骤

（1）熟悉和检查磁选管装置及线路。

（2）把水引入恒压水箱，再将磁选管的给水软管止水夹打开，使恒压水箱的水流入磁选管，调节磁选管的给、排水软管的止水夹具，使磁选管内的水面保持在磁极头以上3~4cm处，并使进出水量达到平衡。

（3）接通电源，调节激磁电流大小，把准备好的三份矿样分别在不同电流条件下进行选别试验。

（4）将称取10g磁铁矿矿粉混合样（磁铁矿70%）放入烧杯中搅成矿浆，启动传动装置，使玻璃管上下移动和左右回转以利于管内物料的清洗，待矿浆加完后，连续冲洗10~15min（管内水清晰时为止）即为终点。再更换接矿容器，将激磁电流归零，切断直流电源，用水冲洗排出精矿。最后关闭电机和给水夹具。将尾矿、精矿脱水、烘干称重。

（5）从烘干称重后的精矿、尾矿中分别取化验样化验，并计算 γ（品位，百分含量）及 β（回收率，百分含量）。

5. 实验报告

（1）记录表格见表 4-1。

表 4-1 记录表格

试验次数	激磁电流 /A	产物名称	质量/g		产率 γ/%	品位 α/%	回收率 ε/%
			合计	筛下			
1		精矿					
		尾矿					
		原矿					
2		精矿					
		尾矿					
		原矿					
3		精矿					
		尾矿					
		原矿					

（2）数据处理。

计算中达到两个平衡：（1）产率平衡；（2）金属量平衡；（3）回收率。

（3）根据实验数据绘制精、尾矿与磁场强度的关系曲线，并分析磁场强度对分选指标的影响，找出最佳磁选条件。

4.3 赤泥磁选回收铁资源

实验 4-2 赤泥磁选回收铁资源

1. 实验原理

磁选是根据物料中各种组分磁性的差异进行分选的一种选矿方法。赤泥中所含有价金属组分有 Fe_2O_3、Al_2O_3、Na_2O 和 TiO_2 等。其中铁矿物具有一定的磁性，能在外加磁场中与非磁性矿物进行有效的分离，进而回收铁资源。

2. 实验目的

（1）了解赤泥的产生、主要成分及危害；

（2）了解磁性矿物磁选分离的原理；

（3）掌握高梯度磁选机的结构、工作原理及使用方法。

3. 实验条件

试样：-0. 074mm+0. 045mm 赤泥；

仪器：高梯度磁选机（见图 4-2）、天平、塑料桶、盛样盆、秒表等。

4. 实验步骤

（1）检查高梯度磁选机的电源和水源是否接好。

（2）高梯度磁选机的开车程序：打开冷却水→打开启动电源→打开脉动启动按钮，调到合适的脉动→设定所需的磁场强度，按下激磁按钮，进行激磁。

（3）给矿试验。

1）将试验用的赤泥配成一定浓度的矿浆；

2）调节出口水量；

3）先往给矿腔筒里灌满一腔水，待水位下降一些后，开始给矿，给矿完毕后，待腔中水流完后，再灌满一腔水进行冲洗，得到非磁性产物。

4）退磁后，再往给矿腔筒里灌水进行冲洗，将粘在聚磁介质上的磁性产物冲洗下来，得到磁性产物。

（4）将磁选所得精矿、尾矿分别静置、抽滤、烘干，并称重、计算产率。

（5）将相关试验数据记录在表 4-2。

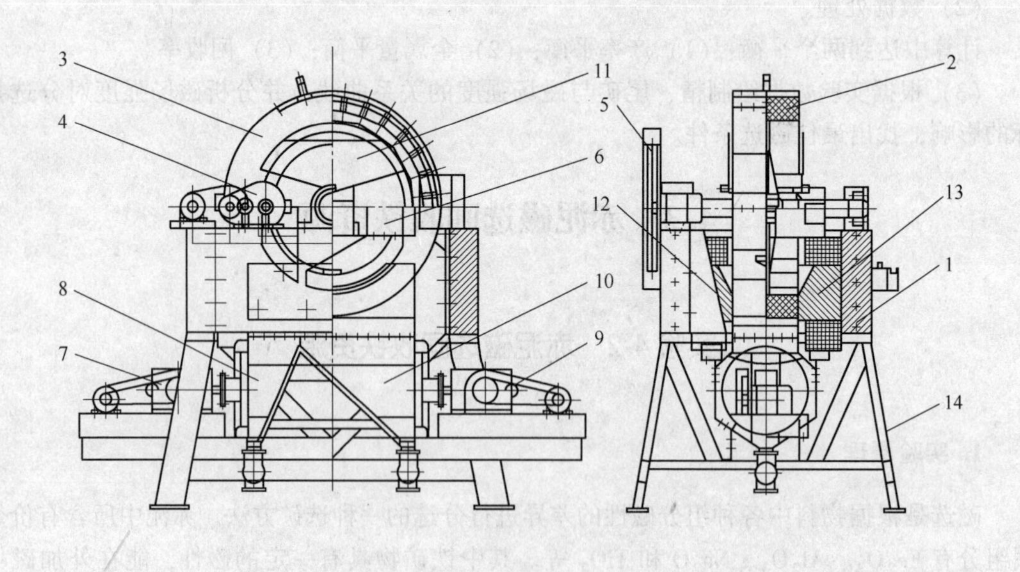

图 4-2　高梯度磁选机结构示意图

1—激磁线圈；2—聚磁介质；3—分选环；4—电动机；5—齿轮；6—给矿斗；7—中矿脉冲结构；8—中矿斗；9—尾矿脉冲结构；10—尾矿斗；11—精矿斗；12—左磁极；13—右磁极；14—支架

5. 实验报告

按表 4-2 记录实验数据。

表 4-2 磁选试验

矿样	磁场强度	产品名称	质量/g	产率/%
赤泥	1.0T	精矿		
		尾矿		
		原矿		
	1.2T	精矿		
		尾矿		
		原矿		
	1.5T	精矿		
		尾矿		
		原矿		

习 题

4-1 冲水流速大小对磁性矿物回收率有何影响？
4-2 激磁电流大小与磁场强度大小的关系如何？
4-3 强磁性矿物和弱磁性矿物的磁性各有什么特点，两者的磁化原理是什么？
4-4 高梯度磁选机磁系的特征是什么？
4-5 赤泥磁选回收铁资源的基本原理是什么？

参 考 文 献

[1] 王常任. 磁电选矿 [M]. 北京：科学出版社，1986.
[2] 幸伟中. 磁种分选理论与实践 [M]. 北京：冶金工业出版社，1994.
[3] 谢广元. 选矿学 [M]. 徐州：中国矿业大学出版社，2001.
[4] 孙仲元. 磁选理论 [M]. 长沙：中南大学出版社，2007.
[5] 孙仲元. 磁选理论及应用 [M]. 长沙：中南大学出版社，2009.

5　浮　选

5.1　基本原理

浮选是按表面物理化学性质的差异来分离各种细粒矿物的一种有效方法。根据所利用相界面以及浮选的发展过程不同又可分为泡沫浮选法、表层浮选法和多（全）油浮选法等。目前在工业上获得普遍应用的是泡沫浮选法，因此，通常所说的浮选，即是指泡沫浮选法。浮选的原理是根据不同物料在表面性质上存在的差异，使用某种浮选剂，依靠气泡所具有的浮力，从悬浊液当中分离出被选的物料。从宏观角度看，浮选是物理反应过程，其本质在于物料分离；而从微观角度看，浮选则是一个复杂的物理化学过程。采用浮选分离出的物质和它的密度没有关系，由表面性质的差异决定，可以在液面上浮出的物质一般对空气有较大的亲和力。在浮选过程中，物料颗粒被气泡吸附是最基础的行为，颗粒需要经过接触、水化膜破裂和克服脱落力三个阶段才能被气泡吸附。

浮选的难易程度取决于表面是否润湿，而使表面的润湿程度有明显差异的原因主要为表面不饱和键性质与表面极性。此类差异除了能够决定元素性质，还能使物料形成一定内部结构。一种物料的内部结构往往是十分复杂的，怎样从这种复杂结构中找出表面性质与内部结构之间的联系，是亟须解决的重点问题之一。从浮选的角度讲，关键是要确定其内部键强度大小和基本性质。在物料完全断裂之后，既有亲水表面，又有疏水表面，这主要取决于表面键性质。一般而言，当表面键较强时，它会有一定亲水性，相反则具有疏水性。疏水的物料和亲水物料相比，其可浮性较好。

5.2　铝土矿可浮性研究

实验 5-1　铝土矿可浮性研究

1. 实验原理

实验的测定方法是：采用液滴法，在矿物表面圆片上滴加水或捕收剂溶液，形成固液气三相平衡接触角，然后通过接触角测定仪观测，测得气泡与矿物表面接触面直径 e 和气泡高度 h，再通过计算即可得接触角 θ 的大小，其计算方法如图 5-1 所示。

$\because$ MN ⊥ ON　QC ⊥ PB　OQ = ON

$\therefore$ ∠MNB = ∠NOC = 2∠NQO = 2∠φ

又∵ $\tan\varphi=\dfrac{\frac{\theta}{2}}{h}=\dfrac{e}{2h}$

∴ $\tan\dfrac{\theta}{2}=\dfrac{e}{2h}$，$e$、$h$ 均已测得，故可求出接触角 θ 的大小。

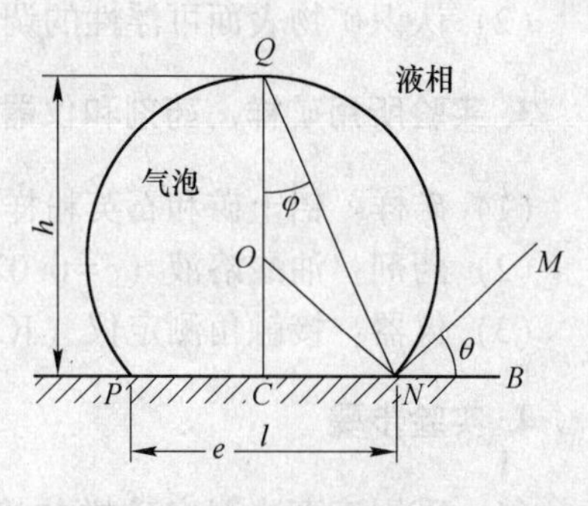

图 5-1 矿物润湿接触角测定原理

气泡未与矿物颗粒黏附前，颗粒与气泡的界面能分别为 γ_{SL} 和 γ_{LG}，这时单位面积上的界面能之和 E_1 为：

$$E_1=\gamma_{SL}+\gamma_{LG}$$

当气泡与矿物颗粒黏附后，界面能缩小，黏附面的单位上的界面能 E_2 及其缩小值 ΔE 分别为：

$$E_2=\gamma_{SG}$$

$$\Delta E=E_1-E_2=\gamma_{SL}+\gamma_{LG}-\gamma_{SG}$$

这部分能量差即为挤开气泡与颗粒之间的水膜所做的功，此值越大，气泡与颗粒黏附得越牢固。

将杨氏（Young）方程 $\gamma_{SG}=\gamma_{SL}+\gamma_{LG}\cos\theta$ 代入 $\Delta E=\gamma_{SL}+\gamma_{LG}-\gamma_{SG}$；

得到：

$$\Delta E=\gamma_{LG}(1-\cos\theta)$$

（1）当颗粒完全被水润湿时，$\theta=0°$，$\cos\theta=1$，$\Delta E=0$，颗粒不能与气泡黏附。

（2）当颗粒完全不被水润湿时，$\theta=180°$，$\cos\theta=-1$，$\Delta E=2\gamma_{LG}$，颗粒与气泡黏附的动力大，易于用浮选法处理。

（3）固体的接触角越大，越易于与气泡黏附。但对于 γ_{LG} 很小的体系，虽然有利于固体向气泡黏附，但由于黏附动力较小，颗粒向气泡的黏附困难。

由此可知，（$1-\cos\theta$）越大，即 ΔE 越大，则固-气界面结合越牢，固体表面疏水性越强，故浮选中常将（$1-\cos\theta$）称为“可浮性”。

黄铁矿颗粒间的疏水作用能 E_h 可以用指数衰减模型计算，见式（5-1）：

$$E_h=-2.51\times10^{-3}Rk_1h_0\exp\left(-\frac{H}{h_0}\right) \tag{5-1}$$

式中，k_1 为不完全疏水化系数，$0\leqslant k_1\leqslant 1$，通过式（5-2）进行计算；$h_0$ 为衰减长度，m，通过式（5-3）进行计算：

$$k_1=\frac{\exp\left(\frac{\theta}{100}-1\right)}{e-1} \tag{5-2}$$

$$h_0=(12.2\pm1.0)k_1 \tag{5-3}$$

式中，θ 为黄铁矿颗粒表面的接触角，(°)。

2. 实验目的

（1）了解测定矿物润湿接触角的原理、装置和方法。

（2）认识矿物表面可浮性的调节方式及计算方法。

3. 实验所用矿样、药剂和仪器

（1）矿样：铝土矿和石英粉样（-35μm）。
（2）药剂：油酸溶液（c=0.02%）、十二胺溶液（c=0.01%）。
（3）仪器：接触角测定仪（JC2000D3W型）、压片机、压片磨具、镊子等。

4. 实验步骤

（1）采用液滴法测定矿样的接触角，分别将-35μm的矿物颗粒压成直径为2cm的圆片。

（2）分别将大约10μL的水用注射器稳定地滴到铝土矿和石英矿样圆片上，采用量角法测定接触角，在圆片的不同位置测定3次接触角，最后取平均值。

（3）分别将大约10μL的油酸溶液用注射器稳定地滴到铝土矿和石英矿样圆片上，采用量角法测定接触角，在圆片的不同位置测定3次接触角，最后取平均值。

（4）分别将大约10μL的十二胺溶液用注射器稳定地滴到铝土矿和石英矿样圆片上，采用量角法测定接触角，在圆片的不同位置测定3次接触角，最后取平均值。

（5）分别计算铝土矿和石英的可浮性和疏水作用能。

5. 实验数据记录

实验数据记录见表5-1。

表5-1　实验记录

矿样	铝土矿		石英	
条件	蒸馏水	油酸溶液	蒸馏水	十二胺溶液
1				
2				
3				
合计				
平均				
θ				
$1-\cos\theta$				
E_h				

5.3　铝土矿选矿实验

实验5-2　铝土矿选矿实验

1. 实验原理

铝土矿是一种组成复杂、化学成分变化很大的含铝矿物，主要化学成分为Al_2O_3、

SiO_2、Fe_2O_3、TiO_2，少量的 CaO、MgO、S、Ga、V、Cr、P 等。铝土矿中硫的存在形态大多以硫化物为主，其中大部分的硫主要以硫化铁型为主，有的以硫酸盐为主，主要的矿物成分是黄铁矿、胶黄铁矿和磁黄铁矿等。铝土矿中硫杂质太多对拜耳法工艺带来很大的影响，比如积压在铝酸钠溶液中的大量硫化物会对浸出、沉降和蒸发等工序产生极大的危害，严重时会致使氧化铝生产系统无法顺利操作，造成工业生产停滞。因此，为排除硫在生产氧化铝过程中的影响，必须采用经济、方便和高效的方法脱出铝土矿中的硫。

浮选脱硫主要是依据高硫铝土矿中不同矿物表面性质的差异，在矿浆中借助气泡浮力进行矿物的分选。疏水性的黄铁矿容易用黄药等捕收剂浮选，而亲水性的含铝矿物主要以氧化物和氢氧化物形式存在，不易被黄药等捕收剂浮选。目前浮选法脱硫主要根据抑多浮少的原理，采用反浮选法，通过抑制一水硬铝石，采用黄药类捕收剂浮选黄铁矿，达到浮选除硫的效果。

2. 实验目的

（1）掌握挂槽浮选机的结构、工作原理及使用方法。

（2）了解铝土矿脱硫药剂的性质及作用原理。

（3）掌握浮选试验的数质量流程图的计算。

3. 实验条件

试样：高硫铝土矿矿石。

试剂：盐酸、碳酸钠或者氢氧化钠、捕收剂黄药溶液、起泡剂松醇油和活化剂硫酸铜等。

仪器：磨矿机、1.0L 挂槽浮选机（见图 5-2）、天平、盛样盆、秒表、过滤机、干燥箱等。

4. 实验步骤

（1）取 4 份矿样，每份 250g，以 50% 的矿浆浓度分别磨矿 6min、8min、10min 和 12min。

（2）磨矿结束后，用一定量的清水冲洗出磨筒内部的矿浆（严格控制冲洗水用量，以矿浆体积不超过浮选槽体积的 80%~85% 为宜）。

（3）将磨好的矿浆转移至浮选槽内，把剩有矿浆的浮选槽固定在浮选机机架上，并加水调节液面至刻度线。

（4）接通浮选机电源，搅拌矿浆 3min。随后按照药方每间隔 3min 依次向浮选槽内加入调整剂→捕收剂→起泡剂。搅拌 3min 后，打开充气阀门，充气 0.5min 后，开始刮泡。

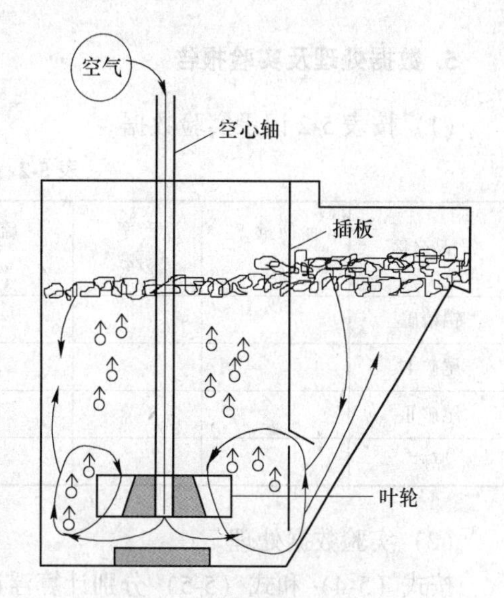

图 5-2 挂槽浮选机工作示意图

（5）在刮泡过程中，由于泡沫的刮出，浮选槽内矿浆液面会下降，需要向浮选槽内补加一定水量，一方面是保持槽内液面稳定，另一方面可用补加水冲洗轴套、槽壁和刮板上黏附的矿化泡沫。

(6) 浮选时间结束后，停止刮泡，断电。从机架上取下浮选槽，用水冲洗干净轴套、叶轮、矿浆循环孔等。

(7) 分别将泡沫产品和槽内产品过滤、烘干、称重，记入表5-2中。

(8) 用四分法或者网格法分别取一定量的泡沫产品和槽内产品样品，用作化验测定样品中的硫和 Al_2O_3 含量，并将相关结果记录在表5-2中。

铝土矿浮选工艺流程如图5-3所示。

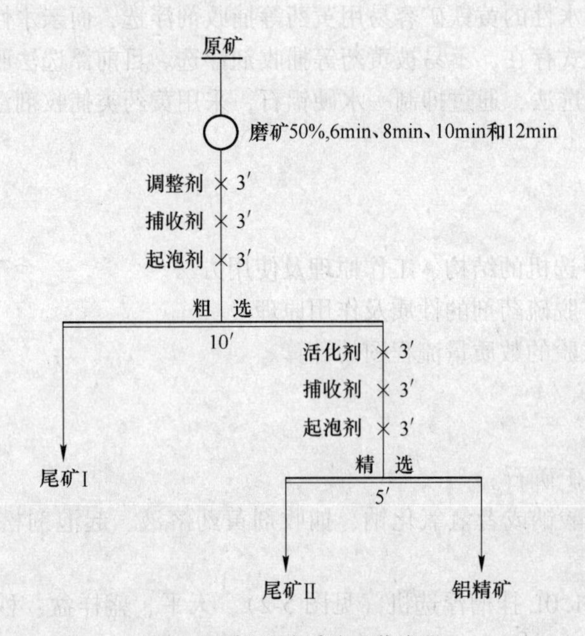

图5-3　铝土矿浮选工艺流程

5. 数据处理及实验报告

(1) 按表5-2记录实验数据。

表5-2　浮选试验记录

产品名称	质量 /g	产率 $\gamma/\%$	硫含量 $\omega/\%$	Al_2O_3 含量 $\omega/\%$	硫脱出率 $R/\%$	Al_2O_3 回收率 $\varepsilon/\%$
铝精矿						
尾矿Ⅰ						
尾矿Ⅱ						
原矿						

(2) 实验数据处理。

按式(5-4)和式(5-5)分别计算浮选产品的产率和回收率：

$$\gamma = \frac{m_1}{m_2} \tag{5-4}$$

$$\varepsilon = \frac{\gamma\beta}{100\alpha} \times 100\% \tag{5-5}$$

式中，γ 为产品产率，m_0、m_1 分别为原矿质量和浮选产品质量，g；ε 为产品回收率，α、β 分别为原矿中的硫和 Al_2O_3 含量及浮选产品中硫和 Al_2O_3 含量。

习　题

5-1 在测定接触角时，应注意哪些问题？
5-2 矿物表面润湿性与可浮性有什么关系？
5-3 浮选的基本原理是什么，常见的浮选药剂有哪几类，其主要作用是什么？
5-4 常见的浮选设备有哪几类，各自的工作原理是什么？
5-5 有色金属硫化矿和氧化矿的浮选药剂有何异同？
5-6 黄药与黄铁矿的作用原理是什么？
5-7 活化剂的作用机理是什么？

参 考 文 献

[1] 黄礼煌. 浮选 [M]. 北京：冶金工业出版社，2018.
[2] 沈政昌. 浮选机理论与技术 [M]. 北京：冶金工业出版社，2012.
[3] 杨松荣，邱冠周. 浮选工艺及应用 [M]. 北京：冶金工业出版社，2015.
[4] 李振，刘炯天. 浮选搅拌调浆过程强化及应用 [M]. 徐州：中国矿业大学出版社，2017.
[5] 胡岳华，王毓华，王淀佐. 铝硅矿物浮选化学与铝土矿脱硅 [M]. 北京：科学出版社，2004.

6 细粒物料造块

6.1 基本原理

冶金原料造块是处于选矿与金属提炼之间的加工作业，担负着为冶金制备优质炉料的任务。选矿得到的精矿粉，再经造块后可获得成分稳定、粒度均匀、冶金性能良好的入炉炉料，能够使得冶炼过程具有炉况稳定、产量提高、焦比降低等优势。

球团法是将细粒精矿粉配加黏结剂、水分、添加剂进行造球，然后根据不同要求，采用不同的焙烧方式进行固结。精矿粉的成球通常是在转动的圆盘造球机或圆筒造球机中完成的。在造球过程中，矿粉首先形成球核，然后球核长大。球核主要是以成层或聚结的方式长大。但是，在球核长大的过程中，或多或少还会发生一些其他的行为，例如已经形成的球又被压碎等。一般矿粉在成球过程中的行为可分为下列7种，如图6-1所示。

(1) 成核。矿粉开始形成小球的过程称为成核过程，如图6-1 (a) 所示。润湿物料加入造球机中，或干料在造球机中加水润湿后，在机械力的作用下，颗粒互相靠拢，由于颗粒间毛细力的作用而聚集成核。核的形成是造球的第一步，这是任何新球形成必不可少的过程。在批料造球中，球核的形成发生在造球机转动几圈后。在连续造球过程中，进入造球机的原料，一部分形成球核，另一部分使球核长大，在正常生产情况下，两者有一定的比例，即成核的数目大致等于排出的生球的数目。因此，核的强度及形成的速度对生球的产量、质量均有影响。

(2) 成层。已经形成的球核，在滚动过程中其表面黏附新料而逐渐长大，这称为成层长大，如图6-1 (b) 所示。在连续往球核上加料加水的条件下，表面潮湿的核由于毛细力的作用，在滚动时黏附上矿粉使球核的粒度连续增大。在工业生产中生球多以这种方式长大。

(3) 聚结。几个小球核连结在一起称为聚结，如图6-1 (c) 所示。生球长大是由于小的球核在造球机内“瀑布式”的料流中，互相碰撞和挤压，球核逐渐变得密实，毛细管中的水被挤到球表面，在继续碰撞中彼此聚结在一起，因而导致球核的长大。球核的聚结可以是两个或是更多个的，以成对的或四面体的形式聚结在一起。球核以聚结方式长大的速度，比成层长大的速度快。在批料造球时，球核往往以聚结的方式长大。以聚结长大的球团，粒度范围比较宽。

(4) 散开。已经形成的球核又被压碎，如图6-1 (d) 所示。在造球过程中，部分原料虽然暂时聚集在一起，但由于水分少，毛细黏结力弱，球核的强度小，在其他球核的撞击下而破碎。这在造球过程中是不可避免的。对于粒度较粗的原料，或亲水性较差的原料，球核破碎的概率就很大，往往导致造球过程不能顺利进行。这种原料一般称为成球性差或难成球的原料，必须添加某些黏结剂以改善其成球性。

(5) 破损。已经形成的球团，在继续长大过程中，由于冲击或碰撞而破裂成碎片，如图6-1（e）所示，这种碎片往往形成球核或同其他的球团聚结。

（6）磨损。已经形成的球团，在继续长大中，有些球团表面因水分不足或无黏结剂而黏附不牢，在互相磨剥过程中被磨损，如图6-1（f）所示。这些磨损下来的粒子，又黏附到其他的球上。

（7）磨剥转移。在造球过程中，由于相互作用和磨剥，一定数量的原料从一个球转移到另一个球上，这称为“磨剥转移”，如图6-1（g）所示。这种磨剥转移是在球相互碰撞时，非常少的原料从一个球的表面转移到另一个球的表面，而不存在交换。

以上7种行为，能引起生球在数量上和粒度上的改变，在任何情况下，生球的形成和长大，都可以用这7种基本行为或其中的某几种来进行描述。

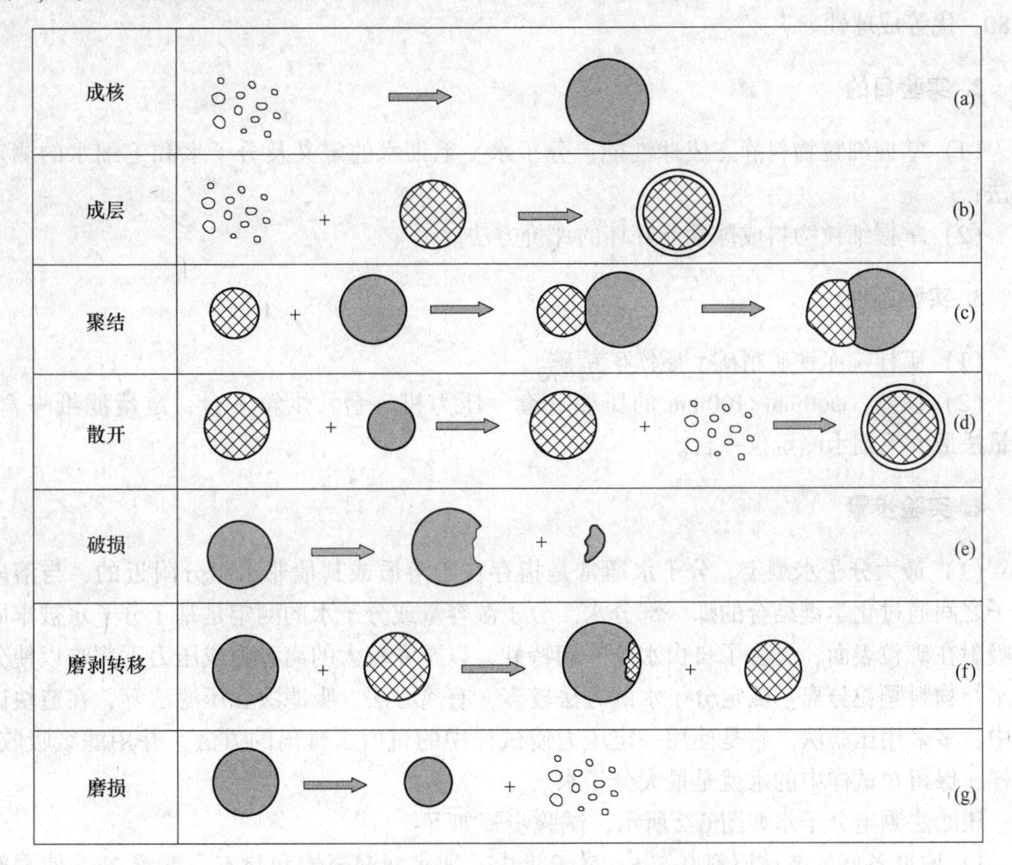

图6-1 矿粉在成球过程中的基本行为

6.2 静态成球性能检测实验

实验6-1 静态成球性能检测实验

1. 实验原理

细粒物料的静态成球性是指矿粉在自然状态下的滴水成球能力。通常用成球性指数 K

来判断矿粉在自然状态下滴水成球性的好坏。成球性指数 K 综合性地反映了矿粉的表面亲水性、粒度与粒度组成、表面形貌等。成球性指数 K 可用式（6-1）计算：

$$K = \frac{W_1}{W_2 - W_1} \tag{6-1}$$

式中 W_1——细粒物料的最大分子结合水含量，%；

W_2——细粒物料的最大毛细水含量，%。

根据成球性指数 K 的大小可将物料的成球性难易程度分为：$K<0.2$，无成球性；$K=0.2\sim0.35$，弱成球性；$K=0.35\sim0.60$，中等成球性；$K=0.60\sim0.80$，良好成球性；$K>0.80$，优等成球性。

2. 实验目的

（1）掌握细粒物料静态成球性能、分子水、毛细水的定义及分子水和毛细水的测定方法；

（2）掌握细粒物料成球性能好坏的评价方法。

3. 实验条件

（1）矿样：赤铁矿精矿、磁铁矿精矿。

（2）仪器：ϕ60mm×100mm 的压模一套，压力机一台，烘箱一台，定量滤纸一盒，容量法最大毛细水测定仪一台。

4. 实验步骤

（1）最大分子水测定。分子水通常是指存在于溶质或其他非水组分附近的、与溶质分子之间通过化学键结合的那一部分水。分子湿容量或分子水的测定是基于分子水被牢固地吸附在矿粒表面，失去了自由水的一切特性，以至在较大的离心力或压力下都难以使分子水与物料颗粒分离。测定分子水的方法较多，有离心法、吸滤法和压滤法等，在造块试验中，多采用压滤法。它是使用一定压力使试样中的自由水排出的方法，并用滤纸吸收，这样，保留在试样中的水就是最大分子水。

压滤法测定分子水如图6-2所示，试验步骤如下：

1）取准备好的造球原料0.5kg，盛于盘内，加水润湿至饱和状态，静置2h，使颗粒表面得以充分湿润。

2）将下压塞放入压模中，并将20张直径为60mm的圆形滤纸放于下压塞上，将已准备好的试样放在压模内的滤纸上铺平，其量为试样受压后，厚度不超过2mm为宜。

3）在试样上加20张滤纸，再放上上压塞。将装有试样的压模放在液压机上，以6.55MPa的压力，加压5min，压后取出试样称重得 m_1。然后将试样于110℃±5℃温度下烘干至恒重得 m_2。

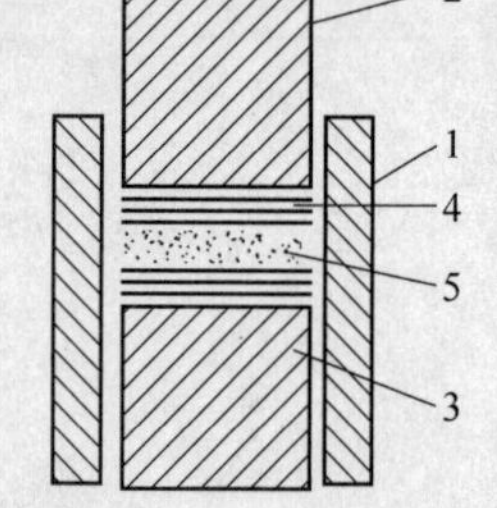

图6-2　压滤法测定分子水
1—上压塞；2—压模；3—试样；4—下压塞；5—滤纸

计算方法见式（6-2）。

$$W_{分} = \frac{m_1 - m_2}{m_1} \times 100 \tag{6-2}$$

式中　$W_{分}$——试样的最大分子水含量,%;

m_1——试样加压后的质量，g;

m_2——试样干燥后的质量，g。

平行试验进行三次，其测定误差不超过 0.5%，所测试样的最大分子水取三次试验的平均值。

（2）最大毛细水测定。毛细水是在超出分子结合水作用范围以外受毛细力作用保持的一种水分。水在毛细力的作用下，沿物料颗粒之间形成的毛细孔上升，直至水将全部毛细孔充满为止。最大毛细水的测定方法有直接测定的重量法、间接测定的毛细管计法和容量法，与重量法相比，容量法操作简单，便于观察毛细水的上升速度，其测定结果具有足够的准确性。本试验采用容量法。

容量法测定毛细水装置示意图如图 6-3 所示，试验步骤如下：

1）在装料器和筛板上涂一薄层石蜡，将筛板放进装料器中，在筛板上铺两层滤纸。然后将干的试样（约 100g）以松散状态装入装料器中（记下料高 H 及料重 $m_{干}$），并使料面平整。

2）向贮水器中注入蒸馏水，当其水面升至与筛板下缘在同一水平线时，试料开始吸水，记录滴定管水面读数 h_1。

3）试样吸水后，放水速度与试样吸水速度一致，直到其不再吸水为止，记录滴管水面高度 h_2。试样吸水量 $m_{水} = h_2 - h_1$。

计算方法见式（6-3）。

$$W_{毛} = \frac{m_{水}}{m_{水} + m_{干}} \times 100\% \tag{6-3}$$

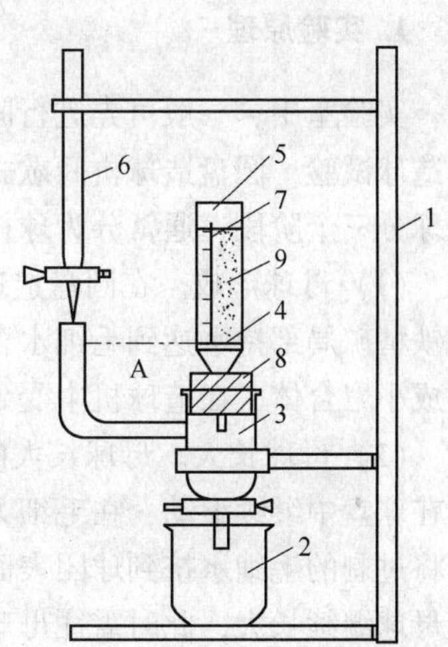

图 6-3　容量法测定毛细水装置

1—支架；2—烧杯；3—玻璃贮水器；4—筛板；5—玻璃装料器；6—滴定管；7—标尺；8—橡皮塞；9—试样

式中　$W_{毛}$——试样最大毛细水,%;

$m_{水}$——试样吸水量，g;

$m_{干}$——干试样质量，g。

平行试验进行三次，所测 $W_{毛}$ 误差不超过 2%，取三次平均值作为试样毛细水测量值。

5. 数据处理及实验报告

静态成球性指数 K 综合性地反映了矿粉的表面亲水性、粒度与粒度组成、表面形貌等。研究表明：立方形、表面具有一定亲水性的磁铁矿属中等成球性而且粒度减小，静态成球性改善；褐铁矿形状多样，且含微细粒黏土矿物，表面亲水性较强，属优等成球性；球状铅锌返粉属弱成球性。表面呈强烈疏水的立方体形方铅矿、多种形状的铜镍混合精矿无静态成球性。试验测定过程中应结合细粒物料的基础特性评价其静态成球性能。试验结果记录于表 6-1 中。

表6-1　物料性质及 *K* 值测定

矿种	粒度（-0.074mm 含量）/%	平均粒度/mm	接触角/(°)	*K* 值	评价
赤铁矿					
磁铁矿					

6.3　造球实验

实验6-2　造球实验

1. 实验原理

实验室中，一般可先进行间歇式造球试验，在确定各因子最佳值的范围后再进行连续式造球试验。圆盘造球机间歇式造球过程：根据细粒物料（实验室以铁精矿精矿为原料）成球分三个阶段，通常分为球核的形成、母球长大和生球紧密三个阶段。

（1）母球形成。在圆盘造球机转动中，以滴状水加到铁精矿中进行不均匀点滴润湿，使铁精矿局部持水达到毛细水含量阶段，细粒铁精矿借助毛细力作用被拉向水滴的中心，形成小聚合体，在造球机中受到滚动作用而形成母球。

（2）母球长大。母球长大的条件是其表面的水分含量接近于适宜的毛细水含量，母球在球盘中继续滚动，在毛细力和滚动形成的挤压力作用下，毛细管形状与尺寸改变，从而将过剩的毛细水挤到球团表面上来，母球表面过湿，进而黏附润湿程度低的矿石颗粒，使母球继续长大，此时需往母球表面喷雾状水使母球表面进一步黏附矿粒而长大，不断循环使母球长大成球团。母球长大阶段需要及时喷水和加料。

（3）生球紧密。生球在长大的同时，由于滚动与搓动的机械力作用，生球内的颗粒彼此靠近，当生球长大到12mm左右时，停止加水加料，让生球继续滚动，利用造球机所产生的机械力，挤出生球内多余的水分，并为润湿程度低的矿石颗粒所吸收。这样生球能进一步紧密，提高生球机械强度。

2. 实验目的

（1）掌握细粒物料成球的基本理论，认识造球的各个阶段。

（2）掌握水、物料性质及添加剂对造球过程的影响。

（3）练习造球及检测生球物理性能。

3. 实验条件

（1）矿样：赤铁矿精矿、磁铁矿精矿。

（2）仪器：圆盘造球机，生球抗压强度测定装置，生球落下强度测定装置，生球爆裂温度测定装置。

4. 实验步骤

通过圆盘造球试验，确定造球的最佳工艺参数有：适宜的原料粒度与粒度组成、原料水分、成球水分、造球时间；添加剂的种类与用量。生球的主要检测指标主要包括：抗压强度、落下强度、爆裂温度和生球水分。

圆盘造球机示意图如图 6-4 所示，圆盘造球机的主要技术参数为：直径 1000mm，转速 22r/min（可调），边高 150mm，倾角 47°。主要试验步骤如下。

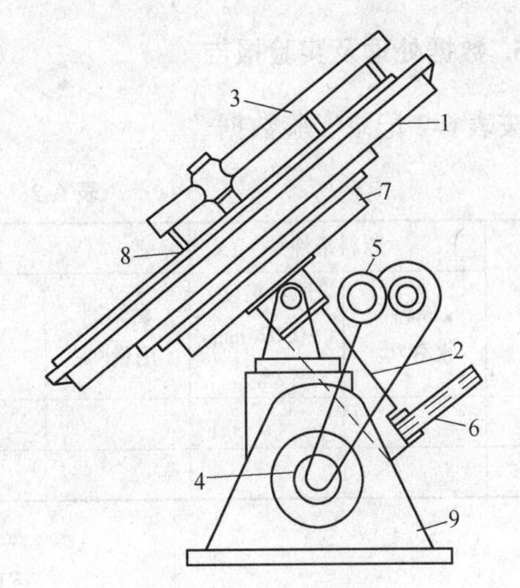

图 6-4 圆盘造球机

1—圆盘；2—中心轴；3—刮刀架；4—电动机；5—减速器；6—调倾角螺栓杆；7—伞齿轮；8—刮刀；9—机座

（1）配料。将已知水分的铁精矿倒在橡皮布上，按干料量的 1%~2%配加膨润土，可外加适当的水，使混合料总水分低于适宜造球水分的 2%~3%，由人工充分混匀。

（2）造母球。启动造球机，取混合料约 200g 加入造球盘中，慢慢地以滴状水加到混合料表面使其形成球核，成核过程中要随时将黏在圆盘上的物料刮起来，并将较大的母球打烂，经过 2~3min 的滚动，又小又光、又圆又硬的母球就形成了。

（3）母球长大。不断往母球表面上喷加雾状水，并且往已润湿的母球表面加物料，使母球不断长大。在母球长大过程中，密切注视球团长大的情况，细心加水加料，一般控制在 10~15min 内球团能达到合格的粒度。

（4）生球紧密。停止加水加料后，生球在造球盘内继续转动 2min，使生球得到紧密，然后用小铲去出生球。出球时，不需关机，用料铲迎着生球运行方向将球铲出。

（5）筛分。用 9mm 的筛子筛分生球，+9mm 的生球为合格生球，其余为不合格生球。

（6）生球落下强度测定。将生球于 0. 5m 高度自由落下至 10mm 厚的钢板上，若落下 n 次后发生破裂，即该球的落下强度为每 0. 5m（$n-1$）次。每次测 10 个粒度均匀的生球（按合格球径的平均值（$d_{平均}\pm0.5$)mm)，取平均值作为生球的落下强度。

（7）生球抗压强度测定。将生球置于一刚性托盘，托盘预先平放在电子天平上。在球团上部缓缓施加一垂直向下的压力，加压速度不得大于 10mm/min，直至生球发生破裂，此时天平所显示的压力值即为生球的抗压强度。每次测 10 个粒度均匀的生球，取平均值作为该批生球的抗压强度（每个单位为 N)。

（8）生球爆裂温度测定。生球爆裂温度测定是参照美国 AC 公司的动态测定法，在竖式管炉中进行。管炉通过电阻丝加热，由温度自动控制仪表控制温度。从叶氏鼓风机出来的室温空气，经转子流量计控制风速进入管炉中。该装置中间有一根不锈钢热风管，该管内装有氧化铝瓷球，电炉加热瓷球，使鼓入的空气迅速被加热成为温度恒定的热气流，反映热风温度的热电偶装在生球吊篮的底部。试验用来装生球的吊篮内径为 50mm，高度为 150mm，底部均匀排列有 ϕ3mm 的圆孔，以便气流进入吊篮中进行干燥。

测定生球爆裂温度时，每次取 50 个合格生球装入吊篮中，控制气流速度为 1.8m/s，待气流被预热到规定的温度值时，将装有生球团的吊篮置入竖炉内，在炉膛内停留 5min。然后取出干燥球进行检查，以干燥球出现破裂或裂纹的球的个数达到 10%时的温度，称为爆裂温度。若大于 10%则降低风温，若小于 10%则升高温度。每次试验的温度间隔为 25℃或 50℃。要求同一条件下重复试验 2~3 次，其绝对误差不超过 1%。

5. 数据处理及实验报告

按表 6-2 记录实验数据。

表 6-2　造球试验记录

原料名称	原料条件		造球条件			生球质量		
	原料水分/%	原料粒度(-0.074mm)/%	黏结剂用量/%	造球水分/%	造球时间/min	每 0.5m 落下次数/次	单个抗压强度/N	爆裂温度/℃
赤铁矿								
磁铁矿								

习　题

6-1 分子水和毛细水的区别是什么？
6-2 影响细粒物料静态成球性能的主要因素是什么？
6-3 细粒物料造块的目的与意义？
6-4 分析各主要因素对生球质量的影响？
6-5 测定生球落下强度、抗压强度、爆裂温度的实际意义？

参 考 文 献

[1] 胡岳华．矿物浮选 [M]．长沙：中南大学出版社，2014.
[2] 龚明光．泡沫浮选 [M]．北京：冶金工业出版社，1994.
[3] 谢广元．选矿学 [M]．徐州：中国矿业大学出版社，2001.
[4] 王淀佐．浮选理论的新进展 [M]．北京：科学出版社，1992.
[5] 王淀佐，胡岳华．浮选溶液化学 [M]．长沙：湖南科学技术出版社，1988.
[6] 周长春．铝土矿及其浮选技术 [M]．徐州：中国矿业大学出版社，2011.
[7] 姜涛．铁矿造块学 [M]．长沙：中南大学出版社，2016.

第2篇

冶金过程研究方法

7 冶金炉渣的物理性质

炉渣是指在冶炼过程中由各种氧化物熔合而成的熔体。在许多火法冶炼过程中，矿物原料中的主金属往往以金属、合金或熔锍的形态产出，而其中的脉石成分及伴生的杂质金属则与熔剂一起熔合成一种主要成分为氧化物的熔体，即形成了炉渣。炉渣通常是一种非常复杂的多组分体系，除含有 CaO、FeO、MnO、MgO、Al_2O_3、SiO_2、P_2O_5、Fe_2O_3 等氧化物外，还可能含有少量氟化物、氯化物、硫化物等其他类型的化合物。炉渣是金属提炼和精炼过程的重要产物之一，大多数冶炼过程中产出的熔渣按质量计约为熔融金属或熔锍产量的 1~5 倍。炉渣作为冶炼过程的主要参与者，不仅产量大，在冶炼过程中起着重要的作用，且不同的炉渣所起的作用是不完全一样的。

冶炼渣是在以矿石或精矿为原料、以粗金属或熔锍为冶炼产物的熔炼过程中生成的，其主要作用在于汇集炉料中的全部脉石成分、灰分以及大部分杂质，从而使其与熔融的主要冶炼产物分离。在硫化矿的造锍熔炼中，铜、镍等硫化物与炉料中的铁硫化物熔融在一起，形成熔锍；铁的氧化物则与造渣溶剂（SiO_2）及其他脉石成分形成熔渣；两者由于密度不同而实现分离。另外，炉渣还包括精炼渣、富集渣和合成渣。总的来说，炉渣的作用主要包括：（1）保护金属液避免氧化，减少金属的热损失以及减少金属从炉气中吸收有害气体；（2）汇集金属中杂质元素的氧化生成物，对金属有精炼作用，冶炼中的脱碳、脱硫、脱磷等反应一般都需要在渣-金界面上进行，炼好炉渣是保证生产合格冶金产品的重要条件。冶金生产中通过改变炉渣的组成，调节渣的性质，来满足冶炼过程需要。

实际上，冶炼过程中生成的金属或熔锍的液滴最初都是分散在炉渣中的，这些分散的微小液滴的汇集、长大和沉降等过程都是在炉渣中进行的。因此，炉渣的物理化学性质（如黏度、密度等）对金属或熔锍与脉石成分的分离程度有着决定性的影响。此外，在竖炉（如鼓风炉）冶炼过程中，对于熔化温度较低的炉渣，增加燃料消耗量只能增大炉料的熔化量而不能进一步提高炉子的最高温度，因此，炉渣的熔化温度直接决定了炉缸的最高温度。

炉渣在冶炼过程中起着非常重要的作用，冶金过程能否正常进行及技术经济指标在很大程度上取决于炉渣的物理化学性质，而炉渣的物理化学性质主要是由炉渣的组成决定的。在生产实践中，必须根据各种冶炼过程的特点，合理选择炉渣成分，使之具有符合冶炼要求的物理化学性质，如适当的熔化温度和酸碱性、较低的黏度和密度等。

7.1　炉渣熔点的测定——铂片法

实验 7-1　熔渣熔点的测定——铂片法

1. 实验目的

（1）学会用铂片法测定炉渣及熔盐熔点的实验技术。

（2）了解实体显微镜结构，掌握其使用方法。

2. 实验原理

冶金炉渣的熔点，习惯上指的是液相线温度。由于冶金炉渣大多属硅酸盐体系，所以应用一般的相平衡方法测定其液相线温度的准确性较差。铂片法所采用的是加热直接观察法，即在加热元件铂片上放置渣样，用铆接在铂片上的热电偶测温，在铂片上放置低倍显微镜。通过目镜直接观察渣样熔化情况，渣样完全熔化时的温度，即为该渣样的熔点。

影响炉渣熔点测定准确性的因素有升温速度、渣样粒度、渣样放置位置、观察者的判断以及测定气氛等。

（1）升温速度的影响。由于当前大多用手动升温，故应严格控制升温速度，以免温度指示超前，造成实际熔点低于指示温度的现象发生。当升温至 1000℃以上时，必须控制升温速度每分钟不大于 50℃。

（2）渣样粒度及渣样旋转位置的影响。由于微型电阻炉的热容量小，每个渣样应该是微量，即小于 0.5mm 的渣粒 3~5 粒，渣样粒度太大且量太多，势必使渣样原理加热中心，使加热不均，影响测定精度。而且渣样必须置于热电偶铆接点上，否则偏离铆接点越远，其测定误差就越大。

（3）观察者的判断。观察者通过显微镜观察渣样熔化状况，通过多观察、多分析，为准确判断渣样熔化终了温度积累经验。

（4）气氛的影响。高温冶金炉渣，从熔炼炉流出，一般气氛对熔点测定影响不大，但测定初成渣或高硫渣的熔点时，则应考虑气氛的影响，因为初成渣有的是在还原气氛下形成的，测定时就应保持在还原气氛下进行，以免炉渣成分发生变化，影响测定结果。硫化物的稳定性低于氧化物，所以进行含高硫渣测定熔点时，一般均应在中性或还原性气氛下进行。

3. 实验仪器装置

铂片法测定炉渣熔点装置如图 7-1 所示。

主要仪器为：显微电阻炉一台，自制；大电流变压器一台，DG-1 型；可控硅温控器一台，DR-2 型；双目实体显微镜一台，XB-1 型；N 温度快速记录仪一台，EWY-721 型；零点仪一套，LDB 型；铂片等。

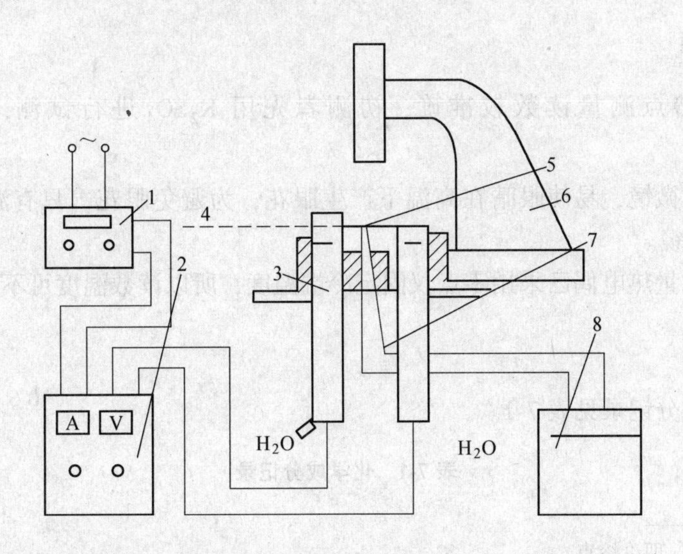

图 7-1　铂片法熔点测定装置

1—可控硅温控仪；2—大电流变压器；3—显微电阻炉；4—铂片；5—渣样；
6—双目实体显微镜；7—热电偶；8—温度指示（记录）仪

4. 实验步骤

炉渣及其他熔盐熔点的测定（包括用 K_2SO_4 校准熔点的测定，K_2SO_4 熔点为 1069℃）应遵循下述操作步骤：

（1）按图 7-1 检查电源、电气接线，冷却系统通水，准备好实验用渣样。

（2）调节显微镜 6 的焦距，使之对准热电偶 7 的焊接点使爆接点清晰可见。

（3）用调节螺钉固定在显微电阻炉 3 上的两个电极间的铂片，使之松紧适当。

（4）用夹钳取粒度小于 0. 5mm 的渣粒，置于铂片上，为使测温准确，应将渣样粒置于热电偶焊接点上。

（5）盖上滑石盖，接通电源，打开可控硅调压控温仪 1 的开关，并使温度快速记录仪 8 处于工作状态。

（6）调节可控硅温控仪 1 的多圈电位器旋钮，使电压徐徐上升，温度指示仪 8 的温度也慢慢上升（如接温度快速记录仪 8，在 1200℃前记录仪不动作），升至 800℃左右检查铂片不向上凸起，可继续升温，否则要重新调整铂片的松紧。

（7）测渣样熔点时，升温至 1000℃后，应密切注意试样变化（从显微镜中观察），此时更应注意缓慢顺旋多圈电位器旋钮，使升温缓慢进行，当观察到热电偶焊接点上的试样（铂片上其他地方的试样变化不能作数）完全熔化成均一液相的一瞬间，此时所指示（或记录）的温度即为此试样的熔点，随即逆时针旋动多圈电位器旋钮，使之降温。

（8）重复上述操作，测定三次，取平均值即为试样的熔点。

（9）实验结束时，关记录仪 8 开关及可控硅温控仪 1 的开关，切断电源，关冷却水龙头，放好显微镜 6，取下铂片 4 用 30% HCl 溶液溶解铂片上的凝渣，实验结束。

5. 注意事项

(1) 为使熔点测量读数较准确，初测者先用 K_2SO_4 进行试测，K_2SO_4 的熔点为1069℃。

(2) 观察显微镜，易使眼睛在高温下产生眼花，为避免眼花，只有温度接近试样熔点时才观察显微镜。

(3) 由于测量热电偶已采用零点仪固定冷端温度，所以读数温度可不再进行修正。

6. 记录

(1) 化学成分记录见表7-1。

表7-1　化学成分记录

熔盐样：________

名称：________理论熔点：________℃

炉渣

种类	化学成分/%					
	CaO	MgO	SiO	Al_2O_3	FeO	其他

(2) 实验记录。

表7-2　实验记录

试样名称及编号	熔点/℃		在相应状态图上查得的熔点/℃
	观测值	平均值	
	1.		
	2.		
	3.		

7. 编写实验报告

(1) 简述实验原理。

(2) 载明实验记录及结果。

(3) 说明在相应状态图上查阅熔点的方法。

(4) 对本实验的误差分析及建议。

7.2　炉渣黏度的测定——内圆柱体旋转法

适宜的炉渣黏度对于涉及高温炉渣熔体的冶炼过程十分重要，它不仅关系到冶炼过程能否顺利进行，而且对冶金反应的速率、液体金属中非金属杂质和气泡的排除、金属或熔锍与熔渣的分离以及炉衬的寿命等都有很大的影响。

实验 7-2 炉渣黏度的测定——内圆柱体旋转法

1. 实验目的

（1）熟悉炉渣黏度用内圆柱体旋转法测定的原理、仪器结构。

（2）正确掌握测试方法，要求会操作、会记录、会整理资料，并能正确绘制黏度-温度曲线。

2. 实验原理

钢丝悬挂的内圆柱体在高温炉渣中以慢速旋转，在钢丝两端由于层流性质的炉渣的内摩擦力而产生一个扭角 φ，在钢丝弹性范围内扭角的大小与炉渣的黏度和角速度的乘积成正比，即

$$\varphi = \eta\omega \tag{7-1}$$

当角速度一定时，

$$\varphi = \frac{\eta}{K} \tag{7-2}$$

$$\eta = K\varphi \tag{7-3}$$

式中，φ 为钢丝扭角；ω 为钢丝角速度；K 为常数，又称为仪器常数。

钢丝扭角用安装于钢丝两端的光电管测量，并将两个电信号用毫秒计记录它们之间的时间差 Δt，则有：

$$\eta = K\Delta t \tag{7-4}$$

仪器常数 K 可用已知标准黏度液体进行标定，得出 K 值，通过测定一定温度下的 Δt，就可计算出被测炉渣的黏度值。

上述公式是假设所受的黏滞力矩全部来自等测液体，实际上由于空气的黏滞力和吊丝材料的内摩擦作用，吊挂系统即使在空转时也会有一定的扭转，这一底值在测量中会叠加到待测值上去，为此必须将公式修正如下：

$$\eta = K(\Delta t - \Delta\tau_0) \tag{7-5}$$

式中，$\Delta\tau_0$ 表示仪器在空气中运转时毫秒计指示值，Δt 有两种求法，一种是在空气中运转，调节上圆盘的角度，使空载时 $\Delta t_0 \approx 0$，然后只用一种已知黏度的液体进行标定，便可得出常数 K 的具体数值。另一种办法是用两种已知黏度的液体进行标定，设用两种已知黏度的液体分别测得时间间隔为 Δt_1 和 Δt_2，且 $\Delta t_1 > \Delta t_2$，它们的黏度分别为 η_1 和 η_2，将它们分别代入式（7-6）和式（7-7）：

$$\eta_1 = K(\Delta t_1 - \Delta t_0) \tag{7-6}$$

$$\eta_2 = K(\Delta t_2 - \Delta t_1) \tag{7-7}$$

联立求解可得：

$$K = \frac{\eta_1 - \eta_2}{\Delta t_1 - \Delta t_2} \qquad \Delta t_0 = \frac{\Delta t_1\eta_2 - \Delta t_2\eta_1}{\eta_2 - \eta_1}$$

得到 K 和 Δt_0 之后，便可按式 $\eta = K(\Delta t - \Delta t_0)$ 测出 Δt 值而计算出待测液体炉渣的黏度值。

应当指出的是，用一种液体标定时，应在仪器吊挂装置空载时，调节上圆盘使 $\Delta t_0 \approx 0$，这在实际操作时是很难看到的，不宜采用。而且两种液体标定时，不必调 Δt_0，这在实际操作时是相当方便的，推荐使用此法。

3. 实验仪器装置

内圆柱体旋转法测定炉渣黏度装置如图 7-2 所示。

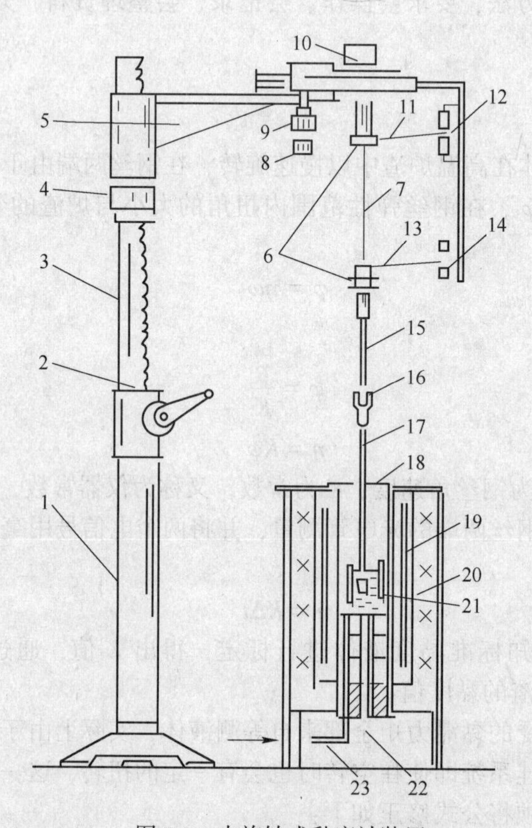

图 7-2　内旋转式黏度计装置

1—支架；2—升降手柄；3—升降滑杆；4—升调微调螺母；5—旋转支架；6—上、下夹头；7—弹性钢丝；8—左右微调手捻；9—前后微调手捻；10—电动机；11—上挡片；12—上光电门；13—下挡片；14—下光电门；15—联杆；16—万向联轴节；17—测杆；18—氧化铝管；19—加热体；20—耐火材料；21—坩埚；22—测温热电偶；23—进气口

主要仪器设备为：回转式管式电炉一台，钼丝炉；吊挂旋转支架一个；控制柜一个，ND-3 型；稳频稳压器一台，WPWY 型 0. 5 kVA；茂福炉一台；

以上为中性或还原性气氛，当使用氧化性气氛时，还应增加以下仪器设备：二硅化钼炉一台，自制；控制柜一个，KSY-8D-18 型；坩埚若干；标定液两种。

4. 实验步骤

(1) 标定 K 值操作。

1) 调节立柱上的滑动螺母，使吊挂系统对准盛有标液的坩埚中心，调节与滑动螺母相连的微调螺母，使吊挂系统下降 18mm。

2）调节滑动螺母使测杆 17 下方的吊挂钼头接触坩埚底部，调节微调螺母，使吊挂系统上升 18mm。

3）合上电源电闸，向控制柜供电，依次打开电源、光源、电机三个开关，同时打开毫秒计的电源开关，按下 1ms 开关，此时吊挂系统运转，毫秒计显示数字，待显示稳定后，便可进行毫秒记录。

4）连续记录若干个数据并取其算术平均值，即 Δt_2（先测低黏度标液）的值（连续记录 20 个数据并取平均值亦可由与之相连的打印机来完成）。

5）关控制柜上的电源、光源、电机及毫秒计电源开关；将吊挂系统提升至一定高度并固定。

6）重复上述第 1～第 5 个操作步骤，测定高黏度标液的 Δt_1 的值。

（2）电炉升温操作。

1）合上电闸向电炉控制柜供电，将控制柜左下方开关打向手动位置，并将手动旋钮置于零位。接通右下方电源开关，调节手动旋钮，使电流表中电流（指针）徐徐上升，在 5min 左右时间升至 100A，最大电流控制在 120A 以下。

2）使电炉控制柜上 XCT-191 表头红针指向实验开始的预定温度。

3）当温度接近实验预定温度时，将手动控制改换成自动控制，在电炉升温的同时可进行 K 和 Δt_0 的标定。

（3）化渣操作。

1）将破碎至 5mm 以下的渣样置于坩埚中，熔化后渣样体积应与 K 值标定时的液体体积基本一致，将坩埚放入电炉的中心。待渣样熔化后再调整渣样的体积。

2）当渣样达到预定实验温度后，保温 5～10min，观察渣样已全部熔化且体积合适时化渣操作完毕。

（4）黏度测定操作。

1）按 K 值标定的第 1～第 3 条操作。

2）利用电炉控制柜右下方电源开关停止向电炉供电，在电炉自然降温条件下连续记录 Δt 的值。每降温 20℃时相应记录炉渣温度和毫秒计读数，直至吊挂系统开始出现无法转动为止。

3）停止吊挂系统运转，并使铝杆与钢丝接头分离，将吊挂架转向远离电炉的一边。

4）按升温操作第 1 条重新升温，待渣完全熔化后，电炉断电，夹出测杆和坩埚，将坩埚中渣液倒出，并立即将坩埚放回电炉内，盖上炉管盖，实验结束。

5. 注意事项

（1）吊挂系统材质应与炉渣种类相匹配，如含铁炉渣，选用刚玉制品作为吊挂材质，而非铁炉渣，则选用刚玉制品或石墨制品作吊挂材质均可。坩埚的选择亦与上相同。

（2）二硅化钼棒易碰断，操作时应特别小心细致，以免损坏电炉影响实验的正确进行。

（3）实验结束后，从坩埚中倒出渣液时，应防止高温渣液伤人。

6. 实验记录

（1）炉渣种类及成分见表 7-3。

表 7-3　炉渣种类及成分

炉渣种类	化学成分/%					
	SiO_2	CaO	Al_2O_3	MgO	FeO	其他

（2）标定 K 和 Δt_0 见表 7-4。

表 7-4　标液测定

标液名称	黏度值/Pa · s	测定的平均时间差/ms
甲基硅油①		
甲基硅油②		

（3）黏度测定见表 7-5。

表 7-5　黏度测定

序　　号	炉渣温度/℃	平均 Δt/ms

7. 数据处理和编写报告

（1）数据处理。

1）计算出本实验条件下的 K 和 Δt_0 的数值。

2）计算出相应温度下渣样的黏度值。

3）绘出渣样的黏度(η)-温度(T)曲线。

4）根据炉渣成分，查找相应的炉渣相图，确定渣样在某一温度下的黏度值，并与实验值进行比较。

（2）编写报告。

1）简述实验原理。

2）载明实验条件，整理实验数据。

3）分析实验数据变化规律。

7.3　炉渣表面张力及密度测定

冶金反应大多是多相反应，是在相界面上进行的，因此反应速度与相界面的大小和性质（主要是表面张力和界面张力）密切相关。例如，炉渣的表面张力和炉渣-金属液间的界面张力对气体-炉渣-金属液的界面反应有很重要的影响；炉渣对耐火材料的侵蚀、炉渣的起泡、渣-金属乳化、金属与炉渣的分离、反应中新相的形成等都与熔体的表面张力、熔体间的或熔体-固体材料间的界面张力有关。

密度也是冶金炉渣熔体的重要物理性质之一，获取准确的密度数据对于生产实践和理论研究均具有重要的意义。炉渣及非金属夹杂物与液态金属间的分离、熔盐电解中电解质与金属液的分离、熔渣体积的确定、炉渣膨胀系数和偏摩尔体积的确定、冶炼过程中的许多动力学现象，以及炉渣熔体结构的研究都与熔体密度有关。例如，在许多火法冶炼过程中，金属产物常以较小的液滴分散于炉渣熔体中。要使产物与炉渣分离、减少金属在渣中的损失，必须使金属微滴从炉渣中沉降下来，形成与炉渣不相混溶的熔融金属层。决定沉降分层效果的主要因素是渣相与金属相的密度差、金属微滴的尺寸及渣相的黏度等。生产时，通常要求金属与炉渣的密度差不小于 $1500kg/m^3$，以保证良好的分离效果。

实验 7-3　炉渣表面张力及密度测定

1. 实验目的

（1）熟悉用气泡最大压力法测定炉渣表面张力的原理及操作。
（2）测定炉渣表面张力随温度变化的规律。
（3）测定不同组成炉渣的密度。

2. 实验原理

气泡最大压力法测定炉渣表面张力见式（7-8）。

$$\sigma = \frac{\gamma(p_m - \rho g h)}{2} \quad (dyn/cm) \tag{7-8}$$

式中　γ——毛细管半径，cm；
p_m——气泡最大压力，cm/cm^2；
g——重力加速度，cm/s^2；
h——毛细管插入熔体深度，cm；
ρ——熔体密度，g/cm^3。

实验前测定毛细管半径 γ，通过实验测出 h、p_m 及 ρ，就可按式（7-8）计算得出炉渣的表面张力。

在同一温度下，测定不同深度 h_1 和 h_2 时的 p_{m1} 和 p_{m2}，便可按式（7-9）计算得出炉渣的密度(g/cm^3)。

$$\rho = \frac{p_{m1} - p_{m2}}{g(h_1 - h_2)} \tag{7-9}$$

实验前准确测出毛细管半径有困难，因为毛细管的圆度差，另外常温测量 γ 值在高温下 γ 又发生变化，为了解决这一困难，可将式（7-9）改写成式（7-10）

$$\rho = K(p_m - gh\rho) \tag{7-10}$$

式中，K 为仪器常数，可用已知表面张力的标液标定，推荐用 KF 通 N_2 在 1310℃下标定 K 值，此时 KF 的表面张力约为 104.9dyn/cm。

3. 实验仪器装置

气泡最大压力法测定炉渣表面张力装置如图 7-3 所示。

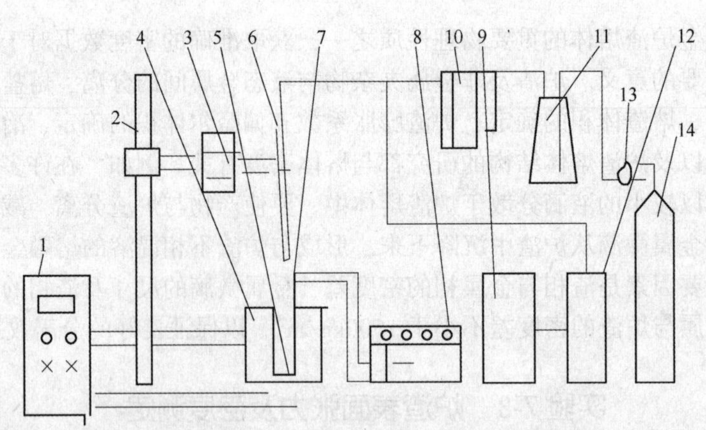

图 7-3　气泡最大压力法测定炉渣表面张力设备图

1—电炉控制柜；2—支柱；3—测微器；4—电炉；5—坩埚；6—毛细管；7—测温热电偶；8—记录仪；9—反向毫伏给定器；10—流量控制器；11—缓冲瓶；12—差压变送器；13—钢瓶控制阀；14—氮气瓶

主要仪器设备为：立式管状电阻炉一台，$\phi_{内} \geqslant 50$，1500℃；电炉控制柜一个；带测微器的立柱装置一个；台式自动平衡记录仪一台，XWT-264，双笔；差压变送器，DBC-220A，100mm 水柱；数字温度表一个，配 LB-3；测量显微镜一台；刚玉坩埚若干；刚玉毛细管；氮气一瓶。

4. 实验步骤

（1）升温操作。

1）合上电闸，通过电炉控制柜 1 向电炉 4 供电，当炉温达到实验温度时，使炉子处于自动恒温状态。

2）将盛有 KF 的坩埚放入高温炉中，恒温于 1310℃。

（2）校正仪器常数 K。

1）通 N_2 气，使压差变送器、反向毫伏给定器和记录仪处于工作状态，记录仪之一用于测温毫伏记录，而另一笔用于气泡最大压力信号记录，调节上述三者使记录仪运转正常，并记下反向毫伏数值。

2）调节支架升降和测微器 3，将毛细管缓慢下降至熔盐表面，此时记录仪 8 上出现压力信号值增大。

3）通过测微器将毛细管 6 插入熔盐一定深度 h_1，此时记录压力最大值信号一般不少于 3 个。

4）改变毛细管插入深度 h_2，并记录 3 个力的最大值。

5）缓慢提升毛细管出液面，片刻后再提升至远离电炉，关 N_2 夹出坩埚，倒出熔盐。

（3）炉渣密度及表面张力的测定操作。

1）置炉渣于刚玉坩埚中并放入电炉中，继续升温。

2）待炉渣熔化后，恒温，读出渣温。

3）重复“（2）校正仪器常数 K”中的 1-4 操作。

4）关电炉电源开关，降温 30℃，恒温，按本操作 3 进行操作。以后每降温 30℃，重复上述操作，直至无法测定为止。

5）电炉升温，待炉渣完全熔化后，按“（2）校正仪器常数 K” 中的“5）缓慢提升毛细管出液面，片刻后再提升至远离电炉，关 N_2 夹出坩埚，倒出熔盐”的操作步骤进行操作。

6）如需测定另一成分炉渣的密度和表面张力，可重复上述 1）~5）操作。

7）关电炉电源，停止所有仪器运转，实验结束。

5. 实验记录

（1）炉渣种类及其成分见表 7-6。

表 7-6　炉渣种类及其成分

炉渣种类	炉渣成分/%					
	SiO_2	CaO	Al_2O_3	MgO	FeO	其他

（2）标定 K 值见表 7-7。

表 7-7　标定 K 值

标液名称	标定温度/℃	表面张力/$dyn \cdot cm^{-1}$	h_1/cm	h_2/cm	折算 p_m/$dyn \cdot cm^{-2}$
KF	1310	104.9			

（3）炉渣密度及表面张力测定（见表 7-8）

表 7-8　炉渣密度及表面张力测定

序号	炉渣温度/℃	毛细管插入深度/cm		折算 p_m/$dyn \cdot cm^{-2}$
		h_1	h_2	

6. 数据处理和编写报告

（1）数据处理。

1）计算出 K 值；

2）计算出各温度下的 ρ 和 σ；

3）计算出另一成分炉渣在各温度下的 ρ 和 σ；

4）绘制炉渣的 σ-t 和 ρ-t 图；

5）根据炉渣成分，利用 σ 加和计算公式，计算出该渣在 1400℃下的 σ，并与实验值进行比较。

（2）编写报告。

1）简述实验原理；

2）载明实验条件及实验结果；

3）对实验结果进行分析。

习　题

7-1 在铝片上试样的多少和放置位置对测定精度有何影响？

7-2 铝片法系用加热测量，如果反过来采用冷却测量，会得到什么结果？

7-3 配制化学成分 CaO 30%、MgO 5%、SiO_2 40%和 Al_2O_3 25%的炉渣，采用此方法测定该炉渣的熔点。

7-4 吊挂系统的马达转速对 Δt 测量有无影响？

7-5 分析炉渣组成对其黏度的影响。

7-6 炉渣黏度愈小愈好吗？

7-7 配制化学成分 FeO 30%、CaO 20%、MgO 5%、SiO_2 40%和 Al_2O_3 5%的炉渣，采用此方法测定该炉渣的黏度，并尝试绘制其黏度与温度的关系曲线。

7-8 气泡逸出速度的快慢，对测定结果有无影响？

7-9 毛细管材质和内径大小对测定结果有无影响？

7-10 配制化学成分 FeO 30%、CaO 30%、SiO_2 40%的炉渣，采用此方法测定该炉渣的表面张力和密度；改变炉渣中 CaO 的含量，试测量并分析 CaO 含量变化时对炉渣表面张力和密度的影响规律。

参 考 文 献

[1] 中南工业大学冶金原理教研室. 有色冶金原理实验指导书 [M]. 1984.
[2] 东北工学院冶金物化教研室. 冶金物化实验讲义 [M]. 1984.
[3] 中国科学院化工冶金研究所. 高温熔体的粘度测量 [M]. 1982.
[4] 王常珍. 冶金物理化学研究方法 [M]. 北京：冶金工业出版社，1982.
[5] 重庆大学冶金教研室. 冶金原理实验 [M]. 1980.
[6] 李洪桂. 冶金原理 [M]. 北京：科学出版社，2005.
[7] 傅崇说. 有色冶金原理 [M]. 北京：冶金工业出版社，1993.

电势-pH 图

湿法冶金、废水治理以及金属防腐过程中经常涉及金属及其化合物与水溶液中离子的平衡，例如铝土矿中 AlOOH 的碱浸出反应。

$$AlOOH + OH^- \Longrightarrow AlO_2^- + H_2O$$

就涉及 AlOOH 与溶液中 AlO_2^- 及 OH^-的平衡，闪锌矿中 ZnS 的氧浸出反应：

$$ZnS + 2O_2 \Longrightarrow Zn^{2+} + SO_4^{2-}$$

就涉及 ZnS 与 O_2 及溶液中 Zn^{2+}、SO_4^{2-} 的平衡，因此研究这些平衡条件十分重要。

这些平衡与各种参数的关系可以用相应的热力学平衡图进行表征和分析。影响这些平衡的参数较多，如温度、pH 值、浓度、氧化还原电势等。用平衡图全面表征其平衡状态与各种参数的关系，往往需要用多维坐标。为简化起见，通常将某些参数固定而研究主要因素的影响，其中最主要的因素为氧化还原电势和溶液的 pH 值以及离子浓度，因此最常用电势与 pH 为参数绘制系统的平衡图，即电势-pH 图和以离子浓度、pH 值为参数绘制的 lg$c$-pH 图，用以研究系统的平衡条件及相应的冶金过程。

实验 8-1　湿法冶金中电势-pH 图的测定

1. 实验目的

现代湿法冶金中已广泛使用电势(φ)-pH 图来分析物质在水溶液中的稳定性即各类反应的热力学平衡条件，如已知金属-水系电势-pH 图，可以找到浸出与净化沉淀此种金属的电位和 pH 值的控制范围。

通过对 Fe-H_2O 系中不同 pH 值对应的电位的测定，绘制出 Fe-H_2O 系 φ-pH 图，从而可加深对溶液中 pH 值与氧化还原电位的了解以及有关 φ-pH 图的理论知识的理解。

2. 实验原理

本实验以 Fe-H_2O 系为例，其三类反应具体平衡条件如下。

第一类反应：

$$Fe^{3+} + e \Longrightarrow Fe^{2+} \tag{8-1}$$

$$\Delta G_{298}^{\ominus} = -74.424\text{kJ}$$

$$\varphi_{1-1} = \varphi_{1-1}^{\ominus} + 0.0591\lg \frac{Fe^{3+}}{a_{Fe^{2+}}}$$

$$-\Delta G^{\ominus} = -zF\varphi^{\ominus}$$

$$\varphi_{1-1} = \frac{-\Delta G^{\ominus}}{ZF} = \frac{-(-17780)}{1 \times 23060} = 0.77\text{V}$$

当 $T=298K$, $a_{Fe^{3+}}=a_{Fe^{2+}}=1$，得

$$\varphi_{1-1}=0.77V$$

另一反应：

$$Fe^{2+}+2e =\!=\!= Fe \tag{8-2}$$

$$\Delta G_{298}^{\ominus}=84.97kJ$$

$$\varphi_{1-2}=\varphi_{1-2}^{\ominus}+\frac{0.0591}{2}\lg a_{Fe^{2+}}$$

同理得 $\varphi_{1-2}=-0.44V$。

当 $T=298K$, $a_{Fe^{2+}}=1$，得

$$\varphi_{1-2}=-0.44V$$

第二类反应：

$$Fe(OH)_3+3H^+ =\!=\!= Fe^{3+}+3H_2O \tag{8-3}$$

$$\Delta G_{298}^{\ominus}=-27.58kJ$$

$$pH_{2-1}=-\frac{\Delta G^{\ominus}}{1364}=\frac{-6590}{1364\times 3}=1.61$$

当 $T=298K$, $a_{Fe^{2+}}=1$，得

$$pH_{2-1}=pH_{2-1}^{\ominus}-\frac{1}{3}\lg a_{Fe^{3+}}$$

$$pH_{2-1}=1.61$$

另一反应：

$$Fe(OH)_3+3H^++e =\!=\!= Fe^{2+}+3H_2O \tag{8-4}$$

$$\Delta G_{298}^{\ominus}=-75.81kJ$$

同理得 $pH_{2-2}^{\ominus}=6.64$。

当 $T=298K$, $a_{Fe^{2+}}=1$，得

$$pH_{2-2}=6.64$$

第三类反应：

$$Fe(OH)_3+3H^++e =\!=\!= Fe^{2+}+3H_2O \tag{8-5}$$

$$\Delta G_{298}^{\ominus}=-102.01kJ$$

得 $\varphi_{3-1}^{\ominus}=1.057V$，得 $T=298K$, $a_{Fe^{2+}}=1$，得

$$\varphi_{3-1}=1.057-0.0591\times\frac{3}{1}pH+\frac{0.0591}{1}\lg a_{Fe^{2+}}$$

$$=1.057-0.177pH$$

另一反应：

$$Fe(OH)_2+2H^++2e =\!=\!= Fe+2H_2O \tag{8-6}$$

$$\Delta G_{298}^{\ominus}=9.08kJ$$

$$\varphi_{3-2}=-0.47V$$

当 $T=298K$, $\varphi_{3-2}=-0.47-0.0591pH$

第三反应：

$$Fe(OH)_3+H^++e =\!=\!= Fe(OH)_2+2H_2O \tag{8-7}$$

$$\Delta G^{\ominus}_{298} = -26.16\text{kJ}$$

$$\varphi^{\ominus}_{3-3} = 0.271\text{V}$$

$$\varphi_{3-3} = 0.271 - 0.0591\text{pH V}$$

由于在水溶液中进行氧化-还原反应，故有氢电极反应：

$$2H^+ + 2e = H_2$$

当 $T=298\text{K}$，$p_{H_2}=1\text{atm}$ 时，

$$\varphi_{H_2} = -0.0591\text{pH}$$

氧电极反应：

$$\frac{1}{2}O_2 + 2H^+ + 2e = H_2O$$

当 $T=298\text{K}$，$p_{O_2}=1\text{atm}$ 时，

$$\varphi_{O_2} = 1.229 - 0.0591\text{pH}$$

根据以上 Fe-H_2O 系 7 个平衡式，即可作出该系的 φ-pH 图。

3. 实验方法

本实验用 $Fe_2(SO_4)_3 \cdot 6H_2O$ 和$FeSO_4 \cdot 7H_2O$ 试剂配成 $c_{Fe^{3+}} = c_{Fe^{2+}} = 0.01\text{mol/L}$ 的溶液，加入 H_2SO_4和 NaOH 改变溶液的 pH 值，用 pH 值计测定溶液的 pH 值，同时用高阻电位差计测定相应的电势，便可绘出 φ-pH 图。

但必须指出，由于平衡式（8-2）和（8-6）均在 H_2O 析出 H_2 的平衡线以下，所以在本实验条件下，无法测得上述两反应的电位和 pH 值，因而无法绘制出两条直线。又由于溶液中 Fe^{3+}和 Fe^{2+}活度不等于 1，故实测曲线与理论曲线之间存在一定偏差。

4. 实验仪器和试剂

（1）实验仪器：电位-pH 实验装置。

（2）试剂：分析纯 $Fe_2(SO_4)_3 \cdot 6H_2O$ 、分析纯 $FeSO_4 \cdot 7H_2O$ 、分析纯 H_2SO_4、分析纯 NaOH 和氮气。

5. 实验步骤

（1）配制试液：称取 0.381g 的 $Fe_2(SO_4)_3 \cdot 6H_2O$ 和 $FeSO_4 \cdot 7H_2O$ 于烧杯中，加蒸馏水 150mL 溶解。

（2）链接线路：经指导教师检查后，再进行下一步操作。

（3）校正检流计后，零点旋转就不要再动。

（4）校正 pH 值计。

1）接通电源，把选择按钮旋至 pH 值挡，使之预热半小时。

2）调节温度旋钮，使之指示溶液的温度值。

3）将斜率旋钮顺时针旋到底。

4）冲洗电极后用滤纸吸干，放到 pH 值为 6.86 的缓冲溶液中，调“定位”旋钮使读数 pH 值为 6.86，定位钮不要再动。

5）冲洗电极后用滤纸吸干，放到 pH 值为 4.00 的缓冲液中，调“斜率”钮使读数 pH 值为 4，斜率钮不要再动。

（5）校正电位差计。将电位差计旋钮置于“N”（标准），按下“粗”钮调节工作电流（粗零，中零，微零）使检流计指针指“零”，然后按下“细”钮，调节工作电流旋钮，检流计指针指“零”，此时电位差计已校好，工作电流旋钮不应该再变动。

（6）测定 pH 值。

1）将电位差计转至 X_1 或 X_2。

2）将烧杯内换成被测溶液，安好电极，并通 N_2 少许，启动搅拌器，使放在溶液中的搅拌转子旋转。

3）H_2SO_4 若干滴，使溶液 pH 值为 0.5。

（7）测定电位值

1）按下“粗”钮，调节测量十进盘旋钮，使检流计指针指“零”，然后按下“细”钮，重复操作一遍。

2）累加十进盘旋钮的数字便是被测溶液 pH 值为 0.5 时对应的电位。

3）然后加入适量的碱（NaOH），使 pH 值递增，按上述操作在 pH 值为 0.5~10 范围内，测定相应的 pH 值和电位值，测 10~15 对数据，然后进行实验数据处理，实验进行完毕关掉电源开关，整理实验仪器，打扫卫生。

6. 注意事项

（1）pH 值计高阻电位差计校准后，不得再旋动“定位”“零点”“校正”“工作电流”旋钮。

（2）小心使用玻璃电极，不得用手触及电极前端小球，以免弄破。

（3）玻璃电极在使用前应用蒸馏水浸泡 24h。

（4）硫酸高铁溶解慢，应预先配制。

7. 编写实验报告

（1）简述实验原理、实验方法及实验装置。

（2）实验记录：

1）应说明被测溶液温度及浓度。

2）应提供实验数据记录，包括实验次数、相应的 pH 值及电位值。

（3）实验数据处理。

（4）绘图及分析。

（5）建议和意见。

习　题

8-1 试根据此方法，测量并绘制 $Zn-H_2O$ 系电位-pH 图，其中 Zn^{2+} 浓度为 0.1mol/L。

参考文献

[1] 李洪桂．冶金原理［M］．北京：科学出版社，2005.
[2] 傅崇说．有色冶金原理［M］．北京：冶金工业出版社，1993.
[3] 田彦文，翟秀静．冶金物理化学简明教程［M］．北京：化学工业出版社，2011.
[4] 马荣骏．湿法冶金原理［M］．北京：冶金工业出版社，2007.
[5] 陈家庸．湿法冶金手册［M］．北京：冶金工业出版社，2005.

9 冶金过程宏观动力学

9.1 反应动力学概述

9.1.1 反应动力学的发展

19 世纪中期，Guldberg 和 Waadge 提出“化学反应的速度（率）和反应物的有效质量成正比”，从而确立了质量作用定律；1889 年，Arrhenius 提出反应速率随温度升高而增大，不在于分子平动的平均速率增大，而是因为活化分子数目的增多，从而提出活化能的概念，确立了表述恒定浓度条件下反应速率与体系温度相互关系的 Arrhenius 定律。质量作用定律的建立和 Arrhenius 定理的提出都是从宏观的角度出发研究化学反应过程的，对从理论上探明反应动力学规律起到了基础作用，此研究方法被称为宏观动力学研究方法。

20 世纪初期，随着第一个反应速率理论模型——简单碰撞理论的提出，反应动力学的研究进入到微观的、分子层面研究阶段。20 世纪 30 年代，在简单碰撞理论的基础上，借助量子力学计算分子中原子间势能的方法，求得了反应体系的势能面，逐步形成了“过渡态理论”。该理论认为反应物分子进行有效碰撞后，首先形成一个过渡态（活化配合物），然后活化配合物发生分解并形成最终产物。20 世纪 60 年代后期，分子束被应用于研究化学反应，从而实现了在分子层面上观察分子碰撞过程中的反应动态行为。从 20 世纪 70 年代开始，激光技术的应用使反应动力学的研究深入到量子态反应的层次，深入探讨反应过程的微观细节，使化学反应动力学研究彻底进入到新的阶段——微观反应动力学阶段。

9.1.2 反应动力学的研究对象和任务

一般来讲，化学反应动力学的研究对象包括以下三个方面：化学反应进行的条件（体系温度和压力、反应物浓度及反应介质等）对反应速率的影响，化学反应的反应机理，物质结构与化学反应能力之间的关系。因此，化学反应动力学研究需要解答以下问题：化学反应的内因（反应物的结构和状态）与外因（催化剂、辐射及反应器等存在与否）对化学反应速率及过程的影响规律；揭示化学反应过程的宏观与微观机理；建立总包反应和基元反应的定量理论等，以上几点也是反应动力学研究的基本任务。在对化学反应进行动力学研究时，总是从动态的观点出发，由宏观的、唯象的研究进而到微观分子水平的研究，因而可将化学反应动力学区分为宏观动力学和微观动力学两个领域。

9.1.3 冶金过程动力学概述

冶金反应大多是在不同相之间发生的多相/非均相反应（又称相间反应）。因此，冶金反应过程是十分复杂的。与均相反应体系相比，非均相体系中至少存在一个相界面，处于不同相主体中的反应物必须经过不断地传输至反应界面，同时反应产物必须适时地离开反应界面并被传输至流体主体中，反应才能持续进行。因此，冶金反应除了包含化学反应过程以外，还伴随着物料的流动和混合，以及热量和质量的传递、传输等过程。前者涉及的是反应动力学，后者则属于物理效应或称为宏观传输效应。

冶金过程动力学主要探讨冶金反应的速率，阐明反应机理，确定反应速率的限制环节，进而导出动力学方程。由于冶金反应多为高温多相反应，在绝大多数情况下，化学反应速率很快，不会成为过程的限制环节。而扩散与传质则比化学反应慢很多，因此，扩散与传质往往构成冶金过程的限制环节。同时，冶金过程常常伴有流体流动和传热现象发生，因此，冶金动力学的研究必然要涉及动量传递、热量传输和质量传递等冶金传输问题。找出这些因素对反应速率的影响，以便在合适的反应条件下，控制反应的进行，使之按照人们所希望的速率进行，这就是冶金动力学研究的目的。

由于反应相界面的存在，根据发生反应相界面的性质，冶金反应可分为气-固、液-固、气-液、液-液和固-固五大类相间反应以及液-固-气、液-液-气和固-固-气等涉及三相及三相以上的相间反应，并形成了各自的包括宏观动力学模型本身及相应的宏观动力学参数的测定等在内的模型化研究方法。对于冶金反应器中更复杂的三相及三相以上体系，如高炉炼铁和转炉炼钢过程中炉内气-液-固三相间的反应。对这类体系的宏观动力学的研究难度很大，将成为今后宏观动力学研究的重点攻关方向。

冶金过程动力学的基本研究方法是数学模型法。所谓动力学数学模型（也称反应速率）是指用数学语言来描述反应速率与各种变量之间关系的表达式。一般情况下，只要建立的动力学模型符合客观事件，则它所揭示的动力学规律可适用于不同规模的反应体系(有新的变量出现时除外)。建立一个好的动力学模型，需要注意一下几个问题：

(1) 尽可能收集和分析已有的文献资料，分析同类冶金反应过程的已知模型，对所研究的反应过程的平衡状态和反应历程有一个基本的了解和构思。

(2) 抓住问题的本质，对模型进行简化，使其形式简洁、待估计参数的数目合理。但简化不能失真，应该能满足应用的要求，能适应实验条件和计算机的能力。

(3) 注意分析反应的多种可能性，按照不同机理设定若干可供选择的模型，再从设定的模型中优选。不要一开始就认准某一个模型，使工作陷入困境。

(4) 充分运用公认的反应动力学规律和传输理论，例如阿伦尼乌斯公式、菲克扩散定律、朗格缪尔公式、质量作用定律等，来建立反应速率与相关影响因素的数学表达式。

(5) 在用实验采集动力学数据和所用物料的组成、物性等数据时，力求准确无误，满足工业使用的要求。取数据时要有统计分析的观点和全盘的实验计划，根据反应的具体实际情况，可以采用单因子法取点、正交设计法取点或序贯法取点。

在注意以上几个问题的前提下，即可根据具体的冶金反应过程来建立反应的动力学模型。

9.1.4 化学反应速率及速率方程

9.1.4.1 化学反应速率

化学反应速率（rate of chemical reactions）的定义，是以单位空间（体积）、单位时间内物料（反应物或产物）数量的变化来表达的，用数学形式可表示为：

$$-r_A = -\frac{1}{V} \times \frac{dn_A}{dt} = \frac{由于反应而消耗的A的摩尔数}{单位体积 \times 单位时间} \tag{9-1}$$

式中，$-r_A$ 中的负号表示反应物消耗的速率，若为产物则为

$$r_A = \frac{1}{V} \times \frac{dn_A}{dt} \tag{9-2}$$

若在反应过程中物料的体积变化较小，则 V 可视作恒量，称之为恒容过程，此时，$\frac{n_A}{V} = c_A$，故式（9-1）可写成

$$-r_A = -\frac{dc_A}{dt} \tag{9-3}$$

对于如下反应

$$aA + bB = cC + dD \tag{9-4}$$

如果没有副反应，则反应速率与化学计量系数（stoichiometric coefficient）之间的关系为

$$(-r_A):(-r_B):(r_C):(r_D) = a:b:c:d \tag{9-5}$$

即

$$\frac{1}{a}(-r_A) = \frac{1}{b}(-r_B) = \frac{1}{c}(r_C) = \frac{1}{d}(r_D) \tag{9-6}$$

或

$$-\frac{1}{a} \times \frac{dc_A}{dt} = -\frac{1}{b} \times \frac{dc_B}{dt} = \frac{1}{c} \times \frac{dc_C}{dt} = \frac{1}{d} \times \frac{dc_D}{dt}$$

式中，c_A、c_B、c_C、c_D 表示相应物质A、B、C、D的体积摩尔浓度。

为了使化学反应方程式更便于计算机处理，可以将反应式（9-4）写成如下形式

$$c\mathrm{C} + d\mathrm{D} - a\mathrm{A} - b\mathrm{B} = 0 \tag{9-7}$$

其中，生成物的计量系数写成正值，反应物的计量系数写成负值。对于一般的化学反应，可以将其反应式写成

$$\sum v\mathrm{I} = 0 \tag{9-8}$$

式中，I表示反应物或生成物的符号；v 表示化学计量系数，对生成物为正值，对反应物为负值。

按上面的规定，则反应速率可写为

$$\frac{dc_I}{v dt} = r \tag{9-9}$$

在冶金过程中经常用质量百分浓度为浓度单位，用反应物I的百分浓度变化率表示反应速率。下面给出体积摩尔浓度变化率与质量百分浓度变化率的关系。

设 c_I 为I的体积摩尔浓度，n_I 为I的摩尔数，V 为体系的体积，则

$$c_I = \frac{n_I}{V} \tag{9-10}$$

当 V 不变时，有

$$-\frac{dc_I}{dt}=-\frac{1}{V}\times\frac{dn_I}{dt} \tag{9-11}$$

设 M_I 为 I 的相对分子质量，ρ 为体系的密度，W_I 为 I 的质量，W 为体系的质量，则

$$\frac{n_I M_I}{V\rho}\times 100=\frac{W_I}{W}\times 100=[\%I] \tag{9-12}$$

若体系为钢水或炉渣，并可视作稀溶液，V、ρ、M_I 皆为常数，则

$$-\frac{100M_I}{\rho}\left(\frac{dc_I}{dt}\right)=-\frac{100M_I}{\rho V}\left(\frac{dn_I}{dt}\right)=-\frac{d[\%I]}{dt} \tag{9-13}$$

或

$$-\frac{dc_I}{dt}=-\frac{\rho}{100M_I}\times\frac{d[\%I]}{dt} \tag{9-14}$$

若 I 的化学计量系数为 v，则反应速率为

$$-\frac{dc_I}{vdt}=-\frac{\rho}{100M_I v}\times\frac{d[\%I]}{dt} \tag{9-15}$$

对多相反应而言，反应速率是指在单位时间内、单位表面积上物料数量的变化速率，或单位质量物料的变化速率，即

$$(-r_A)=-\frac{1}{S}\times\frac{dn_A}{dt} \tag{9-16}$$

$$-(r_A)=-\frac{1}{W}\times\frac{dn_A}{dt} \tag{9-17}$$

式中，S 表示反应界面积。

式（9-16）和式（9-17）仅对反应体系的界面面积或固体的质量不随反应时间变化时适用。对大多数冶金反应来说，反应的界面面积或固体的质量一般是随时间变化的，因而式（9-16）和式（9-17）在实际中应用得并不多。在讨论多相反应的速率时，要注意其物理意义。

9.1.4.2 化学反应速率方程

假设下面的反应是一个非基元反应（non-elementary reaction）：

$$aA+bB\longrightarrow P \tag{9-18}$$

根据质量作用定律（the law of mass action），在一定的温度下，当不必考虑逆反应时，反应的经验速率定律（empirical rate law of reaction）通常具有如下形式：

$$r=kc_A^{\alpha}c_B^{\beta} \tag{9-19}$$

式中，c_A、c_B 为反应物 A 及 B 的瞬时浓度；α、β 为经验常数，分别为 A 和 B 的反应级数（partial orders）；$\alpha+\beta=n$，则 n 称为总反应或全反应级数（overall order），简称反应级数；k 为速率常数（rate constant），其物理意义是当 $c_A=1$、$c_B=1$ 时的反应速率。反之若 k 的倒数越大，则反应的速率越小，故 $1/k$ 具有反应阻力的意义。

式（9-19）中 α、β 要由实验确定。对非基元反应，α 及 β 通常不一定分别等于反应式（9-18）中的化学计量系数 a 及 b。而当式（9-19）为基元反应时，则一定满足 $\alpha=a$、$\beta=b$。但反之，并不一定成立。当 $\alpha\neq a$、$\beta\neq b$ 时，则反应式（9-18）所代表的反应一定为非基元反应。

$n=\alpha+\beta=0$ 时，称零级反应；$n=1$ 时，称一级反应；$n=2$ 时，称二级反应；$n=3$ 时，称三级反应。

n 为分数时为分数级反应。n 为负数时为负数级反应。如果根本不服从公式（9-19）所表示的经验速率定律，对整个反应来说则没有级数的意义，为无效反应。反应分子数与反应级数是两个完全不同的概念。任何反应都有反应物分子参与，而且反应分子数必为正整数。只有基元反应的反应级数才一定等于反应分子数，因为这时化学反应式（9-18）真正代表反应的实际过程。任何级数的反应都可能是非基元反应，正整数级才可能是基元反应。而 n 为负数、分数或反应为无级数时必定是非基元反应。

一个化学反应可能是一步完成的，但也可能是经过一系列的步骤完成的。在反应过程中的每一中间步骤都反映了分子间的一次直接作用的结果，把反应过程中的每一个中间步骤称为一个基元反应（elementary reaction）。例如，乙酸乙酯与碱的反应

$$CH_2COOC_2H_5 + OH^- \longrightarrow CH_2COO^- + C_2H_3OH \tag{9-20}$$

是一步完成的，故反应本身就是一个基元反应。但 H_2 和 Cl_2 的反应，生成的产物 HCl 并非一步而是经过多步完成的，其反应过程是：

$$Cl_2 + M \xrightarrow{k_1} 2Cl^- + M^{2+}$$

$$Cl^- + H_2 \xrightarrow{k_2} HCl + H^+$$

$$H^+ + Cl_2 \xrightarrow{k_3} HCl + Cl^-$$

$$Cl^- + Cl^- + M \xrightarrow{k_4} Cl_2 + M$$

其中每一步反应都是一个基元反应。上述一系列基元反应实际上就代表了 H_2 和 Cl_2 反应的真实途径，在动力学上称为反应机理。

A　零级反应的速率公式

零级反应（zero-order reaction）的速率与反应物的浓度无关，即

$$-\frac{dC}{dt} = kc_0 = k \tag{9-21}$$

积分得

$$c_0 - c = kt \tag{9-22}$$

式中，c_0 为反应物的初始浓度，mol/L；c 为反应物在时刻 t 时的浓度，mol/L；t 为时间，s；k 为速率常数，mol/(L·s)。

式（9-22）表明，c 对 t 作图得一直线，直线的斜率等于 $-k$，截距为 c_0。当反应物的浓度消耗到初始浓度的一半时，即 $c=\frac{1}{2}c_0$，反应所经历的时间称为反应的半衰期（half-life），用 $t_{1/2}$ 表示。由式（9-22）得

$$t_{1/2} = \frac{c_0}{2k} \tag{9-23}$$

可以看出，$t_{1/2}$ 只与 c_0 及 k 有关。

零级反应很少见，在红热的铂丝表面上 N_2O 分解为 N_2 和 O_2，NH_3 分解为 N_2 和 H_2，

当铂丝表面吸附的反应气体已达到饱和时，则气相中 N_2O 或 NH_3 的浓度对分解反应的速率没有影响，此时分解反应为零级反应。

B 一级反应的速率公式

一级反应（first-order reaction）的速率公式为：

$$-\frac{dC}{dt}=kc \tag{9-24}$$

积分得

$$\ln c-\ln c_0=-kt \tag{9-25}$$

或

$$c=c_0e^{-kt} \tag{9-26}$$

k 的单位为 s^{-1}。式（9-25）表明，$\ln c$ 对 t 作图得一直线，直线斜率为 $-k$，截距为 $\ln c_0$。当 $c=\frac{1}{2}c_0$ 时，式（9-25）的反应半衰期为：

$$t_{1/2}=\frac{\ln 2}{k}=\frac{0.693}{k} \tag{9-27}$$

式（9-27）表明，一级反应的半衰期与反应物的初始浓度无关。因此，在一级反应中，反应物的浓度从 0.1mol/L 降到 0.05mol/L 和从 10mol/L 降到 5mol/L 所花的时间是相同的。

C 二级反应的速率公式：

对于简单的二级反应（second-order reaction）：

$$A+B\longrightarrow P$$

如果 $c_A=c_B=c$，则速率方程可以表示为：

$$-\frac{dc}{dt}=kc^2 \tag{9-28}$$

积分得

$$\frac{1}{c}-\frac{1}{c_0}=kt \tag{9-29}$$

由式（9-29）可知，对于二级反应，$\frac{1}{c}$ 对 t 作图得一直线，直线斜率为 k，截距为 $\frac{1}{c_0}$。

当 $c=\frac{1}{2}c_0$ 时，式（9-29）的反应半衰期为：

$$t_{1/2}=\frac{1}{kc_0} \tag{9-30}$$

对于一般的二级反应：

$$aA+bB\longrightarrow P$$

其反应速率为：

$$-\frac{dc_A}{dt}=k_Ac_Ac_B \tag{9-31}$$

设反应物的初始浓度为 c_{A0}、c_{B0}，在时刻 t 时已反应的 A 的浓度为 x，则已反应的 B 的浓度为 $\frac{b}{a}x$，故在时刻 t 时反应物 A 和 B 的浓度分别为：

$$c_A = c_{A0} - x,\ c_B = c_{B0} - \frac{b}{a}x$$

因而

$$-\frac{dc_A}{dt} = \frac{dx}{dt} = k_A(c_{A0} - x)\left(c_{B0} - \frac{b}{a}x\right)$$

积分得

$$\ln\left(\frac{1 - \frac{x}{C_{A0}}}{1 - \frac{bx}{aC_{B0}}}\right) = \left(\frac{b}{a}c_{A0} - c_{B0}\right)k_A t \tag{9-32}$$

由于

$$\ln\left(\frac{1 - \frac{x}{c_{A0}}}{1 - \frac{bx}{ac_{B0}}}\right) = \ln\left(\frac{1 - \frac{x}{c_{A0}}}{1 - \frac{bx}{ac_{B0}}} \times \frac{c_{A0}}{c_{B0}} \times \frac{c_{B0}}{c_{A0}}\right)$$

$$= \ln\left(\frac{c_{A0} - x}{c_{B0} - \frac{b}{a}x}\right) - \ln\frac{c_{A0}}{c_{B0}} = \ln\frac{c_A}{c_B} - \ln\frac{c_{A0}}{c_{B0}}$$

将其代入式（9-32）得

$$\ln\frac{c_A}{c_B} = \frac{bc_{A0} - ac_{B0}}{a}k_A t + \ln\frac{c_{A0}}{c_{B0}} \tag{9-33}$$

式（9-33）表明，对于一般的二级反应，$\ln\frac{c_A}{c_B}$ 对 t 作图得一直线，其斜率为

$$\frac{bc_{A0} - ac_{B0}}{a}k_A$$

截距为 $\ln\frac{c_{A0}}{c_{B0}}$。当 $c_A = \frac{1}{2}c_{A0}$，$c_B = c_{B0} - \frac{b}{2a}c_{A0}$，由式（9-33）求得反应的半衰期为

$$t_{1/2} = \frac{a}{k_A(ac_{B0} - bc_{A0})}\ln\left(2 - \frac{bc_{A0}}{ac_{B0}}\right) \tag{9-34}$$

D　n 级反应的速率公式

如果反应物的浓度相等，则 n 级反应的速率公式可以表示为：

$$-\frac{dc}{dt} = kc^n \tag{9-35}$$

式中，$n \neq 1$，可以是其他任意常数（包括零）。积分式（9-35）得

$$\frac{1}{c^{n-1}} - \frac{1}{c_0^{n-1}} = (n-1)kt \tag{9-36}$$

将$\frac{1}{c^{n-1}}$对t作图，应为直线，直线的斜率等于$(n-1)k$，截距为$\frac{1}{c_0^{n-1}}$。由式（9-36）可以求出反应的半衰期为：

$$t_{1/2} = \frac{2^{n-1}-1}{k(n-1)c_0^{n-1}} \tag{9-37}$$

以上各种基元反应的速率公式被归纳在表9-1中。

表9-1　基元反应的速率方程

反应	微分式	积 分 式
$A \longrightarrow P$	$-\frac{dC}{dt} = k$	$kt = c_{A0} - c_A$
$A \longrightarrow P$	$-\frac{dC}{dt} = kc_A$	$kt = \ln\frac{c_{A0}}{c_A} = \ln\frac{1}{1-x_A}$
$2A \longrightarrow P$	$-\frac{dC}{dt} = kc_A^2$	$kt = \frac{1}{c_A} - \frac{1}{c_{A0}} = \frac{1}{c_{A0}}\left(\frac{x_A}{1-x_A}\right)$
$A + B \longrightarrow P$	$-\frac{dC}{dt} = kc_A c_B$	$kt = \frac{1}{c_{B0}-c_{A0}}\ln\frac{c_B c_{A0}}{c_A c_{B0}} = \frac{1}{c_{B0}-c_{A0}}\ln\frac{1-x_B}{1-x_A}$
$2A + B \longrightarrow P$	$-\frac{dC}{dt} = kc_A^2 c_B$	$kt = \frac{2}{c_{A0}-2c_{B0}}\left(\frac{1}{c_{A0}}-\frac{1}{c_A}\right) + \frac{2}{(c_{A0}-2c_{B0})^2}\ln\frac{c_{B0}c_A}{c_{A0}c_B}$
$A + B + C \longrightarrow P$	$-\frac{dC}{dt} = kc_A c_B c_C$	$kt = \frac{1}{(c_{A0}-c_{B0})(c_{A0}-c_{C0})}\ln\frac{c_{A0}}{c_A} + \frac{1}{(c_{B0}-c_{C0})(c_{B0}-c_{A0})}\ln\frac{c_{B0}}{c_B} + \frac{1}{(c_{C0}-c_{A0})(c_{C0}-c_{B0})}\ln\frac{c_{C0}}{c_C}$

9.1.5　温度对反应速率的影响

根据质量作用定律，化学反应速率的通式可以表示为：

$$r = k\prod_{i=1}^{m} C_i^n \quad （反应的级数为\sum n） \tag{9-38}$$

温度不能影响反应的级数，对反应物浓度的影响一般也很小，故温度对反应速率的影响主要是对速率k的影响。温度升高，反应速率一般都是增大的。但对不同类型的反应，温度对反应速率的影响是不同的，大致可以分为五种类型，如图9-1所示。

（1）温度升高，反应速率增大，最为普遍，如图9-1（a）所示。

（2）爆炸类型反应，当温度升高到燃点，反应速率突然增大，如图9-1（b）所示。

（3）温度升高，反应速率先是增大然后又减小，例如催化氢化反应及酶反应，如图9-1（c）所示。

（4）温度升高，反应速率先是增大，然后又减小，最后又突然增大，例如碳的氧化反应，如图9-1（d）所示。

（5）反应速率随温度的升高而降低，例如$2NO + O_2 = 2NO_2$反应的情形，如图9-1（e）所示。

在冶金反应过程中，绝大多数反应的速率都是随温度的升高而增大，因此，本节中仅讨论第一种最普遍的情形。

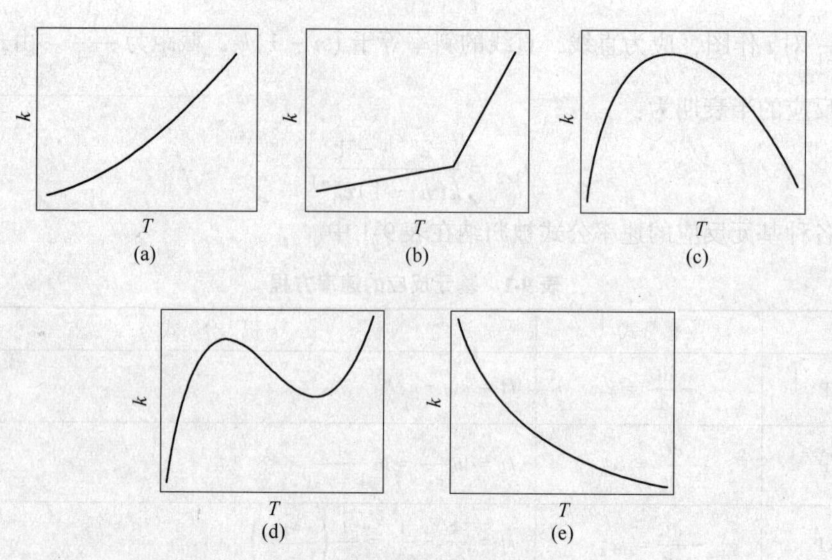

图 9-1 温度对反应速率常数影响的各种类型

9.1.5.1 范特荷夫规则

1884 年，van′t Hoff 根据实验归纳得到一个近似的规则：当温度升高 10K 时，一般反应的速率增加 2~4 倍。这个规则称为 van′t Hoff 规则。

如果以 k_T 表示 $T(K)$ 时的速率常数，k_{T+10} 表示 $(T+10)(K)$ 时的速率常数，则

$$\frac{k_{T+10}}{k_T} = 2 \sim 4$$

根据这个规则，可以粗略估计温度对反应速率的影响。但是，这个规则不够准确，爆炸式反应、催化反应、可逆反应、复杂的表面化学反应等不遵守 van′t Hoff 规则。

9.1.5.2 阿伦尼乌斯公式

1889 年，阿伦尼乌斯（S. Arrhenius）指出，由于化学反应的平衡常数 K 与温度 T 的关系可以用 van′t Hoff 方程来表示：

$$\frac{\mathrm{d}\ln K}{\mathrm{d}T} = \frac{\Delta H}{RT^2} \tag{9-39}$$

而根据质量作用定律，平衡常数又可以用反应的速率常数表示：

$$K = \frac{k_1}{k_{-1}} \tag{9-40}$$

式中，k_1、k_{-1} 分别表示正、逆反应的速率常数。因此，速率常数与温度的关系可以表示为：

$$\frac{\mathrm{d}\ln k}{\mathrm{d}T} = \frac{E}{RT^2} \tag{9-41}$$

式中，E 被称为反应的活化能（activation energy），其单位为 kJ/mol。如果 E 与温度无关，则积分式（9-41）得：

$$\ln k = -\frac{E}{RT} + \ln A \tag{9-42}$$

式中，$\ln A$ 为积分常数。由式（9-42）可得：

$$k = A e^{-\frac{E}{RT}} \tag{9-43}$$

式中，A 被称为频率因子（frequency factor）或指数前因子（pre-exponential factor）。式（9-41）~式（9-43）就是著名的阿伦尼乌斯公式。由于 Arrhenius 公式是根据实验数据归纳出来的，因此该公式是一个经验公式。

以 $\ln k$ 对 $1/T$ 作图，得一直线，直线的斜率 k' 为：

$$k' = -\frac{E}{R} \tag{9-44}$$

由此可以求出反应的活化能 E：

$$E = -R \times k' \tag{9-45}$$

9.1.5.3 活化能

在任何反应中，并不是所有的分子都能参加反应，而是具有一定能量的分子才能参加反应，这些分子称为活化分子（activated molecules）。活化分子的能量与所有分子平均能量的差称为活化能（activation energy）。Arrhenius 把正、逆反应的活化能看成是分子反应时必须克服的一种能峰。

设反应

$$A + B \underset{k_{-1}}{\overset{k_1}{\rightleftharpoons}} C$$

在温度为 T 时，正、逆反应的速率常数分别为 k_1 和 k_{-1}，正、逆反应的活化能分别为 E_1 和 E_{-1}，根据阿伦尼乌斯公式，对正反应

$$\frac{\mathrm{d}\ln k_1}{\mathrm{d}T} = \frac{E_1}{RT^2} \tag{9-46}$$

对逆反应

$$\frac{\mathrm{d}\ln k_{-1}}{\mathrm{d}T} = \frac{E_{-1}}{RT^2} \tag{9-47}$$

两式相减得

$$\frac{\mathrm{d}\ln(k_1/k_{-1})}{\mathrm{d}T} = \frac{E_1 - E_{-1}}{RT^2} \tag{9-48}$$

式中，$(k_1/k_{-1}) = K$，即平衡常数，故

$$\frac{\mathrm{d}\ln K}{\mathrm{d}T} = \frac{E_1 - E_{-1}}{RT^2} \tag{9-49}$$

与 Van't Hoff 方程相比较可得

$$E_1 - E_{-1} = \Delta H \tag{9-50}$$

式中，ΔH 为反应的热效应（heat effects）。由此可见，反应的热效应等于正、逆反应的活化能之差，这种关系可以从图 9-2 中更清楚地看出。

图 9-2 中状态Ⅰ表示反应物 A+B 的平均能量，状态Ⅱ表示产物分子 C 的平均能量，反应物分子必须具备较平均能量高出 E_1 的能量，才能到达活化状态（activated state），越过能峰而变成产物分子。E_1 是正反应的活化能，E_{-1} 是逆反应的活化能。从图 9-2 中可以

看出，E_1 和 E_{-1} 的差值就是反应的热效应，如果 $E_1 < E_{-1}$，则自状态Ⅰ变到状态Ⅱ为放热反应；反之，则为吸热反应。

阿伦尼乌斯建立了活化状态及活化能的概念，对反应速率理论的发展起了很大的作用。但他把活化能看作是与温度无关的常数，这是不够准确的。虽然一般的活化能受温度的影响很小，但精确的实验发现温度对活化能是有一定影响的。

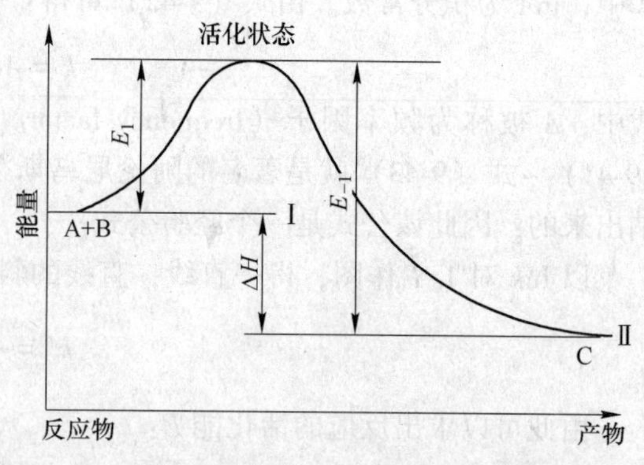

图 9-2　化学反应始态和终态之间的能量变化

必须指出，根据在不同温度下实验测定的速率常数来求反应的活化能时，只有对简单反应求得的活化能才有明确的意义。如果是复杂反应，求得的活化能仅仅是表观活化能（apparent activation energy）。

基元反应的活化能既与反应的分子结构有关，又与分子的轨道状态有关。同一反应物进行不同的反应，其活化能也不相同。反应物的分子结构与活化能的关系，目前还在不断地研究之中，这属于微观动力学研究的范畴。

9.1.6　有效碰撞理论

有效碰撞理论是根据气体分子运动论提出来的，这个理论认为，两个分子要发生化学反应首先必须碰撞，但并非所有分子的碰撞都能引起化学反应，只有活化分子碰撞才有可能引起反应。活化分子的能量比普通分子的能量高，它们碰撞时，松动并破坏了反应物分子中的原有化学键，形成了新的化学键，从而引起化学反应，活化分子的碰撞称为有效碰撞（effective collision）。活化分子的数量越多，发生化学反应的可能性越大。取单位体积内的分子数考虑，单位时间内的有效碰撞数即为反应的速率。

$$\begin{pmatrix}\text{单位时间内}\\\text{有效碰撞数}\end{pmatrix} = \begin{pmatrix}\text{单位时间内的}\\\text{分子总碰撞数}\end{pmatrix} \times \left(\frac{\text{活化分子数}}{\text{总分子数}}\right) \tag{9-51}$$

如果用 z 表示在单位时间单位体积内的总碰撞数，用 g 表示活化分子所占的分数，v 表示单位时间单位体积内的有效碰撞数，即反应的速率，则式（9-51）可以表示为：

$$v = zg \tag{9-52}$$

根据玻尔兹曼分布定律，能量超过 E 的活化分子所占的分数为：

$$g = \mathrm{e}^{-\frac{E}{RT}} \tag{9-53}$$

这里的 E 相当于 Arrhenius 公式中的活化能。

按照气体分子运动论（kinetic theory of gases）可以推导出在单位体积中分子 A 和分子 B 在单位时间内的碰撞数 z_{AB} 为

$$z_{AB} = n_A n_B \pi (r_A + r_B)^2 \sqrt{\frac{8k_B T}{\pi\mu}} \tag{9-54}$$

式中，n_A 和 n_B 分别表示单位体积内分子 A 和分子 B 的数目；r_A 和 r_B 分别表示分子 A 和分子 B 的半径；μ 为折合质量，$\mu = \frac{m_A - m_B}{m_A + m_B}$；$m_A$ 和 m_B 分别为分子 A 和分子 B 的质量；k_B 为玻尔兹曼常数。

对于下述反应：

$$A + B \longrightarrow P$$

由式（9-52）~（9-54）可以写出反应的速率公式为：

$$-\frac{dn_A}{dt} = z_{AB}e^{-\frac{E}{RT}} = n_A n_B \pi (r_A + r_B)^2 \sqrt{\frac{8k_B T}{\pi\mu}} e^{-\frac{E}{RT}} \tag{9-55}$$

式中，n_A 和 n_B 的单位为 $1/cm^3$。如果用体积摩尔浓度（mol/L）c 代替式（9-55）中的 n，则需要进行一定的变换。利用阿伏伽德罗常数（Avogadro's number）N_0，可将 c 与 n 的关系表示为：

$$c = \frac{n}{N_0} \times 10^3 (\text{mol/L}) \tag{9-56}$$

$$n_A = N_0 c_A / 10^3 \tag{9-57}$$

$$n_B = N_0 c_B / 10^3 \tag{9-58}$$

$$\frac{dn_A}{dt} = \frac{N_0}{10^3} \times \frac{dc_A}{dt} \tag{9-59}$$

将上述关系式代入式（9-55）中可得：

$$-\frac{dc_A}{dt} = \frac{N_0}{10^3} \times (r_A + r_B)^2 \sqrt{\frac{8k_B \pi T}{\mu}} e^{-\frac{E}{RT}} c_A c_B \tag{9-60}$$

与二级反应的速率公式比较：

$$-\frac{dc_A}{dt} = k_2 c_A c_B$$

得

$$k_2 = \frac{N_0}{10^3} (r_A + r_B)^2 \sqrt{\frac{8k_B \pi T}{\mu}} e^{-\frac{E}{RT}} \tag{9-61}$$

令

$$A = \frac{N_0}{10^3} (r_A + r_B)^2 \sqrt{\frac{8\pi k_B T}{\mu}} \tag{9-62}$$

或

$$A = \frac{N_0}{10^3 n_A n_B} z_{AB} \tag{9-63}$$

则式（9-61）变为

$$k_2 = Ae^{-\frac{E}{RT}} \tag{9-64}$$

与 Arrhenius 公式相比，两者具有相同的形式，从而可以解释 Arrhenius 经验公式中频率因子 A 和活化能 E 的物理意义。频率因子 A 是与碰撞次数 z_{AB} 有关的一个物理量，活化能 E 则是与分子运动能量有关的一个物理量。此外，有效碰撞理论还从微观上说明了基元反应的速率与浓度次方成正比的由来，并揭示了质量作用定律的含义。

由式（9-62）可知，频率因子 A 是温度的函数，二者的关系可以简单地表示为 $A \propto \sqrt{T}$，故速率常数可以改写为：

$$k_2 = A' \sqrt{T} e^{-\frac{E}{RT}} (A = A' \sqrt{T}) \tag{9-65}$$

取对数得

$$\ln k_2 = \ln A' + \frac{1}{2} T - \frac{E}{RT} \tag{9-66}$$

对温度微分得

$$\frac{d\ln k_2}{dT} = \frac{E + \frac{1}{2}RT}{RT^2} \tag{9-67}$$

在温度较低时，$\frac{1}{2}RT \ll E$，故 $E + \frac{1}{2}RT \approx E$，所以

$$\frac{d\ln k_2}{dT} = \frac{E}{RT^2} \tag{9-68}$$

式（9-68）与 Arrhenius 公式是一致的。

在较高温度时，$\frac{1}{2}RT$ 项不能忽略，这时根据式（9-67）$\ln k_2$ 对 $\frac{1}{T}$ 作图并非直线，要以 $\ln \frac{k_2}{\sqrt{T}}$ 对 $\frac{1}{T}$ 作图才是直线。这就指出了 Arrhenius 公式可能出现的偏差。

用有效碰撞理论计算出来的双分子气体反应的频率因子 A 约等于 10^{11}（$mol^{-1} \cdot s^{-1}$），简单双分子气体反应的实验值符合这一计算值。但对较复杂的分子反应，理论值与实验值差别很大，实验值一般都小于理论值。这是因为碰撞理论忽略了分子内部复杂的结构因素，误差是不可避免的。在两个比较复杂的分子所进行的反应中，有效碰撞除必须满足活化能的要求以外，还对分子在碰撞时的取向和相位等提出一系列的要求。

由于碰撞理论忽略了分子内部结构和内部运动这一重要因素，因此不可避免地要遇到一些困难。用碰撞理论计算简单反应的速率时，其活化能一项也无法从理论上计算出来，还要根据实验测定，所以这个理论还是半经验的。尽管如此，碰撞理论还是解释了许多实验事实，比 Arrhenius 公式前进了一步。

9.2 液-固反应动力学

液-固相反应是冶金过程中的重要反应类型之一，如火法冶炼中的凝固、区域熔炼、熔析精炼、熔渣与耐火材料之间的相互作用；湿法冶炼中的浸出、净化、沉淀等。以下将以浸出过程为例具体说明液-固反应动力学研究方法。

用适当的溶剂处理固体物料（矿石、精矿或焙砂等），选择性地溶解其中一种或几种有价金属，使之与固体物料中不溶组分的分离过程，称之为浸出（leaching）。在湿法冶金中，浸出不仅是溶解过程，常常还伴随有氧化、还原等化学反应，而且在某些情况下还要设计液、固、气三相的多相反应，例如黄铜矿的浸出反应：

$$CuFeS_2(s) + \frac{17}{4}O_2(g) + H^+(aq) \longrightarrow Cu^{2+}(aq) + Fe^{3+}(aq) + 2SO_4^{2-}(aq) + \frac{1}{2}H_2O(l)$$

就是一个氧化反应，并且同时有气、液、固三相参与反应。

在大多数情况下，浸出过程属于液-固两相反应。某些有气体参与的浸出过程，似乎是气-液-固多相反应，但在实际反应过程中，由于气体首先溶解于溶液中，然后再与固相发生反应，因而这些反应实质上仍然是固-液两相反应。

浸出过程固-液两相反应一般有3种情况：(1) 反应产物溶于水，固体颗粒的外形尺寸随反应的进行逐渐减小直至完全消失，可用“未反应核收缩模型”描述其动力学过程；(2) 反应产物为固态并附在未反应核上；(3) 固态反应物分散嵌布在惰性脉石基体上，由于脉石基体一般都有孔隙和裂纹，因而液相反应物可以通过这些孔隙和裂纹扩散到矿石内部，致使浸出反应在矿石表面和内部同时发生。

9.2.1 无固态产物层的浸出反应

在湿法冶金中，经常遇到无固态产物层的浸出反应，例如氧化铜的酸浸和锌焙砂的浸出反应：

$$CuO(s) + 2H^+(aq) = Cu^{2+}(aq) + H_2O(l)$$

$$ZnO(s) + 2H^+(aq) = Zn^{2+}(aq) + H_2O(l)$$

这类反应一般可以表示为：

$$aA(aq) + bB(s) = cC(aq) + dD(aq) \tag{9-69}$$

这类反应由以下步骤组成：

(1) 液态反应物A（离子或分子）由溶液主体通过液相边界层扩散到固态反应物B表面。

(2) 界面化学反应，包括：A在固体B表面上的吸附，被吸附A与固体B在表面上发生反应生成C和D，产物在固体表面上的吸附与脱附。

(3) C和D从固体B的表面扩散到溶液主体。

这些步骤可以看成是一个串联过程，当过程处于稳态时，其中每一步骤的速率应该相等。下面就来讨论浸出过程的速率方程。

(1) 液态反应A通过液相边界层的传质速率为：

$$-\frac{dn_A}{dt} = k_d S(c_A - c_{AS}) \tag{9-70}$$

式中 n_A ——体系中反应物A的摩尔数；

k_d ——液相传质系数；

c_A，c_{AS} ——反应物A在溶液主体和固体B表面的摩尔浓度。

(2) 假设界面化学反应为一级不可逆反应，则速率方程可以表示为：

$$-\frac{dn_A}{dt} = k_\tau S c_{AS} \tag{9-71}$$

式中 k_τ ——界面化学反应速率常数。

(3) 假设产物C和D的扩散速率足够快，则总的浸出速率主要决定于A的扩散速率和界面化学反应速率。如果过程处于稳态，则由式（9-70）和式（9-71）可得：

$$c_{AS} = \frac{k_d}{k_d + k_\tau} c_A \tag{9-72}$$

将该式带入式（9-71）有

$$-\frac{\mathrm{d}n_{\mathrm{A}}}{\mathrm{d}t}=\frac{k_{\mathrm{d}}k_{\tau}}{k_{\mathrm{d}}+k_{\tau}}Sc_{\mathrm{A}}=\frac{1}{1/k_{\tau}+1/k_{\mathrm{d}}}Sc_{\mathrm{A}} \tag{9-73}$$

令 $\frac{1}{k'}=\frac{1}{k_{\tau}}+\frac{1}{k_{\mathrm{d}}}$，并代入式（9-73），则有

$$-\frac{\mathrm{d}n_{\mathrm{A}}}{\mathrm{d}t}=k'Sc_{\mathrm{A}} \tag{9-74}$$

式中，k' 为表观速率常数。式（9-74）就是受外扩散和化学反应混合控制时，浸出过程的速率方程。若 $k_{\mathrm{d}} \ll k_{\tau}$，则 $k' \approx k_{\mathrm{d}}$，过程的速率限制步骤为外扩散；若 $k_{\mathrm{d}} \gg k_{\tau}$，则 $k' \approx k_{\tau}$，过程的速率限制步骤为界面化学反应。

一般情况下，要对速率方程式（9-74）求解，需要同时考虑反应面积 S 和反应物浓度 c_{A} 随时间的变化。下面分三种情况进行讨论。

1）反应面积在反应过程中保持恒定。

固相反应面积保持恒定，即 $S \equiv S_0$，这是一种最简单的情况，但这种情况在湿法冶金中并不多见。设反应体系中溶液的体积为 V，且在反应过程中保持不变，则

$$-\frac{\mathrm{d}n_{\mathrm{A}}}{\mathrm{d}t}=\frac{\mathrm{d}(Vc_{\mathrm{A}})}{\mathrm{d}t}=-V\frac{\mathrm{d}c_{\mathrm{A}}}{\mathrm{d}t} \tag{9-75}$$

将式（9-75）代入式（9-74）可得

$$-V\frac{\mathrm{d}c_{\mathrm{A}}}{\mathrm{d}t}=k'S_0c_{\mathrm{A}} \tag{9-76}$$

由于 V 和 S_0 为常数，且 $t=0$ 时，$c_{\mathrm{A}}=c_{\mathrm{A0}}$，故式（9-76）可写成

$$\ln\frac{c_{\mathrm{A}}}{c_{\mathrm{A0}}}=\frac{k'S_0}{V}t \tag{9-77}$$

以 $\ln\frac{c_{\mathrm{A}}}{c_{\mathrm{A0}}}$ 对 t 作图得一直线，即在固相反应面积保持恒定的条件下，如果浸出过程处于混合控制区域，且界面化学反应为一级反应，则总的反应表观为一级反应；如果浸出过程受外扩散控制，则不论界面化学反应的级数如何，总的反应始终为一级反应；若浸出过程受界面化学反应控制，则总的反应级数决定于界面化学反应的级数。

2）反应物浓度在反应过程中保持恒定。

如果反应物浓度在反应过程中保持恒定，即 $c_{\mathrm{A}} \equiv c_{\mathrm{A0}}$，则反应的速率将随固相反应面积发生变化。下面以单个致密球形颗粒为例进行讨论。设固体颗粒 B 的摩尔密度为 ρ_{B}，初始半径为 r_0，则

$$-\frac{1}{a}\times\frac{\mathrm{d}n_{\mathrm{A}}}{\mathrm{d}t}=-\frac{1}{b}\frac{\mathrm{d}n_{\mathrm{B}}}{\mathrm{d}t}=-\frac{1}{b}\times\frac{\mathrm{d}\left(\frac{4}{3}\pi r^3\rho_{\mathrm{B}}\right)}{\mathrm{d}r}\times\frac{\mathrm{d}r}{\mathrm{d}t}=-\frac{4\pi r^2\rho_{\mathrm{B}}}{b}\times\frac{\mathrm{d}r}{\mathrm{d}t} \tag{9-78}$$

将其代入式（9-74）得

$$-\frac{a\rho_{\mathrm{B}}}{b}\times\frac{\mathrm{d}r}{\mathrm{d}t}=k'c_{\mathrm{A0}} \tag{9-79}$$

对式（9-79）积分并整理得

$$1-(1-x)^{1/3}=\frac{bk'c_{A0}}{a\rho_B r_0}t \tag{9-80}$$

式中，x 表示固态反应物的转化率或浸出率。式（9-80）就是当液相反应物浓度保持恒定时，球形颗粒在浸出过程中的动力学方程。在一般情况下，式（9-80）可表示为

$$1-(1-x)^{1/F_P}=\frac{bk'c_{A0}}{a\rho_B r_0}t \tag{9-81}$$

式中，F_p 表示固体颗粒的形状因子（无限大平板取 1，柱体取 2，球体或立方体取 3）。对于无固态产物层的浸出反应，无论过程是处于扩散控制还是处于界面化学反应控制，速率方程（9-81）均可使用。通常以 $1-(1-x)^{1/F_P}$ 对反应时间 t 作图的方法来研究这类反应的共同特征。要确定过程的速率限制性环节，可以根据搅拌强度和温度对反应速率的影响程度进行判断。当过程受界面化学反应控制时，温度对反应速率有显著的影响，而搅拌强度则几乎没有任何影响；当过程受扩散控制时，搅拌强度对反应速率的影响十分显著，而温度的影响并不明显。

3）反应面积和反应物浓度均发生变化。

在大多数实际浸出过程中，反应面积和反应物浓度均会发生变化，此时的情况较为复杂。设体系中溶液的体积为 V，固态反应物 B 的初始摩尔数为 n_{B0}，液相反应物 A 的初始浓度为 c_{A0}，经过时间 t 固体 B 消耗的摩尔数为 n_B，如果反应按式（9-69）进行，则当 $t=0$ 时，A 和 B 的摩尔数分别为 $c_{A0}V$ 和 n_{B0}；当 $t=t$ 时，A 和 B 的摩尔数分别为 $c_{A0}V-(a/b)n_B$ 和 $n_{B0}-n_B$。故在时刻 t，反应物 A 的浓度为

$$c_A=\frac{c_{A0}V-\frac{a}{b}n_B}{V}=c_{A0}-\frac{a}{b}\times\frac{n_B}{V} \tag{9-82}$$

由于转化率 $x=\frac{n_B}{n_{B0}}$，故式（9-82）可写为：

$$c_A=c_{A0}\left(1-\frac{an_{B0}x}{bc_{A0}V}\right) \tag{9-83}$$

令 $\sigma=n_{B0}/(c_{A0}V)$，则式（9-83）可写成：

$$c_A=c_{A0}\left(1-\frac{a\sigma}{b}x\right) \tag{9-84}$$

将 $r=r_0(1-x)^{1/3}$ 代入式（9-78）可得：

$$-\frac{dn_A}{adt}=-\frac{dn_B}{bdt}=-\frac{4\pi r^2\rho_B}{b}\times\frac{d[r_0(1-x)^{1/3}]}{dx}\times\frac{dx}{dt}=\frac{4\pi r^2 r_0\rho_B}{3b(1-x)^{2/3}}\times\frac{dx}{dt} \tag{9-85}$$

将式（9-84）和式（9-85）代入到式（9-74），有：

$$\frac{dx}{dt}=\frac{3bk'c_{A0}}{ar_0\rho_B}\left(1-\frac{a\sigma}{b}x\right)(1-x)^{2/3} \tag{9-86}$$

当 $a\sigma/b\equiv 1$ 时，对式（9-86）积分可得：

$$(1-x)^{-2/3}-1=\frac{2bk'c_{A0}}{ar_0\rho_B}t \tag{9-87}$$

式（9-87）仅适用于界面化学反应为一级反应，且 $a\sigma/b\equiv 1$ 的情况。

9.2.2 存在固态产物层的浸出反应

有固态产物层生成的浸出反应在湿法冶金中也是很常见的反应。例如，白钨矿的酸法分解反应、钛铁矿的酸浸反应以及硫化锌精矿的直接浸出反应等。这类反应一般可以表示为

$$aA(aq) + bB(s) = cC(aq) + dD(s) \tag{9-88}$$

反应的模型如图9-3所示，反应步骤包括：

(1) 液态反应物或产物通过液体边界层的外扩散；

(2) 液态反应物或产物通过固态产物层的内扩散；

(3) 界面化学反应。

此类反应与有固体产物层的气-固相反应类似，原则上可以采用类似的动力学模型进行处理，其动力学速率方程的分析过程也与气-固反应类似，因此，有固态产物层的浸出动力学分析过程可见第9.3节。需要指出的是，当反应的总浸出速率受液体边界层扩散控制时，浸出速率与反应物浓度成正比，浸出速率受温度的影响较小，反应的表观活化能一般为8~10kJ/mol；当反应受内扩散控制时，浸出速率与搅拌强度没有明显的关系，浸出速率与反应物浓度成正比，温度对浸出速率影响较小，反应的表观活化能一般为8~20kJ/mol；当反应受界面化学反应控制时，浸出速率与搅拌强度无关，而受温度的影响较大，反应的表观活化能一般可达40~300kJ/mol。

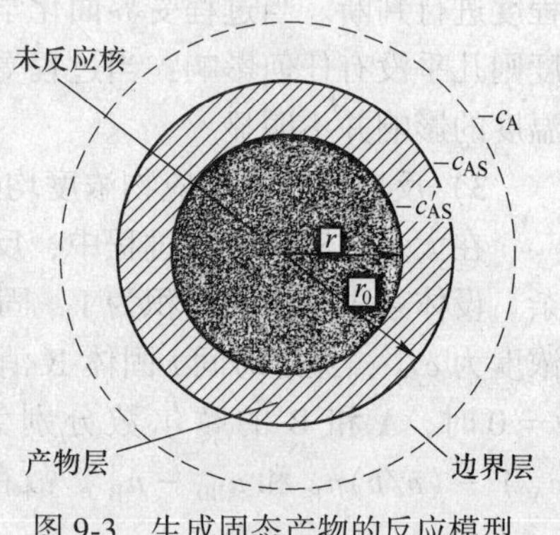

图9-3 生成固态产物的反应模型

9.2.3 锌焙砂浸出动力学过程实验

下面将以锌焙砂浸出过程动力学实验具体讲述液-固反应中无固态产物层的动力学研究方法。

实验9-1 锌焙砂浸出动力学过程实验

1. 实验目的

锌焙砂的浸出就是使锌焙砂中的ZnO尽量溶解，并希望其他组分完全不溶或溶解后再沉淀下来进入渣中，以达到锌与这些组分较完全分离的目的。

本实验通过锌焙砂浸出时，焙砂粒度、浸出温度、搅拌时间等因素对浸出率的影响的测定，绘制$\eta - t$（浸出率-时间）曲线图，从而加深对氧化物料浸出过程动力学理论知识的理解。此外，通过对浸出过程中溶液电位及pH值的测定，绘制$\varphi - t$、pH $- t$曲线，借以判断是否达到浸出重点，并熟悉pH值计的使用方法。通过实验，熟悉浸出液含锌量的测定方法。

2. 实验原理

氧化物料的浸出反应，属于液-固两相反应，如当用稀硫酸溶液与焙砂一道进行搅拌浸出时，焙砂中所用金属氧化物将与硫酸反应生成硫酸盐，其反应式为：

$$MO + H_2SO_4 = MSO_4 + H_2O$$

液-固反应一般可认为是由五个步骤来完成的，即扩散、吸附、化学反应、解吸、扩散，在这些步骤中，最慢的环节对整个过程起着决定性作用，称为速度控制步骤，主要是化学反应与扩散。

影响浸出速度的主要因素有矿粒大小、温度、搅拌速度、溶剂的浓度等。

温度对反应速度有十分显著的影响。低温时，反应受化学反应的控制，反应处于动力学区；高温下化学反应速度快，反应受扩散速度控制，处于扩散区。升高温度，一方面增大扩散系数，加快溶解速度；另一方面，随着温度升高，固体在溶剂中的溶解度增大，溶解速度也增大，提高温度化学反应速度增加，故升高温度可加速整个浸出过程。

搅拌速度越大，扩散层越薄，越有利于溶解，故能使浸出过程加快。

溶剂浓度增大将加快溶解速度，加速浸出过程（但实际上仍用稀硫酸，这是由许多技术经济指标决定的）。

浸出是液-固多相反应，在其他条件相同的情况下，浸出速度与固相和液相之间的接触表面成正比。因此，浸出速度随物料粒度减小而增大。

当用浸出率随时间的变化来表示浸出过程的速度时，可以表示为：

$$\frac{da}{dt} = K'S_0\ (1-a)^{\frac{2}{3}}$$

式中 a——浸出率；

K'——单位面积的浸出速度；

S_0——颗粒起始表面积。

移项积分可得：

$$1-(1-a)^{\frac{1}{3}} = \frac{1}{3}K'S_0\tau = Kt$$

这个方程就是所谓“收缩核”反应模型数学表达式，在浸出实验中如果将通过分析化验测定得到浸出率，以 $1-(1-a)^{\frac{2}{3}}$ 对时间作图得到一根直线，并根据直线斜率求得反应的速度常数 K，可根据此式计算任何时间的浸出率。

在其他条件相同的情况下，增加浸出时间将提高浸出率。

3. 实验方法

本实验用酸度为 50~100g/L 硫酸溶液作为溶剂，加入一定粒度的锌焙砂（锌焙砂加入量按 H_2SO_4 的理论消耗量为计算），用集热式磁力搅拌加热器加热并以一定速度进行搅拌；用控温器控温，固定浸出液温度（范围：60~85℃）。搅拌过程中每隔一段时间测定溶液电位和 pH 值，搅拌到一定时间后停止搅拌，然后取浸出液样进行分析，分析浸出液的含锌量，根据含锌量计算出浸出率，然后绘制出 η-t、φ-t、pH-t 曲线图。

4. 实验仪器装置及实验试剂

（1）实验仪器装置。

锌焙砂浸出过程动力学实验仪器装置及连接如图 9-4 所示。

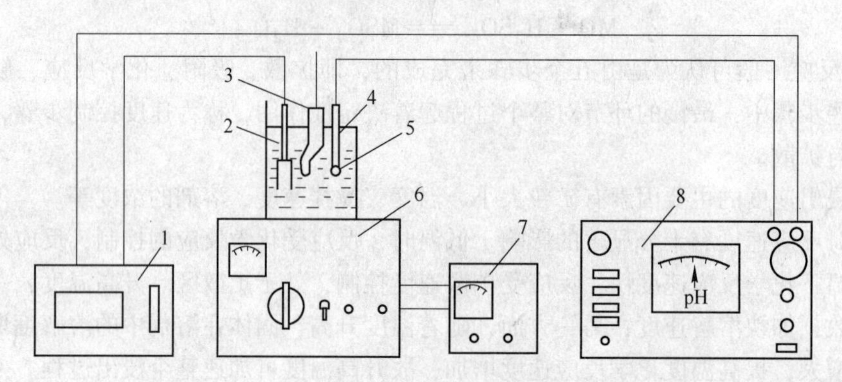

图 9-4　锌焙砂浸出过程动力学实验装置连接图

1—数字电压表；2—铂电极；3—甘汞电极；4—玻璃电极；5—玻璃测试杯；
6—磁力加热搅拌器；7—控温器；8—pH 计

（2）试剂。

H_2SO_4（化学纯）；锌焙砂。

5. 实验步骤

（1）浸出条件：

焙砂粒度（mm）：<0. 05；0. 1~0. 12；0. 18~0. 2；>0. 2；

浸出温度（℃）：60，85；

浸出时间（h）：0. 5，1，2，3；

根据锌焙砂化学成分按浸出液中 H_2SO_4液 100%消耗掉计算出所需锌焙砂量。

（2）配制所需浓度的 H_2SO_4（50~100g/L）溶液 250mL 于 500mL 烧杯中。

（3）称取所需粒度的锌焙砂，质量约等于理论计算量的 1/4，放入 H_2SO_4溶液中，此为一份溶液，所需份数按各组要求而定。

（4）将装有试液的烧杯放在磁力搅拌加热器上，加热至所需温度后恒温。

（5）开动搅拌器进行搅拌，搅拌速度控制一定（一般以中速为宜），搅拌过程中要保持溶液体积不变。

（6）校准酸度计。

（7）每隔 0. 5h 左右用数字电压表和酸度计分别测定溶液的电位与 pH 值。

（8）溶液搅拌至所需时间，关掉搅拌器，停止搅拌。

（9）取浸出液样进行分析，分析其含锌量。

分析方法：EDTA 容量法。

1）试剂。

①醋酸-醋酸钠缓冲液（pH 值为 5. 5~6）。

配制：称取结晶 NaAc（醋酸钠）200g，用水溶解后，加入冰 HAc（冰醋酸）9mL，用水稀释至 1L，混匀。

②乙二胺四乙酸二钠（EDTA）约 0.05mol/L。

③锌标准溶液 1mL = 1mgZn。

标定：吸取锌标准溶液 25mL 于 250mL 锥形瓶中，加甲基橙指示剂一滴，用氨水（1∶1）中和，使溶液由橙红色调至黄色，以少量水冲洗杯壁，加 HAc-NaAc 缓冲溶液 20mL，加二甲酚橙指示剂 1 滴，用 EDTA 标准溶液滴定溶液由酒红色至亮黄色为终点。

$$T = \frac{W}{V - V_0}$$

式中　T——EDTA 标准溶液对锌的滴定度，g/L；

W——吸取标准溶液含锌量，g；

V——滴定消耗 EDTA 标准溶液，mL；

V_0——空白消耗 EDTA，mL。

④二甲酚橙指示剂，0.5%。

⑤甲基橙指标剂，0.1%。

⑥盐酸羟胺，AR（固体）。

⑦硫代硫酸钠，AR（固体）。

⑧酒石酸，30%。

⑨氟化钾，25%。

2）分析步骤。

吸取浸出液 1~10mL（视含量而定）于 250mL 烧杯中，加 NH_4OH 1mL，过硫酸铵 2~3g，少许水煮沸，加 25%KF 2mL，取下，稍冷，用定性滤纸过滤，滤液承接于 300mL 锥形瓶中，以 5% NH_4OH 洗涤液洗沉淀及烧杯 7 次，弃去滤纸，将锥形瓶置于电炉上驱除过剩的氮，取下流水冷却，加盐酸羟胺 0.1g，加甲基橙 2 滴，若指示呈黄色，用 30% 酒石酸中和至刚红，然后用 1∶1 NH_4OH 滴至刚呈黄色，并过量 1 滴，加 $Na_2S_2O_3$ 0.1g（视含铜高低而定），摇匀，加 HAc-NaAc 缓冲液 10mL。二甲酚橙指示剂 1 滴，用 EDTA 标准液滴定至溶液由紫色变为亮黄色为终点。

3）计算。

$$Zn(g/L) = VT/G$$

式中　T——EDTA 对锌的滴定度；

V——消耗 EDTA 的体积，mL；

G——吸取试液体积，mL。

若浸出液含锌量在 5%以下时，还可用“原子吸收法”或“极谱法”进行分析。

（10）实验完毕，切断电源，打扫实验场地。

6. 编写实验报告

（1）简述实验原理及方法。

（2）写出浸出时加入的锌焙砂量的计算过程。

（3）根据浸出液中的含锌量计算出浸出率。

（4）根据各组不同条件下的锌焙砂浸出率绘制出 n-t 曲线图及 φ-t、pH-t 曲线图。

9.3　气-固相反应动力学

气体与固体间的多相反应在冶金生产过程中也十分普遍。例如，铁矿石等氧化矿的气体还原、石灰石的热分解、各种硫化矿的氧化焙烧等。一般的气-固两相反应可以表示为

$$a\mathrm{A(g)} + b\mathrm{B(s)} \xlongequal{\quad} c\mathrm{C(g)} + d\mathrm{D(s)} \tag{9-89}$$

式中，a 、b 、c 、d 分别表示化学计量系数。这个反应能够进行的必要条件是气体反应物必须能够达到化学反应界面，而且气体反应物的实际浓度必须大于它在该反应中的平衡浓度，反应生成的气体产物必须离开反应界面。因此，反应过程通常由以下几个步骤组成：

（1）气体反应物和生成物在主流气体和固体表面之间的传质，这一步骤通常称为外扩散（external diffusion）。

（2）气体反应物和生成物通过固体产物层的内扩散（internal diffusion）。

（3）气体和固体反应物之间的界面化学反应，这一步骤又包括气体反应物在固体反应物表面上的吸附（adsorption）、吸附的气体反应物与固体反应物之间的化学反应、气体产物的脱附（disabsorption）、固体产物的晶核形成于长大（nucleation and growth）等过程。

上述步骤的每一步都有一定的阻力。传质过程的阻力可以用传质系数的倒数（$1/k_\mathrm{d}$）表示，化学反应的阻力则可以用反应速率常数的倒数（$1/k$）表示。上述几个步骤是一个串联过程，因此反应的总阻力等于各个步骤的阻力之和，相当于串联电路中的总电阻等于各分电阻之和。总反应的推动力等于气相中气体反应物的实际浓度与平衡浓度之差（$c_\mathrm{Ab} - c_\mathrm{Ae}$），相当于串联电路中的总电压降。反应的速率等于推动力和总阻力之比，这与串联电路中的电流强度等于总电压降和总电阻之比是类似的。

许多气-固相反应通常都伴随着热效应，例如氧化矿的还原一般为吸热反应，硫化矿的氧化为放热反应。因此，气-固相反应还伴随有热量的传递。反应的热效应不仅会影响反应界面的温度，从而影响界面化学反应的速率，而且还可能引起固体反应物或产物的空隙结构变化，从而影响气体在固相中的传质速率。

9.3.1　有固体产物层的致密颗粒的反应动力学

在冶金中经常遇到这类反应，比如金属氧化矿的气体还原、金属氧化矿和硫化矿的焙烧、金属氧化、石灰石热分解等都属于有固体产物层生成的致密固体与气体间的反应。此类反应一般可以用式（9-89）表示，反应的过程可以用收缩性未反应核模型（shrinking unreacted-core model）描述，如图 9-5 所示。

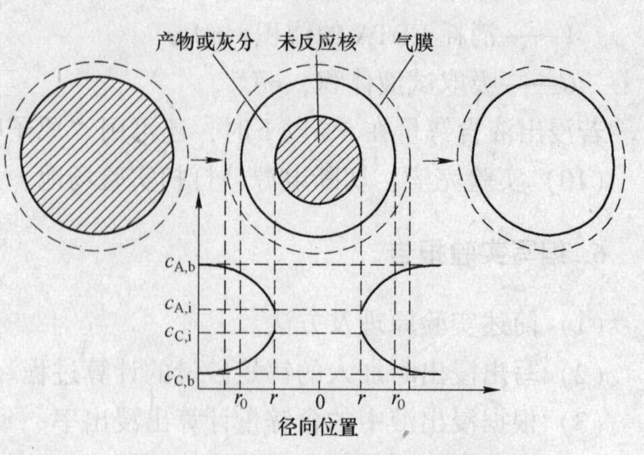

图 9-5　收缩未反应核模型示意图

下面以球形颗粒为例讨论有固体产物层的致密固体与气体反应。这类

反应中，由于固体反应物是致密的，气体不能扩散到固体反应物内部发生反应，因此在反应开始时只能在固体反应物表面生成很薄的固体产物层。如果该产物层很致密，那么生成的固体产物层将会阻止气-固反应的继续进行。如果产物层较为疏松（冶金中的大多数气固反应都属于这类情况），则气体反应物可以通过疏松的固体产物层扩散到未反应核表面，并与固体反应物继续发生化学反应。显然，当有固体产物层生成时，气-固反应必须经过以下步骤：气体反应物（或产物）通过气体边界层的外传质；气体反应物（或产物）通过固体产物层到达（或离开）反应界面的内扩散；界面化学反应。

（1）气体反应物 A 通过气体边界层的传质速率 $n_{A,i}$（mol/s）为

$$n_{A,i}=k_{G,A}S_s(c_{A,b}-c_{A,s}) \tag{9-90}$$

式中，$k_{G,A}$ 为气体 A 通过气体边界层的传质系数（cm/s）；$c_{A,b}$ 和 $c_{A,s}$ 分别为在气流主体和颗粒表面处的浓度（mol/cm^3）；S_s 为颗粒的表面积（cm^2），如果在反应过程中颗粒的尺寸不发生变化，即颗粒半径始终等于它的初始值 r_0，则 $S_s=4\pi r_0{}^2$，因此式（9-90）可改写为

$$n_{A,i}=4\pi r_0^2k_{G,A}(c_{A,b}-c_{A,s}) \tag{9-91}$$

（2）气体反应物 A 通过固体产物层的扩散速率 $n_{A,d}$（mol/s）为

$$n_{A,d}=4\pi r_0^2D_e\frac{dc_A}{dr} \tag{9-92}$$

假定气体 A 通过固体产物层的扩散处于准稳态，则在任意时刻，A 通过产物层内各同心球面的扩散速度相等，即 $n_{A,d}$ 不随 r 变化。如果在反应过程中固体产物层的结构不发生变化，即 A 通过产物层的有效扩散系数 D_e 为常数，则式（9-92）可改写为

$$n_{A,d}\int_{r_0}^{r}\frac{dr}{r^2}=4\pi D_e\int_{C_{A,s}}^{C_{A,i}}dc_A \tag{9-93}$$

$$n_{A,d}=4\pi\frac{r_0r}{r_0-r}D_e(c_{A,i}-c_{A,s}) \tag{9-94}$$

式中，r 为未反应核半径（cm）；$c_{A,i}$ 为反应界面处 A 的浓度（mol/cm^3）。

（3）如果在反应界面上为一级不可逆反应，反应的速率常数为 k_r，则反应的速率为

$$n_{A,r}=4\pi r^2k_rc_{A,i} \tag{9-95}$$

假设反应过程处于稳态，则各串联步骤的速率应该相等，即

$$n_{A,i}=n_{A,d}=n_{A,r}=r_A \tag{9-96}$$

整理各情况下的反应速率方程，可得：

$$r_A=\frac{4\pi r_0^2c_{A,b}}{\dfrac{1}{k_{G,A}}+\dfrac{r_0}{D_e}\left(\dfrac{r_0}{r}-1\right)+\dfrac{1}{k_r}\left(\dfrac{r_0}{r}\right)^2} \tag{9-97}$$

将 $r_A=-\dfrac{a\rho_B4\pi r^2}{b}\times\dfrac{dr}{dt}$ 代入可得：

$$\frac{dr}{dt}=-\frac{bc_{A,b}}{a\rho_B}\times\frac{1}{\dfrac{1}{k_{G,A}}+\dfrac{r_0}{D_e}\left(\dfrac{r_0}{r}-1\right)+\dfrac{1}{k_r}\left(\dfrac{r_0}{r}\right)^2} \tag{9-98}$$

由于气相传质系数 $k_{G,A}$ 在气体流速一定时只与颗粒半径 r_0 有关，而与未反应核半径 r 无关。故当 r_0 为常数时，$k_{G,A}$ 也为常数。对式（9-98）分离变量并积分得：

$$t = \frac{a\rho_B r_0}{bk_r C_{A,b}}\left\{\frac{k_r}{3k_{G,A}}\left[1-\left(\frac{r}{r_0}\right)^3\right]+\frac{k_r r_0}{6D_e}\left[1-3\left(\frac{r}{r_0}\right)^2+2\left(\frac{r}{r_0}\right)^3\right]+\left[1-\left(\frac{r}{r_0}\right)\right]\right\} \tag{9-99}$$

将 $r/r_0 = (1-x)^{1/3}$ 代入式（9-99）可得：

$$t = \frac{a\rho_B r_0}{bk_r C_{A,b}}\left\{\frac{k_r}{3k_{G,A}}x+\frac{k_r r_0}{6D_e}\left[1-3(1-x)^{2/3}+2(1-x)\right]+\left[1-(1-x)^{1/3}\right]\right\} \tag{9-100}$$

式（9-100）便是有固体产物层生成时致密固体颗粒与气体反应的动力学方程的表达式，可以计算出反应时间 t 与未反应核半径 r 和转化率 x 之间的关系。

令 $\theta = \frac{bk_r c_{A,b}}{a\rho_B r_0}t$、$\sigma_s^2 = \frac{k_r r_0}{6D_e}$、$Sh^* = \frac{k_{G,A} r_0}{D_e}$，则式（9-100）可简化为

$$\theta = \left[1-(1-x)^{1/3}\right]+\sigma_s^2\left\{\left[1-3(1-x)^{2/3}+2(1-x)\right]+\frac{2x}{Sh^*}\right\} \tag{9-101}$$

式中，θ 表示无因次时间；σ_s^2 表示固体产物层内扩散阻力与界面化学反应阻力相对大小的无因次数，称为收缩核的反应模数；Sh^* 是表示固体产物层内扩散阻力与气体边界层外传质阻力相对大小的无因次数，称为修正的 Sherwood 准数。

（1）界面化学反应控制。当 $\sigma_s^2 \leqslant 0.1$，即界面化学反应阻力远大于扩散阻力时，总的气-固反应将受界面化学反应控制。此时，气体反应物 A 在气体主流、颗粒表面和未反应核界面上的浓度都相等，即 $c_{A,b} = c_{A,s} = c_A$，此时，式（9-101）可以简化为：

$$1-(1-x)^{1/3} = \frac{bk_r c_{A,b}}{a\rho_B r_0}t \tag{9-102}$$

此即为界面反应为一级不可逆反应时的动力学方程，$1-(1-x)^{1/3}$ 对时间 t 作图为一直线，由直线的斜率可以求出界面反应的表观速率常数 k_r，并且直线的斜率与颗粒的初始半径 r_0 成反比。

（2）外扩散控制。当 $\sigma_s^2 \geqslant 10$ 且 $Sh^* \to \infty$，即气体通过固体产物层的内扩散阻力比界面化学反应和外传质阻力都大得多时，内扩散将成为气-固反应过程的限制性环节。此时，气体反应物 A 仅在固体产物层内存在浓度梯度。如果界面反应为不可逆反应，则式（9-101）可简化为：

$$1-3(1-x)^{2/3}+2(1-x) = \frac{6bD_e c_{A,b}}{a\rho_B r_0^2}t \tag{9-103}$$

当气-固反应的速率受气体反应物 A 通过固体产物层的内扩散控制时，$1-3(1-x)^{2/3}+2(1-x)$ 与时间 t 成直线关系，由直线的斜率可以求出有效扩散系数 D_e，且直线的斜率与颗粒初始半径 r_0 的平方成反比。

（3）外扩散控制。当 $\sigma_s^2 \geqslant 10$ 且 $Sh^* \to 0$，即外传质阻力远大于气体通过固体产物层的扩散阻力和界面化学反应阻力时，外传质将成为气-固反应过程的限制性环节。此时，气体反应物 A 仅在气体边界层内存在浓度梯度。如果气体反应物 A 在反应界面上的浓度

为零，则由式（9-101）可得：

$$x = \frac{3bk_{G,\ A}c_{A,\ b}}{a\rho_B r_0}t \tag{9-104}$$

如果气体反应物 A 在反应界面上的浓度为 $c_{A,\ e}$，则相应的速率方程为：

$$x = \frac{3bk_{G,\ A}(c_{A,\ b} - c_{A,\ e})}{a\rho_B r_0}t \tag{9-105}$$

9.3.2 硫化锌精矿氧化过程动力学分析

实验 9-2 硫化锌精矿氧化过程动力学分析

1. 实验目的

（1）采用固定床进行硫化锌精矿氧化焙烧，分析各段时间硫的产出率，来测定氧化速度与时间的关系曲线。

（2）学会氧化动力学的研究方法。

（3）了解硫化锌精矿氧化过程机理。

（4）学会硫的分析方法。

2. 实验原理

在冶炼过程中，为了得到所要求的化学组分，硫化锌精矿必须进行焙烧。硫化锌的氧化是焙烧过程最主要的反应：

$$ZnS + \frac{3}{2}O_2 \mathbin{=\!=\!=} ZnO + SO_2$$

反应过程的机理：

$$ZnS + \frac{1}{2}O_2(\text{气})—ZnS\cdots[O]_{\text{吸附}} \longrightarrow ZnO + [S]_{\text{吸附}}$$

$$ZnO + [S]_{\text{吸附}} + O_2 \longrightarrow ZnO + SO_{2\text{解吸}}$$

这个反应是由气相与固相反应物和生成物的多相反应，包括向反应界面和从反应界面的传热与传质过程。在硫化锌颗粒开始氧化的初期，化学反应速度本身控制着焙烧反应速度。但当反应进行到某种程度时，颗粒表面便被氧化产物所覆盖，参与反应的氧通过这一氧化物层向反应界面的扩散速度，或反应生成物 SO_2 通过扩散从反应界面离去的速度等，便成为总氧化速度的控制步骤。

因此，可以认为反应按如下步骤进行：

（1）氧通过颗粒周围的气体膜向其表面扩散。

（2）氧通过颗粒表面氧化生成物向反应界面扩散。

（3）在反应界面上进行化学反应。

（4）反应生成的气体 SO_2 向着同氧相反的方向扩散。即反应从颗粒表面向其中心部位逐层进行。硫化物颗粒及其附近气体成分的浓度可用未反应核模型表示（见图 9-6）。

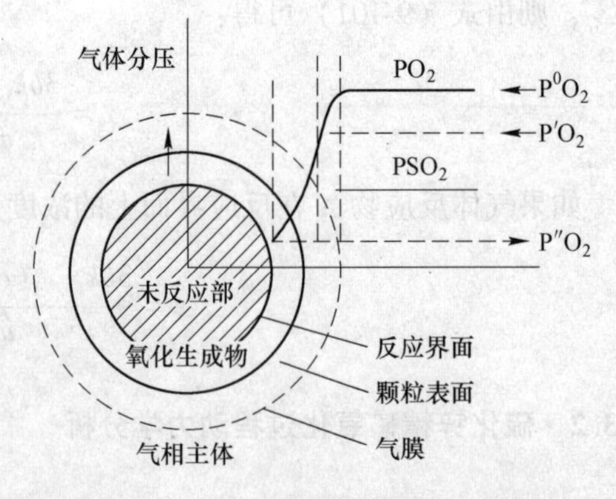

图 9-6　硫化矿的氧化焙烧反应模型

因此，为了提高硫化物的氧化反应速度，可提高气相中氧的分压 p_{O_2}、氧和二氧化硫的扩散速度；减小矿石粒度增大反应面积和减小氧化层的厚度，而工业上为了强化焙烧的氧化过程，就是用提高温度、增大气流速度与氧的浓度、提高矿石的细磨度来达到的。

本实验采用固定床进行氧化焙烧来测定硫化锌精矿的氧化速度，分析氧化过程中某一时间（如 5min）产生的 SO_2 的气体量，经计算可得到 ZnS 精矿氧化时硫的产出速度，即单位时间内硫的转化率。

为了便于比较不同硫化物或不同条件下硫化物的氧化速度，引入以下公式：

$$R_S = \frac{S_i}{S_{总}}$$

式中　R_S ——精矿中硫的氧化分数；

S_i ——ZnS 精矿氧化过程中某一时间内失去的硫量，g；

$S_{总}$ ——ZnS 精矿中的总含硫量，g。

用氧化分数与时间关系作图，可比较不同氧化温度、不同矿石粒度、不同气相组成等对 ZnS 精矿氧化过程的影响。实验在管状炉中进行，硫化锌精矿在低于熔点的某一温度下，通空气进行氧化焙烧；用过氧化氢吸收生成的 SO_2 气体，氧化生成 H_2SO_4 再用已知浓度标准溶液进行滴定。

3. 设备及实验装置

（1）设备：无油空压机 1 台；氮气瓶 1 个；管状电炉 1 台；气体净化、SO_2 吸收装置等 1 套。

（2）实验装置（见图 9-7）。

4. 实验步骤

（1）检查并熟悉电气线路和气路系统。

（2）接通加热电源，调整控温器至实验温度，使管状炉升温。

（3）称取 ZnS 精矿 1g 左右，均匀置于瓷舟中。

（4）配置 SO_2 吸收液：量取过氧化氢 15mL；加入 0.2% 的甲基红指示剂 15mL 和 0.2%亚甲基蓝 2~3mL；加蒸馏水稀释至 500mL，溶液呈紫红色。

（5）将吸收液分成 6 份，装入 6 对吸收瓶中，再接入管状炉出气端。

（6）通少量氮气，以赶走气路系统中的空气。

（7）当控温器指示温度达到实验温度时，打开炉塞，将盛有 ZnS 精矿的瓷舟推入电

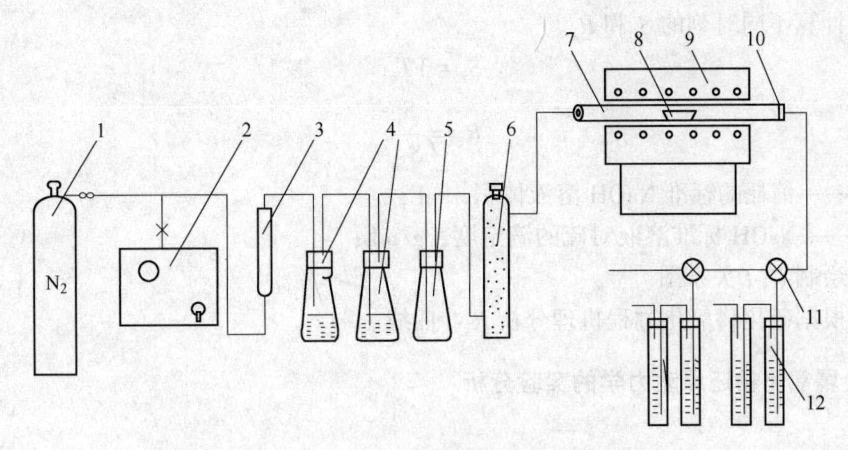

图 9-7　硫化锌精矿氧化动力学实验装置

1—氮气瓶；2—空压机；3—流量计；4—净化气体吸收瓶；5—缓冲瓶；6—干燥塔；7—瓷管；8—瓷舟+试样；9—电炉；10—橡皮塞；11—三通阀；12—吸收瓶

炉的等温区。

（8）塞紧炉塞，并转动三通活塞，使炉气与第一组吸收瓶联通。

（9）关氮气，打开空压机，控制一定流量，当第一组吸收瓶开始冒泡时，计时开始。

（10）第一组吸收 5min 后，即转换三通活塞使气体进入第二组吸收瓶，并吸收相同时间，以此类推，直到 30min 后 6 组吸瓶全部吸收后，关闭空压机。

（11）切断电源，将瓷舟从炉管去除。

（12）用已知浓度的 NaOH 标准溶液分别滴定各组吸收液，滴至亮绿色，并记录 NaOH 消耗的体积。

注意事项：三通活塞的切换方向。

5. 实验记录

ZnS 精矿成分，%；ZnS 精矿粒度；矿样质量，g；焙烧温度，℃；空气流量，mL/min；实验数据记录见表 9-2。

表 9-2　硫化锌精矿氧化焙烧实验数据记录

组数	时间/min	滴定消耗 NaOH/mL	S_i	R_s
1				
2				
3				
4				
5				
6				

6. 数据处理和实验报告

（1）计算 ZnS 精矿中总硫量，g。

（2）计算不同时刻的 S_i 和 R_s。

$$S_i = VT_s$$

$$R_s = \frac{S_i}{S_{总}}$$

式中 V——消耗的标准 NaOH 溶液体积，mL；

T_s——NaOH 标准溶液对硫的滴定度，g/mL；

（3）绘制 R_s-t 关系图。

（4）根据硫化物氧化过程机理分析 R_s-t 曲线。

9.3.3 金属氧化物还原动力学的实验分析

实验 9-3 金属氧化物还原动力学实验

1. 实验目的与要求

用气体还原金属氧化物的过程属于气-固多相反应体系，是一个复杂的物理化学变化过程。还原热力学仅研究反应过程达到平衡时的热力学条件，而动力学则研究还原反应过程进行的快慢，即研究影响反应速度大小的有关条件。其目的在于：查明在冶炼过程中反应速率最慢的步骤（即限制性环节）是什么，以便分析对该环节的影响因素，从而改变冶炼条件，加快反应速率，提高生产效率。

具体要求如下：

（1）通过实验说明气体还原反应机理，加深对气-固反应动力学理论的理解。

（2）研究还原温度、气体性质及流量，矿石物理化学性质等对还原速率的影响。

（3）验证用气体还原金属氧化物的纯化学反应控制模型和纯扩散控制模型。

（4）学习实验数据处理方法及实验操作技术。

（5）分析金属氧化物还原动力学的一般规律。

2. 实验原理

用气体还原金属氧化物是多相反应中机理最完整的，如用氢气还原金属氧化物的反应式如下：

$$MO + H_2 = M + H_2O$$

其反应模型如图 9-8 所示。在反应物（MO）外层，生成一层产物层（M），M 外表面存在一边界层，也称为气膜，最外面为包括反应物气体（H_2）和生成物气体（H_2O）的气流。

反应机理包括以下环节：（1）H_2 穿过边界层的外扩散；（2）H_2 穿过生成物层（M）的内扩散；（3）在反应物和生成物界面（MO、M）上的结晶化学反应；（4）反应气体产物（H_2O）穿过 M 层的内扩散；（5）气体 H_2O 穿过外界层的外扩散。

还原反应是由上述各环节连续完成的，然而各环节的速度是不相等的，总的速度取决于最慢的一个环节。而影响限制性环节的主要因素是：还原温度、矿石孔隙度、矿石粒度、还原气体的性质及流量等。

如果氧化矿结构很致密，还原反应将是自外向内逐渐深入的，存在形状规整的连续反应相界面，对于球形或立方体颗粒而言，这样的反应界面通常是平行于外表面，同时随时间的延续，反应界面将不断向固体内部推进，金属氧化物（MO）内核逐渐缩小，如图9-9所示的体系通常称为收缩核模型。

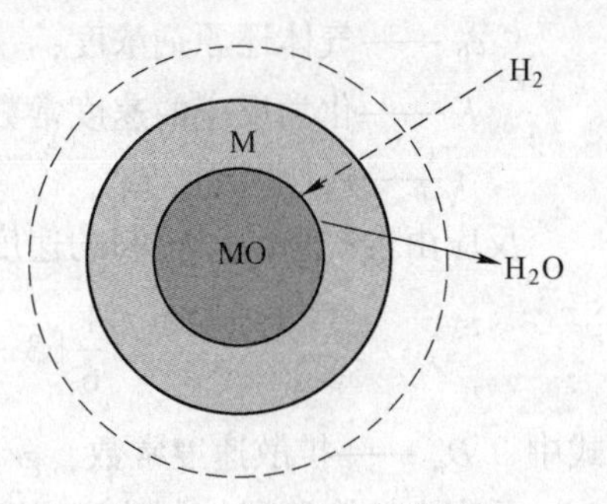

图 9-8　气-固反应模型

由图9-9可知，反应物之间有界面存在是多相反应的特征。过程动力学的机理和界面性质有关。还原反应遵循结晶化学反应和阻力相似的收缩核模型。因为 H_2 需通过生成物层扩散，以及在MO、M界面上的结晶化学反应。所以，还原反应的限制性环节可以是受扩散阶段控制，也可以是受结晶化学阶段控制。如上述扩散和结晶化学反应速度相差不大时，称它为综合控制。

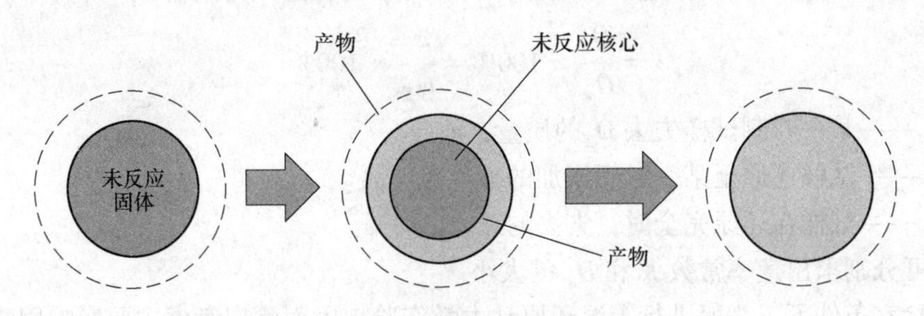

图 9-9　收缩核体系示意图

如果反应产物层是疏松的，气体还原剂进入界面将不受阻力，反应速度不受产物层的影响，反应为结晶化学阶段控制。如果产物层致密，还原剂必须扩散通过此层方能达到反应界面，反应则为内扩散阶段控制。

实验结果表明，在火法冶金中，气流速度很快，常常高于形成边界层的临界速度，因而外扩散通常不是限制性环节。在火法冶金的高温和常压条件下，吸附速度也很快，通常也不是限制性环节。因此，限制性环节主要是内扩散和结晶化学反应两个阶段，或者介于两者之间的综合阶段控制。同时，实验也进一步证明了，对于氧化物的还原反应，在反应初期，生成物层很薄或者生成物层结构疏松时，常由结晶化学反应阶段控制；反应后期，生成物层增厚或生成物层结构致密时，常由内扩散阶段控制，处于中间情况，由于反应气体通过产物层的扩散速度和界面上的结晶化学速度接近同样大小，则为两者综合阶段控制。

综上所述，其速度方程分别表示如下。对于球形颗粒，反应内结晶化学阶段控制的速度方程式为：

$$1-(1-x)^{1/3}=\frac{Kc_0}{r_0\rho}t$$

式中　x ——矿石还原率,%；

r_0 ——矿石颗粒半径，cm；

ρ ——矿石密度，g/cm^3；

c_0 ——气体还原剂浓度；

K ——化学反应的速度常数，g/(cm²·s)；

t ——还原时间，s。

反应由内扩散阶段控制的速度方程式为：

$$\frac{1}{6}[3-2x-3(1-x)^{2/3}]=\frac{D_e c_0}{r_0^2\rho}t$$

式中 D_e ——扩散速度常数，g/(cm²·s)。

反应由综合阶段控制速度方程为：

$$\frac{K}{6}[3-2x-3(1-x)^{2/3}]+\frac{D_e}{r_0}[1-(1-x)^{1/3}]=\frac{KD_e c_0}{r_0^2\rho}t$$

上述速度方程中，在一定还原条件下，c_0、ρ、r_0 均为已知，还原率可在实验过程中直接测出试样在各还原时间的减重，通过换算，即可求出各还原时间的 x，即

$$x=\frac{O_t}{O_w}\times 100\%=\frac{g_t}{O_\Sigma}\times 100\%$$

式中 O_t ——某一时刻试样失去 O_2 的质量，g；

g_t ——试样还原至某一时间累加的减质量，g；

O_Σ ——试样在还原完全时，失去的总 O_2 量，g。

从而可分别求出速率常数 K 和 D_e 的大小。

在实验室条件下，一般进行等温还原动力学实验。因而除应考虑主要影响因素温度的高低外，还应考虑其他因素对还原速率的影响，如矿石种类、孔隙度及粒度、还原剂种类及流量等。当还原温度、矿石粒度、气体性质及流量处于一定的条件时，可通过热减重法测出不同矿石种类的还原率与时间的关系。

3. 仪器装置和试剂

本实验选用热天平减重还原装置，如图 9-10 所示。回转式管式炉：内径 25~35mm，最高温度 1000℃；WZK 温度控制仪；LB-3 热电偶；转子流量计；LZW-12 电子交流稳压器；电子天平；秒表。

本实验选用 H_2 为还原剂；用浓硫酸吸收 H_2O 及干燥塔吸收 H_2O，可省略 NaOH 吸收 CO_2 的吸收瓶。

4. 实验步骤

（1）检查电路，合上闸刀，打开温度控制仪开关，此时红灯亮，预热 5min 后，按下按钮开关，绿灯亮，手动升压 100V 左右，5min 后，将手动升温电压调整到 200V 左右，当温度升到 600℃时，将手动升温改成自动升温。

（2）预热电子天平，打开天平电源。

（3）接通气路，并通入氮气。

（4）在升温初期，称吊篮总重，然后取出吊篮，挂于炉外称取矿样 20g，盛于吊篮再放入电炉。

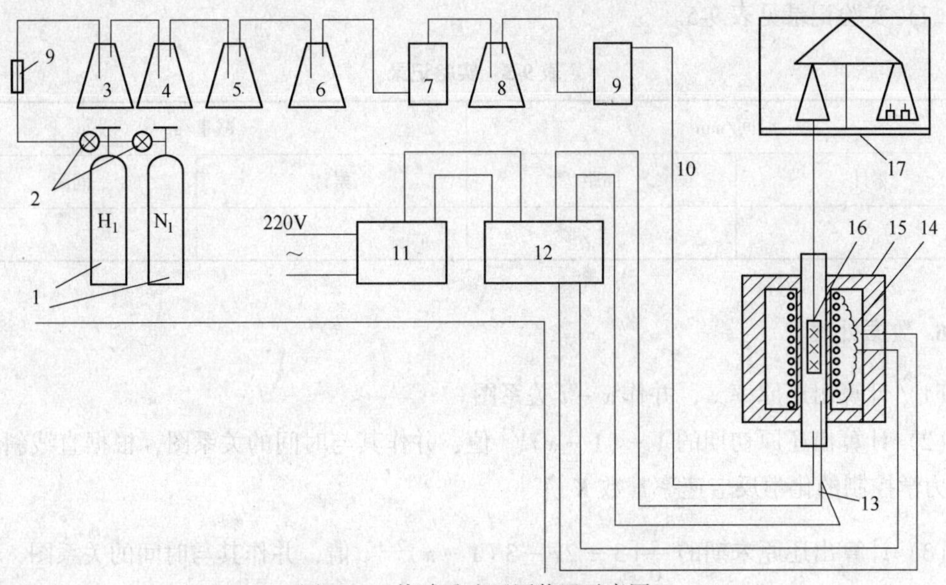

图 9-10 热减重法还原装置示意图

1—H_1、N_1 气瓶；2—减压阀；3—缓冲瓶；4—焦性没食子酸；5—NaOH；6—H_2SO_4；7—CaO；8—缓冲瓶；9—流量计；10—切断阀；11—电子交流稳压器；12—温度控制器；13—热电偶；14—（铁铬铝丝）；15—电炉；16—吊篮及试样；17—热天平、电子天平

（5）待温度达到实验温度时，调节面盘上的“PV/SP”及旋钮开关，使温度设定为920℃。

（6）打开氢气，切断氮气，随即将氢气调至实验所需流量，实验正式开始，记录时间，每减重100mg相应记录一次时间。

（7）当实验进行到减重明显减慢时（每减重100mg在10min内无法达到平衡时），切断电源，接通氮气，随即关闭氢气，5min后，切断氮气关闭气路所有阀门。

（8）整理实验数据，清理实验场地。

5. 实验记录

（1）还原条件：

1）矿样见表9-3。

表 9-3 矿样

编号	种类	质量/g	密度/g·cm^{-2}	粒度/mm	化学成分/%

2）还原气体及其他条件见表9-4。

表 9-4 还原气体及其他条件

还原气体		还原温度/℃	吊篮重/g	矿样加吊篮总重/g	烧减/g
种类	流量/mL·min^{-1}				

（2）实验记录见表 9-5。

表 9-5 实验记录

时间/min		减重/g	
累计	间距	累计	间距

6. 数据处理

（1）计算出还原率 x，并作 $x-t$ 关系图。

（2）计算出还原初期的 $1-(1-x)^{1/3}$ 值，并作其与时间的关系图，根据直线斜率得出动力学控制的化学反应速率常数 K。

（3）计算出还原末期的 $\frac{1}{6}[3-2x-3(1-x)^{2/3}]$ 值，并作其与时间的关系图，根据直线斜率得出扩散控制的有效系数 D_e。

（4）分析还原动力学一般规律。

（5）分析实验结果，撰写实验报告。

9.4 电极反应过程

在金属的提取过程中，有许多金属是采用水溶液电解的方法提取或提纯的。例如，电解锌、铜电解精炼等。水溶液电解是利用电能转化的化学能使溶液中的金属离子还原为金属析出的电冶金方法。根据阳极不同，可分为不溶阳极电解和可溶阳极电解，前者又称为电解沉积，后者称为电解精炼。电极反应实际上是一个液-固两相反应，原则上可以用液-固多相反应的普遍动力学规律进行研究。电极反应过程一般由以下步骤组成：

（1）反应物从电解液向电极表面传递——液相中的传质步骤。

（2）反应物在电极表面上的吸附——前置表面转化步骤。

（3）在电极表面上进行氧化或还原反应，生成反应产物——电化学步骤。

（4）反应产物在电极表面上脱附、复合等——后置表面转化步骤。

（5）反应产物生成新相或向液相中传递——液相中的传质步骤。

可以看出，电极反应的全部过程可分为两种类型：（1）反应物或产物在液相中的扩散过程；（2）在电极表面上进行的化学反应和电化学反应过程。前一过程会引起浓度极化，后一过程则会引起电化学极化。通常电极反应过程中，两种极化同时存在。如果采取措施强化液相传质过程，则可以使浓度极化变得很小，这时可以认为整个电极的极化是由电化学极化所引起的，电极反应的总速率主要决定于电化学反应速率；相反，如果液相传质速率很慢，则浓度极化将会很大，这时整个电极的极化将由浓差极化所决定，电极反应的速率将决定于扩散速率。

9.4.1　铜电解精炼-电流效率的测定

实验9-4　铜电解精炼-电流效率的测定

1. 实验目的

（1）了解铜电解精炼的基本原理。

（2）熟悉铜电解精炼的实验方法及电流效率和电能消耗的测定。

2. 基本原理

铜的电解精炼，是将火法精炼的铜铸成阳极板，用纯铜薄片作为阴极板，相间地装入电解槽中，用硫酸铜及硫酸的水溶液作电解液，在直流电的作用下，发生下列反应：

（1）阳极反应：

$$Cu - 2e = Cu^{2+} \qquad \varepsilon^{\ominus}_{Cu/Cu^{2+}} = 0.34V \tag{9-106}$$

$$M - 2e = M^{2+} \qquad \varepsilon^{\ominus}_{Me/Me^{2+}} < 0.34V \tag{9-107}$$

$$2OH^- - 2e = H_2O + \frac{1}{2}O_2 \qquad \varepsilon^{\ominus}_{2OH^-/\frac{1}{2}O_2} = 1.59V \tag{9-108}$$

$$SO_4^{2-} - 2e = SO_3 + \frac{1}{2}O_2 \qquad \varepsilon^{\ominus}_{SO_4^{2-}/O_2} = 2.42V \tag{9-109}$$

正常情况下，由于 OH^- 及 SO_4^{2-} 的标准电位远比铜的电位正，式（9-108）和式（9-109）反应不可能进行；电位比铜负的贱金属将在阳极上优先溶解，但其含量很少；贵金属（如Au、Ag电位远比铜的电位正，不能进行阳板溶解）和某些金属（如硒、碲等和铜形成不溶解的化合物）不溶，成为阳极泥沉入槽底；因此，在阳极上进行的主要反应是铜以二价形态溶解。

（2）阴极反应：

$$Cu^{2+} + 2e = Cu \qquad \varepsilon^{\ominus}_{Cu/Cu^{2+}} = 0.34V \tag{9-110}$$

$$2H^+ + 2e = H_2 \qquad \varepsilon^{\ominus}_{H_2/H^+} = 0 \tag{9-111}$$

$$M^{2+} + 2e = M \qquad \varepsilon^{\ominus}_{Me/Me^{2+}} < 0.34V \tag{9-112}$$

氢的标准电位较铜负，而氢在铜阴极上折出的超电压又很大，故在正常情况下，式（9-111）不可能进行，电位较负的贱金属不能在阴极上析出，留在电解液中，待电解液定期净化时除去。因此，在阴极上进行的主要反应是二价铜离子析出。这样，在阴极上析出的铜纯度很高，称为电解铜，简称电铜（含铜99.98%~99.99%）。

电解精炼时，各种杂质的脱除率均在90%以上。

铜电解精炼的电流效率，一般是指阴极电流效率，它是电解实际产量与按照法拉第定律计算的理论产量之比，是以百分数表示的一个指标；它直接影响铜电解精炼的电能消耗，电流效率愈低或槽电压愈高，电能消耗愈大，工厂中的电流效率，在一般情况下为95%~98%。

3. 实验仪器及试剂

（1）实验仪器：铜电解精炼实验装置如图9-11所示。

（2）试剂：1）硫酸；2）硫酸铜；3）硫脲。

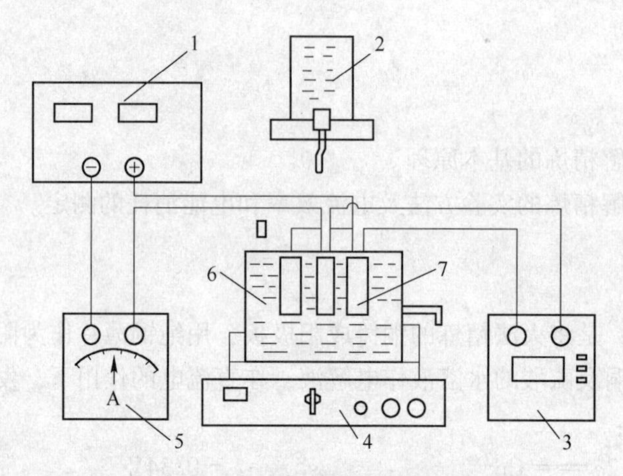

图9-11　铜电解精炼实验装置

1—直流稳流稳压电源；2—高位槽；3—数字电压表；4—集热式恒温磁力搅拌器；
5—电流表；6—电解槽；7—铜电极（两块阳极、一块阴极）

4. 电解条件

（1）温度：55～60℃

（2）电流密度：300A/m^2。

（3）电解液循环速度：v=75～100mL/min。

（4）电解液成分：Cu^{2+} 45g/L；H_2SO_4 210g/L；硫脲0.03g/L。

5. 实验步骤

（1）将阴极板用砂纸打光，水洗干净，电吹风吹干后称重。

（2）将阳极板用20%硫酸溶液浸泡15min左右，水洗干净，用滤纸擦干。

（3）将阴、阳极板放入电解槽中，阴极板放中间，阳极板放两边，异极板极距为35～40mm，电极浸入部分高度为80mm。

（4）接通集热式磁力加热搅拌器电源，加热电解液，控制温度在55～60℃之间。

（5）调节电解液循环速度，使v=75～100mL/min。

（6）按图接好线路。

（7）接通直流稳压稳流电源，使I=2.02A，记下开始电解的时间。

（8）测量槽电压，应为0.2～0.25V。

（9）电解30min。

（10）关掉电源，拆去线路，关闭电解液循环系统。

（11）取出电极，用水洗净，将阴极板用酒精擦洗后用电吹风吹干，称重。

（12）实验完毕，打扫实验场地。

6. 注意事项

电解过程中，注意观察电流槽电压、电解液循环速度，控制在所需值。

7. 计算电流效率 η、电能消耗。

$$电能消耗 = \frac{平均槽电压 \times 1000}{1.186 \times 电流效率}$$

$$电流效率\ \eta = \frac{实际析出金属量}{理论析出金属量} \times 100\%$$

式中，$理论析出金属量(g) = 电流强度 \times 电解时间 \times \frac{元素的相对原子质量}{元素化合价 \times 1\ 法拉第电量}$

8. 编写实验报告

（1）简述实验方法实验装置。

（2）计算电流效率及电能消耗。

（3）建议、意见。

9.4.2 硫酸锌水溶液的电积过程

实验 9-5 硫酸锌水溶液的电积过程

1. 实验目的

通过锌电积的实验过程，了解电积有关的仪器设备及操作，掌握槽电压、电流密度、电流效率、电能消耗以及阴极电极电位的测试与计算方法。

2. 基本原理

锌电积一般采用 Pb-Ag（1%）合金作阳极，纯铝板作阴极，以酸性硫酸锌溶液作电解液。当通以直流电时，阴、阳极发生以下电化学反应：

阴极 $$Zn^{2+} + 2e = Zn \quad E^{\ominus} = -0.763V$$

阳极 $$H_2O + 2e = \frac{1}{2}O_2 + 2H^+ \quad E^{\ominus} = 1.229V$$

总反应

$$Zn^{2+} + H_2O = Zn + \frac{1}{2}O_2 + 2H^+$$

3. 实验方法与仪器设备

实验装置如图 9-12 所示。

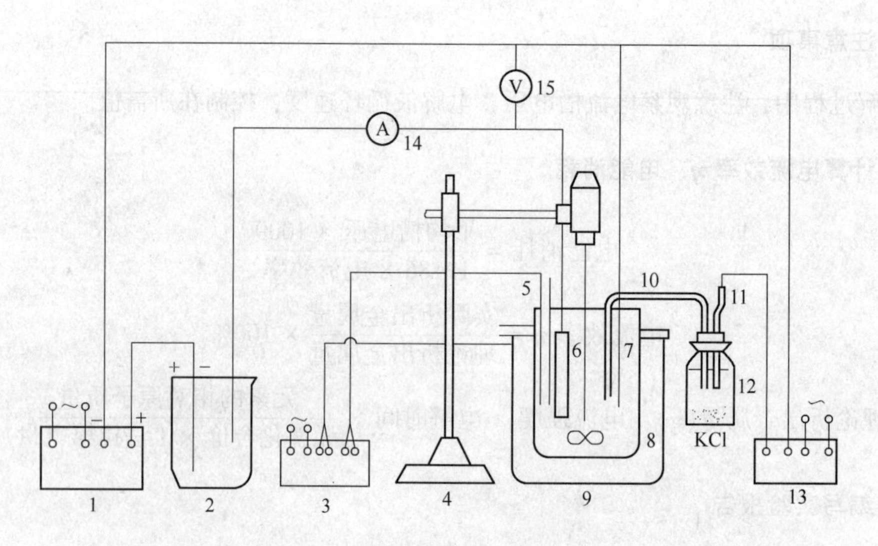

图 9-12　硫酸锌水溶液电积实验装置

1—直流稳压电源；2—铜库仑计；3—温度控制器；4—电动搅拌器；5—电接点式温度计；6—铝银阳极；7—铝阴极；8—电解槽；9—恒温水浴锅；10—盐桥；11—甘汞电极；12—饱和 KCl 溶液；13—数字电压表；14—安培计；15—伏特计

4. 实验操作步骤

（1）先将铝阴极和库仑阴极置于天平称重并记下质量，然后将铝阴极放入电解槽内，取出测量其浸入溶液的实际尺寸并计算面积，再根据已确定的铝阴极电流密度计算出所需电流强度。

（2）接线：按图 9-12 所示，将交流电源、直流电源、库仑计、电解槽、阴极、阳极、直流安培计、直流伏特计、温度控制器等仪器连接好，即可通电，并记下通电起始时间、电流强度及槽电压。

（3）通电开始实验正常进行，可按规定项目进行记录。

（4）将盐桥、甘汞电极、饱和 KCl 溶液与数字电压表联结好。

（5）电解进行 2~4h 实验结束，关闭所有电源。同时取出铝阴极、库仑阴极置于沸水中 10min，以除去硫酸盐结晶，然后放入烘箱烘干再取出称重，记下电解后两个阴极的质量。

5. 安全措施及应注意的事项

（1）线路连接必须严格按操作步骤进行，经检查后方可通电，否则易损坏仪器设备并造成实验中断。

（2）实验过程中，不得任意摆弄仪器开关、旋钮以及各接触点，以免因接触不良断电影响实验。

（3）如遇仪器设备发生故障或因接触不良而引起断电，应立即报告认真检查原因及时处理。

6. 数量的整理与分析

(1) 记录内容：实验日期、题目名称。

1) 技术条件：温度35~40℃，阴极面积（m^2），阴极电流密度 D_k = 350 ~ 500A/m^3，同名极距6cm，电解液成分Zn 100g/L、I_2SO_4 20g/L、Mn 4g/L。

2) 电解前后铝阴极、库仑阴极质量的变化见表9-6。

表9-6　电解前后铝阴极、库仑阴极质量的变化

项　目	电解前质量/g	电解后质量/g	增重/g
库仑阴极			
铝阴极			

3) 电解过程记录见表9-7。

表9-7　电解过程

时间	电流/A	槽电压/V	现象

4) 铝阴极电极电位测定见表9-8。

表9-8　铝阴极电极电位测定

时间	电位/mV

(2) 冶金计算：

按下列公式计算电流效率 η_k 与电能消耗 W：

$$\eta_k = \frac{\text{锌阴极析出质量}}{\text{库仑阴极析出质量} \times 1.029} \times 100\%$$

$$W = \frac{1000 \times V}{\eta_k \times 1.213} = \frac{KW_h}{TZ_h}$$

7. 对实验报告的要求

(1) 报告内容应包括实验目的、基本原理、主要仪器设备的接线及示意图。

(2) 通过库仑阴极、铝阴极电积前后质量的变化，计算出铝阴极上锌的电流效率，再根据实际测到的槽电压（平均数）即可计算电能消耗。

(3) 整理好实验数据，按计算出的电流效率及电能消耗结果进行分析。

9.4.3　恒电流法测定极化曲线

实验9-6　恒电流法测定极化曲线

1. 实验目的

通过对铜电极的阳极极化曲线和阴极极化曲线的测定，绘制出极化曲线图，从而进一步加深电极极化原理以及有关极化曲线理论知识的理解。通过本实验，熟悉用恒电流法测定极化曲线。

2. 实验原理

当电池中由某金属和某金属离子组成的电极处于平衡状态时，金属原子失去电子变成离子和离子获得电子变成原子的速度是相等的，在这种情况下的电极电位称为平衡电极电位。

电解时，由于外电源的作用，电极上有电流通过，电极电位偏离了平衡位，反应以一定的速度进行。以铜电极 Cu/Cu^{2+} 为例，它的标准平衡电极电位是+0.337V，若电位比这个数值更负一些，就会使 Cu^{2+} 获得电子的速度增加，Cu 失去电子的速度减小，平衡被破坏，电极上总的反应是 Cu^{2+} 析出；反之，若电位比这个数值更正一些，就会使 Cu 失去电子的速度增加，Cu^{2+} 获得电子的速度减小，电极上总的反应是 Cu 溶解。这种由于电极上有电流通过而导致电极离开其平衡状态，电极电位偏离其平衡值的现象称为极化。如果电位比平衡值更负，因而电极进行还原反应，这种极化称为阴极极化；反之，若电位比平衡值更正，因而电极进行氧化反应，这种极化称为阳极极化。

对于电极过程，常用电流密度来表示反应速度，电流密度越大，反应速度越快。由于电极电位是影响电流密度的主要因素，通常用测定极化曲线的方法来研究电极的极化与电流密度的关系。

3. 实验方法及装置

本实验电解液为 $CuSO_4$ 溶液（溶液中 Cu^{2+} 浓度为 50g/L），H_2SO_4 180g/L；电极用铜，厚铜板作为阳极，薄铜板作为阴极；电极面积为 $1cm^2$，电极间距为 45~50mm。

通过调节直流稳压电源电压来调节电流大小，由毫安表读出电流数值；为了测得不同电流密度下的电极电位，以一个甘汞电极与被测电极组成电池，甘汞电极通过盐桥与被测电源相通，用数字电压表测量这个电池的电动势；然后逐渐增加电压，加大电流，以测得不同电流密度下对应的电动势，由测得的电动势计算出被测电极电位，作图即得被测电极极化曲线。

装置如图 9-13 所示。

4. 实验步骤

（1）将铜电极的工作表面用 0 号金相砂纸磨光，用蒸馏水洗净，用滤纸擦干，然后放入装有 $CuSO_4$ 溶液的电解槽中（两电极的工作面相对）。

（2）在装有饱和 KCl 溶液的盐桥中放入连通管和甘汞电极。

（3）测定阴极极化曲线：

1）按图接好线路，注意将阴极与数字电压表负极相连，甘汞电极与数字电压表正极相连，将盐桥所用连通管尖端靠近阴极工作面。

2）在不通电情况下，测量平衡电位。

3）接通电源，顺时针旋转稳压电源的“细”旋钮，将电流由小到大，在 5~50mA 范围内，每 5mA 为一个点，逐点测量响应的电动势，由数字电压表读数，记下数据。

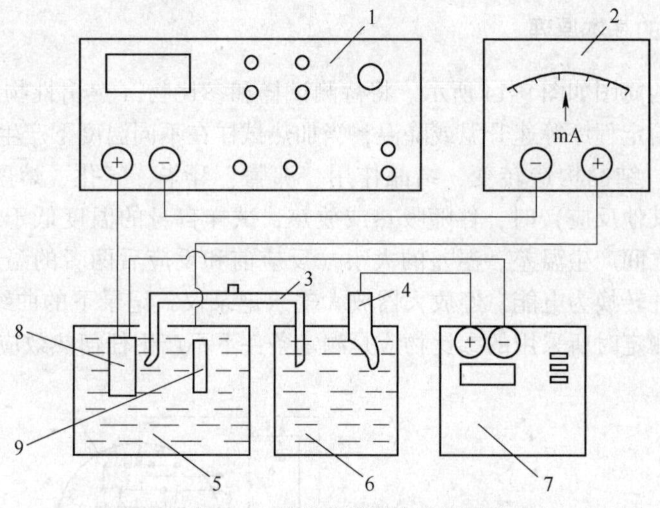

图 9-13 极化曲线测定装置图

1—WYJ-15 型晶体管直流稳压电源；2—毫安表；3—连通管；4—甘汞电极；5—电解槽；6—盐桥；7—数字电压表；8—厚铜板（阳极）；9—薄铜板（阴极）

（4）测定阳极极化曲线：步骤与阴极极化曲线的测定基本相同，只是需将阳极与数字电压表相连，将盐桥所用连通管尖端与阳极贴近。

（5）关掉电源，取出电极冲洗干净。

5. 数据处理

（1）根据测得的电动势计算出阳极、阴极电位，以伏为单位。

$$\varphi_{\text{阳(阴)}} = \varphi_{\text{甘汞}} - \varphi_{\text{实测}}$$

（2）根据电流及面积计算出电流密度，以安培/平方厘米为单位。

（3）分别以电流密度 D 为纵坐标，电极电位 φ 为横坐标作图，即得阳极极化曲线和阴极曲线。

（4）编写实验报告。

9.5 差热分析法

差热分析法（DTA）是通过程序控制测量物质和参比物的温度差和热效应关系，研究宏观动力学的方法。即当试样发生任何物理或化学变化时，所释放或吸收的热量使试样温度高于或低于参比物的温度，从而相应的在差热曲线上得到放热或吸热峰。曲线的纵坐标为试样与参比物的温度差（ΔT），向上表示放热，向下表示吸热。差热分析也可测定试样的热容变化，它在差热分析曲线上反映出基线的偏离。

在热分析方法中，差热分析法是使用最早、应用最广和研究最多的一种热分析技术。在 20 世纪 50 年代以前，差热分析仪大多向微型化方向发展，出现了各种热分析仪，差热分析仪也有了较大的进展。目前，新型的差热分析仪的可控温度范围为-180~2400℃。在试样用量上，可测毫克级别的样品，且具有较高的灵敏度。

9.5.1　差热分析的基本原理

差热分析仪的简图如图9-14所示。将待测试样和参比物（热惰性物质）置于同一条件的炉体中，按给定程序等速升温或降温，当加热试样在不同温度下产生物理、化学性质的变化（如相变、结晶构造转变、结晶作用、沸腾、升华、气化、熔融、脱水、分解、氧化、还原以及其他反应）时，伴随吸热或放热，试样自身的温度低于或高于参比物质的温度，即两者之间产生温差。温差的大小（反应前和反应后两者的温差为零）和极性由热电偶检测，并转换为电能，经放大器放大输入记录仪，记录下的曲线即为差热曲线。需要说明的是，测定时所采用的参比物应是测定条件下不产生任何热效应的惰性材料。

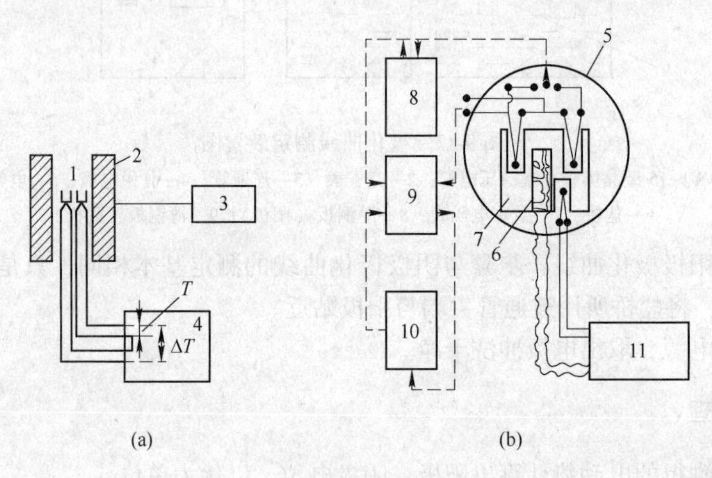

图9-14　差热分析仪简图

1，5—测量系统；2—加热炉；3—温度程序控制器；4，10—记录仪；6—加热器；7—均热块；8—信号放大器；9—量程控制器；11—温度程序控制仪

9.5.2　差热分析曲线方程

为了对差热分析曲线进行理论上的分析，从20世纪60年代起就有许多研究者做了大量的分析和探讨。由于需要考虑的影响因素过多，所建立的理论模型十分复杂。1975年神户博太郎对差热分析曲线提出了一个理论解析的数学方程。该方程能够十分简便地阐明差热分析曲线所反映的热力学过程和各种影响因素。

在差热分析时，把试样（s）和参比物（r）分别放置于加热的金属块（w）中，使它们处于相同的加热条件下并作如下假设：

（1）试样和参比物的温度均匀分布，试样和容器的温度相等。

（2）试样和参比物的热容量分别为 C_s 和 C_r，并不随温度而变化。

（3）试样和参比物与金属块之间的热传导和温差成正比，传热系数 K 与温度无关。

设 T_w 为金属块温度（即炉温），$\varphi = dT_w/dt$ 为程序设定的升温速率。当 $t=0$ 时，$T_s=T_r=T_w$。测定时，炉温 T_w 以一定升温速率 φ 开始升温，但是由于热阻的存在，试样温度 T_s 和参比物温度 T_r 在升温时都有滞后现象，要经过一定时间后，它们才以程序设定的升温速率 φ 开始升温。

由于试样和参比物的热容量不同，在一定的程序升温过程中，它们对 T_w 的温度滞后并不相同，即在试样和参比物之间会出现温度差。当它们的热容量差被热传导自动补偿以后，试样和参比物才按程序升温速率 φ 升温，此时 ΔT 成为定值 $(\Delta T)_a$ 形成差热分析曲线的基线，如图9-15 所示。

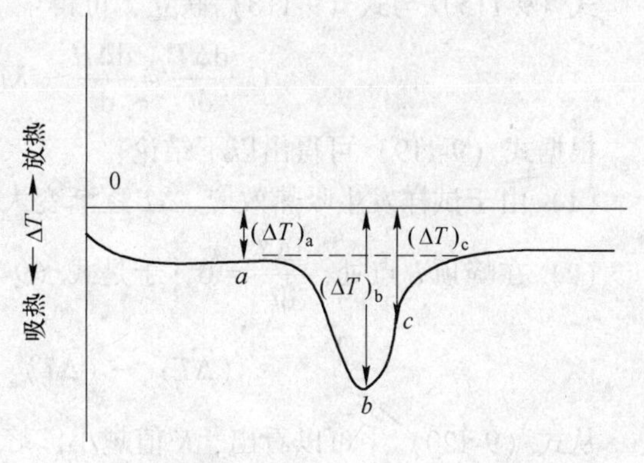

图 9-15 差热分析吸热转变曲线

a—反应起始点；b—峰顶；c—反应终点

从图 9-15 中可看出，在 0 ~ a 之间是差热分析曲线的基线形成过程，在该过程中 ΔT 的变化可用下列方程式描述：

$$\Delta T = \frac{C_r - C_s}{K}\varphi\left[1 - \exp\left(-\frac{K}{C_s}t\right)\right] \quad (9\text{-}113)$$

式中 K——传热系数；

t——时间。

其基线的位置 $(\Delta T)_a$ 为：

$$(\Delta T)_a = \frac{C_r - C_s}{K}\varphi \quad (9\text{-}114)$$

根据式（9-114）可得出以下结论：

(1) 程序升温速率 φ 恒定才能获得稳定的基线。

(2) C_r 和 C_s 越相近，$(\Delta T)_a$ 越小。

(3) 在程序升温过程中，如果试样的比热容有变化，$(\Delta T)_a$ 也发生变化。

(4) 程序升温速率 φ 越小，$(\Delta T)_a$ 也越小。

差热分析曲线的基线形成后，如果试样产生吸热效应，此时试样所得的热量（主要讨论试样熔化时的情况）为：

$$C_s\frac{dT_s}{dt} = K(T_w - T_s) + \frac{d\Delta H}{dt} \quad (9\text{-}115)$$

式中 ΔH——试样全部熔化的总吸热量。

参比物所得到的热量为：

$$C_r\frac{dT_r}{dt} = K(T_w - T_r) \quad (9\text{-}116)$$

由于 $\varphi = \frac{dT_w}{dt} = \frac{dT_r}{dt}$ 和 $(\Delta T)_a = \frac{C_r - C_s}{K}\varphi$，可得：

$$C_s\frac{dT_r}{dt} = C_r\frac{dT_r}{dt} + K(\Delta T)_a \quad (9\text{-}117)$$

再结合式（9-116），则：

$$C_s\frac{dT_r}{dt} = K(T_w - T_r) - K(\Delta T)_a \quad (9\text{-}118)$$

式（9-115）与式（9-118）联立，可得：

$$C_s\frac{d\Delta T}{dt}=\frac{d\Delta H}{dt}-K[\Delta T-(\Delta T)_a] \tag{9-119}$$

根据式（9-119）可得出以下结论：

（1）由于试样发生吸热效应，ΔT 逐渐变大，从而产生 $\Delta T-t$ 曲线的峰；

（2）在峰顶 b 点处，$\frac{d\Delta T}{dt}=0$，于是式（9-119）变为：

$$(\Delta T)_b-(\Delta T)_a=\frac{1}{K}\times\frac{d\Delta H}{dt} \tag{9-120}$$

从式（9-120）中可以看出，K 值越小，峰值越大，因此可通过降低 K 值来提高差热分析的灵敏度。

（3）在反应终点 c，$d(\Delta H)/dt=0$，式（9-119）可变为：

$$C_s\frac{d\Delta T}{dt}=-K[\Delta T-(\Delta T)_a] \tag{9-121}$$

式（9-121）经移项和积分得：

$$(\Delta T)_c-(\Delta T)_a=\exp\left(-\frac{K}{C_s}t\right) \tag{9-122}$$

从反应终点 c 以后，ΔT 将按指数函数衰减返回基线。

为了确定反应终点 c，通常可作 $\lg[\Delta T-(\Delta T)_a]-t$ 图，它应为一直线。当从峰的高温侧的底部逆向取点时，就可找到开始偏离直线的那个点，即为反应终点 c。

将式（9-119）积分，可得：

$$\Delta H=C_s[(\Delta T)_c-(\Delta T)_a]+K\int_a^c[\Delta T-(\Delta T)_a]dt \tag{9-123}$$

由于差热分析曲线从反应终点 c 返回基线的积分表达式可表达为：

$$C_s[(\Delta T)_c-(\Delta T)_a]=K\int_c^{\infty}[\Delta T-(\Delta T)_a]dt \tag{9-124}$$

将式（9-124）代入式（9-123），可得：

$$\Delta H=K\int_c^{\infty}[\Delta T-(\Delta T)_a]dt+K\int_a^c[\Delta T-(\Delta T)_a]dt \tag{9-125}$$

$$\Delta H=K\int_a^{\infty}[\Delta T-(\Delta T)_a]dt=KS \tag{9-126}$$

式中　S——差热分析曲线和基线之间的面积。

根据式（9-126）可得出以下结论：

（1）差热分析曲线的峰面积 S 和反应热效应 ΔH 成正比；

（2）传热系数 K 越小，对于相同的反应热效应 ΔH 来说，峰面积 S 值越大，灵敏度越高。

应该指出，式（9-126）中没有涉及程序升温速率 φ，即升温速率 φ 不管怎样，S 值总是一定的。由于 ΔT 和 φ 成正比，所以 φ 越大，峰形越窄越高。

9.5.3　DTA 在反应动力学研究中的实例分析：硫化铜精矿焙烧的非等温动力学研究

目前对黄铜矿氧化机理及动力学研究的温度都是围绕在 973K 以下进行的。研究结果普遍认为黄铜矿在773K左右焙烧的最终产物是硫酸铜和氧化铁；在923K左右焙烧时则生成氧化铜和氧化亚铜。焙烧-浸出-电积法由于产率高、能耗低等优点，已成为目前世界上应用最广的一种成熟的处理硫化铜精矿的方法。其中，硫化铜精矿在焙烧过程中转变为易浸出的氧化铜或硫酸铜，提高了浸出率，直接影响了铜的产率。本节以硫化铜精矿焙烧过程的DTA动力学分析，对焙烧过程的反应机理进行研究，并对DTA分析技术在动力学研究上的应用进行详细介绍。

实验9-7　硫化铜精矿焙烧的非等温动力学研究

1. 实验方法

本实验所用的硫化矿来自某冶炼厂的硫化铜精矿，它的主要化学成分见表9-9。由表9-9可知，硫化铜精矿主要由Cu、Fe、S组成，它们的含量占84%；同时还含有少量杂质元素。图9-16所示为硫化铜精矿的X射线衍射图。由图9-16可知，精矿中的主要矿物为黄铜矿（$CuFeS_2$）和硫铁矿（FeS_2）等，实验时矿氧粒度为814×10^{-2}mm以下。

表9-9　硫化铜精矿的质量组成　（质量分数/%）

Cu	Fe	S	SiO_2	As	Bi	CaO
23	31	30	2	0.008	0.024	0.1

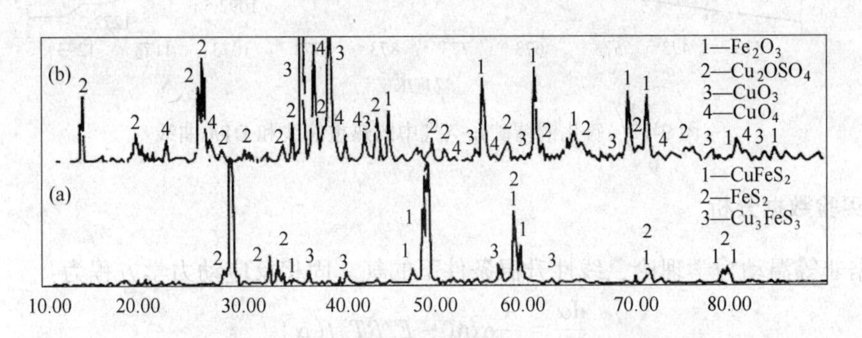

图9-16　铜精矿在不同条件下的X射线衍射图
（a）未经处理的铜精矿；（b）1073K时铜精矿的被烧产物

取13.99mg铜精矿在ZRY-2P型差热差重分析仪上进行差热实验，升温速率设定为15K/min。同时分别取5g物料按照大约15K/min的升温速率在硅碳棒管式炉中加热到873K和1073K。管式炉的不锈钢管一端通入空气，另一端则与装有一定量碘液的容器相连，用以对SO_2进行定量回收，最后对其产物进行XRD检测，分析焙烧产物的矿相组成。

2. 实验结果

硫化铜精矿氧化焙烧的差热差重曲线，如图9-17所示。由图9-17可知，硫化铜精矿的质量变化经历了两个过程：在656～881K是一个质量增加的过程，在881～1101K是一个急剧的质量损失过程。在质量增加的过程出现较强的放热峰；在质量损失过程则出现较弱的吸热谷。从图 9-16（b）中的 X 射线衍射图谱可知，当焙烧温度在 1073K 时，焙烧产物主要为 CuO 和 Fe_2O_3，该结果表明在质量增加过程中生成的硫酸铜在高温下分解成 CuO，故质量损失过程主要为 $CuSO_4$ 的分解，其反应可以分别表示为：

$$CuSO_4 = CuO + SO_2 + \frac{1}{2}O_2 \tag{9-127}$$

$$\Delta H^{\ominus} = 303.096 kJ/mol$$

$$2CuSO_4 = CuO \cdot CuSO_4 + SO_2 + \frac{1}{2}O_2 \tag{9-128}$$

$$\Delta H^{\ominus} = 157.155 kJ/mol$$

$$CuO \cdot CuSO_4 = 2CuO + SO_2 + \frac{1}{2}O_2 \tag{9-129}$$

$$\Delta H^{\ominus} = 304.885 kJ/mol$$

以上反应均为吸热反应，因吸收的热量比质量增加过程放出的热量小，故在 DTA 曲线上出现了较弱的吸热谷。

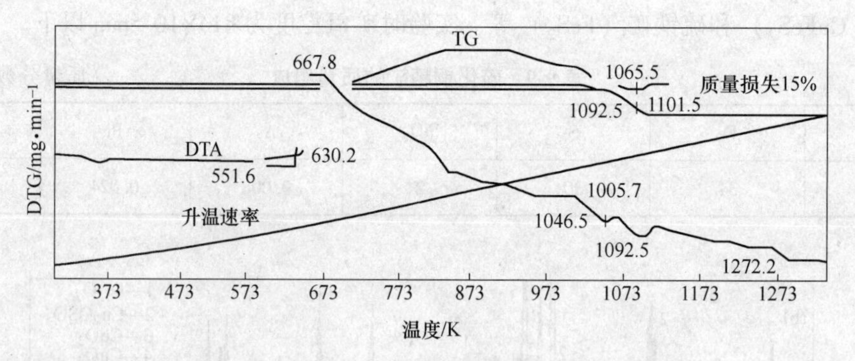

图 9-17　硫化铜精矿在空气中的热重曲线和 DTA 曲线

3. 实验数据分析

根据非等温动力学理论，线性升温条件下的气、固相反应动力学方程为：

$$\frac{d\alpha}{dT} = \frac{A}{\beta}\exp(-E/RT)f(\alpha) \tag{9-130}$$

式中　α——温度 T 时的反应转化率；
$f(\alpha)$——反应的动力学机制函数；
A——表观频率因子，s^{-1}；
E——表观活化能，kJ/mol；
T——反应温度，K；
β——线性升温速率，K/s。

采用 Doyle 近似计算，式（9-130）可表示为：

$$\ln F(\alpha) = \ln\frac{AE}{R\beta} - 5.3305 - 1.052\frac{E}{RT} \tag{9-131}$$

式中，$F(\alpha) = \int_0^{\alpha}\frac{d\alpha}{f(\alpha)}$。由式（9-131）可知，$\ln F(\alpha)$ 对 $1/T$ 作图应是一条直线。其中，

转化率可根据差热差重图计算出来。在第一阶段的质量增加阶段，热重曲线的最高峰认为是硫化物已完全转化为硫酸盐，即此时的转化率为 100%，由此可以在此热重曲线的质量增加阶段上取无数个点，从而得出每个点所对应的转化率。在第二阶段的质量损失过程中，则将热重曲线的最低点认为是硫酸盐完全分解时的状态，即此时的分解转化率已达到了 100%。采用前述同样的方法，可以得到在质量损失过程中与温度相对应的一系列的分解转化率数据。

图 9-17 表明，硫化铜精矿的氧化焙烧过程可以分为两个阶段。当在 656～881K 时，硫化物被氧化成硫酸盐，样品表现为质量增加；当 881～1101K 时，硫酸盐会发生分解，样品表现为质量损失。图 9-18 和图 9-19 分别为硫化铜精矿在质量增加和质量损失阶段转化率与温度的关系。根据实验结果，可推出如下反应机理：

（1）初生硫酸铜及氧化铁的形成。氧向硫化铜精矿反应界面的传递及氧分子的化学吸附；吸附的氧与硫化铜精矿发生化学反应；生成的二氧化硫气体离开反应界面向外扩散。

（2）硫酸铜的分解。硫酸铜的热分解化学反应；分解的气体产物向外扩散。

在硫酸铜及氧化铁的形成过程中，由于生成产物的摩尔体积小于反应物的摩尔体积，产物层相对反应核而言是多孔的。所以，可推测反应速率的限制步骤为界面化学反应。

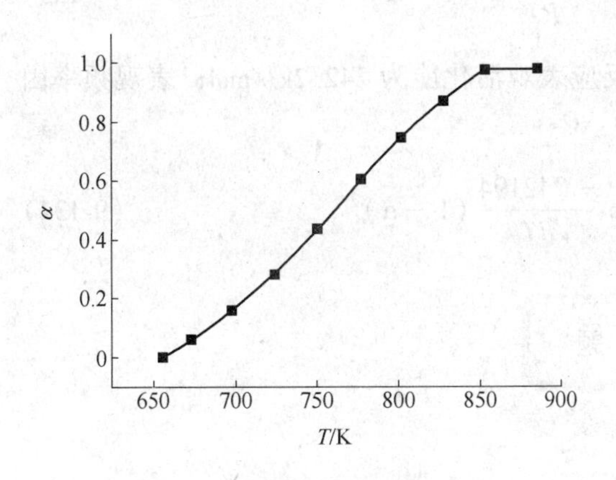

图 9-18　铜精矿的质量增加过程

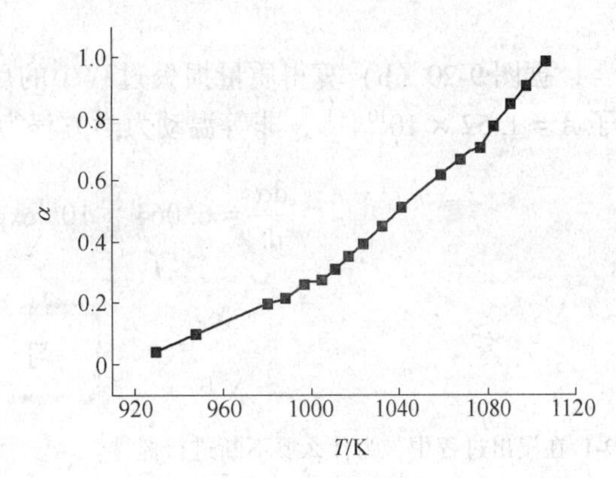

图 9-19　铜精矿质量损失过程

同理，在硫酸铜的分解过程中所生成的产物的摩尔体积也小于反应物的摩尔体积，因而也认为分解过程的速率限制环节为界面化学反应。

当化学反应成为反应过程的控制性环节时，$f(\alpha) = (1 - \alpha)^2$ 或 $F(\alpha) = \dfrac{1}{1 - \alpha} - 1$，故有

$$\ln F(\alpha) = \ln\left(\frac{1}{1 - \alpha} - 1\right) = \ln \frac{AE}{R\beta} - 5.3305 - 1.052\,\frac{E}{RT} \tag{9-132}$$

将转化率数据代入式（9-132），将 $\ln F(\alpha)$ 对 1/T 作图，得到图 9-20。图 9-20 左侧和右侧分别为由化学反应模型处理的铜精矿的质量增加和质量损失过程数据。从中可以看出图中各点基本上都在一条直线上，因此证明了化学反应是这个过程的控制性环节。

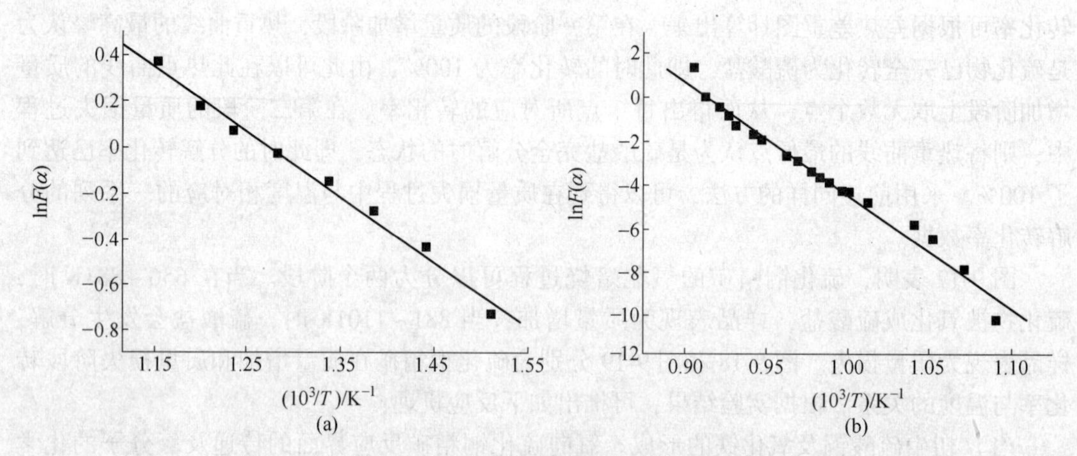

图 9-20 化学反应模型处理的铜精矿质量增加和损失过程数据

（a）质量增加过程数据；（b）质量损失过程数据

根据图 9-20（a）算得在质量增加过程中的反应表观活化能为 159.5kJ/mol，表观频率因子 $A = 1.41 \times 10^{9}\mathrm{s}^{-1}$，非等温动力学方程为：

$$\frac{\mathrm{d}\alpha}{\mathrm{d}t} = 5.664 \times 10^{9} \exp \frac{-159505}{RT} (1-\alpha)^2 \tag{9-133}$$

据图 9-20（b）算得质量损失过程中的反应表观活化能为 242.2kJ/mol，表观频率因子 $A = 1.52 \times 10^{10}\mathrm{s}^{-1}$，非等温动力学方程为：

$$\frac{\mathrm{d}\alpha}{\mathrm{d}t} = 6.064 \times 10^{10} \exp \frac{-242194}{RT} (1-\alpha)^2 \tag{9-134}$$

习 题

9-1 在浸出过程中，为什么要不断进行搅拌？

9-2 以 $1-(1-\alpha)^{\frac{2}{3}}$ 对时间作图，是否为一根直线？

9-3 以铝土矿拜耳法溶出为例，采用此方法研究铝土矿溶出的动力学过程。

9-4 根据气-固相反应动力学研究模型，以铁精矿的煤气还原为例，研究铁精矿煤气还原的动力学过程，并指出强化还原过程的措施。

9-5 根据硫化矿氧化焙烧反应模型，应采取哪些措施来强化氧化焙烧过程？

9-6 在湿法冶金中，电积与电解精炼在概念上有何不同，如何区别，指出它们之间的不同之处。

9-7 在锌电积过程中溶液的主成分会发生什么变化，这些变化对电积会产生什么影响，如何克服？

9-8 在锌电极中由于锌的标准电位较负，为什么锌能优先析出，而氢很少析出？

9-9 在湿法冶金中普遍存在阳极氧，既浪费电能又污染环境，能否克服，如何克服？

9-10 在锌电积生产实践中，怎样进一步降低槽电压，解决析氧浪费能源的问题，从而提高经济效益和社会效益。

9-11 某厂锌电解车间串联 26 个电解槽，其通过的电流为 117500A，总电压为 98.49V，导电板电压降 8.79V，电解 24 小时析出锌产量为 8.113t，求槽电压及电流效率？

9-12 某湿法炼锌厂一列串联 16 个电解槽，每槽有阴极 14 片，阳极 15 片，有效尺寸阴极为 900mm×

540mm×3mm，阳极为745mm×515mm×5mm，共两列，槽电压3.44V，电流密度为420A/m^2，日产锌2.448t，求：

（1）该厂电流效率 η_k；（2）电能消耗 W；（3）全年总产量（按10个月计）。

参 考 文 献

[1] 李洪桂．冶金原理［M］．北京：科学出版社，2005.
[2] 傅崇说．有色冶金原理［M］．北京：冶金工业出版社，1993.
[3] 田彦文，翟秀静．冶金物理化学简明教程［M］．北京：化学工业出版社，2011.
[4] 马荣骏．湿法冶金原理［M］．北京：冶金工业出版社，2007.
[5] 陈家庸．湿法冶金手册［M］．北京：冶金工业出版社，2005.
[6] 翟玉春．冶金动力学［M］．北京：冶金工业出版社，2018.
[7] 查全性．电极过程动力学导论［M］．北京：科学出版社，2002.
[8] 韩其勇．冶金过程动力学［M］．北京：冶金工业出版社，1983.
[9] 华一新．冶金过程动力学导论［M］．北京：冶金工业出版社，2004.
[10] 张廷安，豆志河．宏观动力学研究方法［M］．北京：化学工业出版社，2014.
[11] 赵天从．重金属冶金学（下册）［M］．北京：冶金工业出版社，1981.
[12] 东北工学院．锌冶金［M］．北京：冶金工业出版社，1978.
[13] 罗庆文．有色冶金概论［M］．北京：冶金工业出版社，1986.
[14] 株洲冶炼厂．锌的湿法冶金［M］．长沙：湖南人民出版社，1974.

离子交换法分离铜钴

离子交换法是基于固体离子交换剂与电解质水溶液接触时，溶液中的某种离子与交换剂中的同性电荷离子发生交换作用，结果溶液中的离子进入交换剂，而交换剂中的离子转入溶液中，例如：

$$2\overline{R-H} + Ca^{2+} = \overline{R_2=Ca} + 2H^+$$

$$2\overline{R-Cl} + SO_4^{2-} = \overline{R_2=SO_4} + 2Cl^-$$

上述能与溶液进行阳离子交换的树脂称为阳离子交换剂，能进行阴离子交换的树脂称为阴离子交换剂。由于这种交换作用，就在水溶液相和交换剂相之间建立了动态平衡。

离子交换法由于其工艺简单、对不同离子的分离效果好，因而在冶金、化工领域广泛用于溶液的净化及相似元素的分离，与此同时，在材料制备领域，人们尝试用以制备电池材料，如以 $NaMnO_2$为原料，制备层状 $LiMnO_2$等。

10.1　采用强酸性阳离子交换树脂分离铜钴

实验 10-1　采用强酸性阳离子交换树脂分离铜钴

1. 实验目的

通过实际操作，掌握离子交换技术的实验方法，确定离子交换分离铜、钴的基本曲线和某些参数。

2. 基本原理

在盐酸或硫酸溶液中，铜、钴主要以 Cu^{2+} 和 Co^{2+} 存在，其稳定的 pH 值范围一般为 1~4。根据此特征，显然需采用强酸性阳离子交换树脂才能有效地将 Cu^{2+}、Co^{2+} 吸附。但是，这两种离子的半径（Cu^{2+} 和 Co^{2+} 的半径分别是 0.072nm 和 0.082nm）和选择参数（Cu^{2+} 和 Co^{2+} 的选择系数分别是 3.85 和 3.74）都很相近。因此，仅通过吸附过程很难将它们彼此分离。然而，氨羧配合剂 EDTA 能与该两离子生成配合物，且配合物稳定常数有较大差别。$(Cu\ EDTA)^{2-}$ 和 $(Co\ EDTA)^{2-}$ 的 $\lg K$ 分别为 18.86 和 16.10。可以设想，如果采用离子交换色层法来分离 Cu^{2+} 和 Co^{2+} 从理论上是可行的。即在吸附柱中 Cu^{2+}、Co^{2+} 均被吸附，然后采用 EDTA 溶液进行淋洗，由于 $(Cu\ EDTA)^{2-}$ 比 $(Co\ EDTA)^{2-}$ 的 $\lg K$ 大，所以铜被选择性地先淋洗下来，达到与钴分离的目的。

在 EDTA 淋洗时，铜钴的分离系数可用以下公式计算：

$$\beta'_{Cu/Co}=\frac{D_{Cu}}{D_{Co}}\cdot\frac{\lg K_{Cu}}{\lg K_{Co}}=\beta_{Cu/Co}\cdot\frac{\lg K_{Cu}}{\lg k_{Co}}$$

式中，$\beta_{Cu/Co}$为无配合剂时的分离系数。

吸附和淋洗过程的主要反应为：

吸附：
$$\overline{2R—NH_4}+Cu^{2+}=\!=\!=\overline{R_2Cu}+2NH_4^+$$
$$\overline{2R—NH_4}+Co^{2+}=\!=\!=\overline{R_2Co}+2NH_4^+$$

淋洗：
$$\overline{R_2Cu}+(NH_4)_3HL=\!=\!=\overline{2R—NH_4}+CuL^{2-}+H^++NH_4^+$$
$$\overline{R_2Co}+(NH_4)_3HL=\!=\!=\overline{2R—NH_4}+CoL^{2-}+H^++NH_4^+$$

在淋洗过程中，若以淋出液体积为横坐标，以淋出液金属浓度为纵坐标，则通常有如下的淋洗曲线（见图 10-1）。

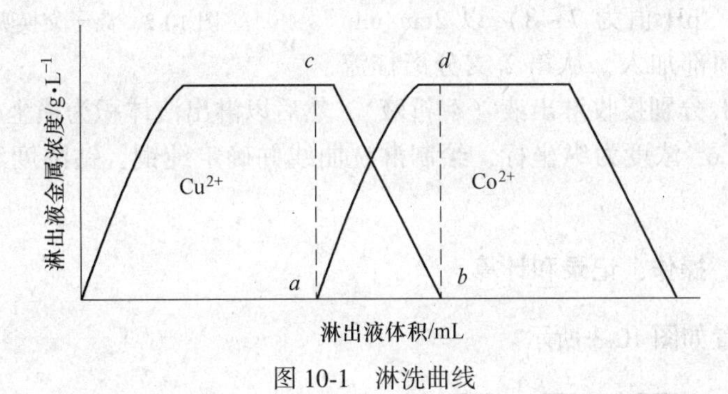

图 10-1 淋洗曲线

图 10-1 中 *abcd* 区域为 Cu^{2+}和 Co^{2+}的重叠区。显然，重叠区愈小则分离愈好，影响重叠区的主要因素有：

（1）淋洗剂的 pH 值和浓度。pH 值大则 Cu^{2+}、Co^{2+}的配合物稳定常数差别减小，不利于分离，且可能导致金属离子水解，pH 值小有利于分离，则 EDTA 以及相应的配合物会结晶析出，pH 值一般以 5~6 为宜。EDTA 浓度高则淋洗速度快，得到的淋出液浓度高，可缩短淋洗周期，但 EDTA 浓度过高，则可能引起配合物的结晶析出。

（2）温度。温度高些则交换速度快，有利于彼此分离，但一般是采用常温淋洗，只有冬天需采取保温措施。

（3）柱形和柱比。柱形是交换柱的直径与柱高之比，一般以 1∶(10~20) 为宜，柱比是指分离柱与吸附直径相同时，分离柱的总高度与吸附柱的总高度之比，一般以 2∶1 为宜。

（4）淋洗剂加入速度。加入速度慢些则有利于分离，一般以 2~3cm/min 线速度为宜。

3. 主要仪器设备和原材料

离子交换柱 ϕ26mm ×350mm；储液下口瓶 2.5L，4 个；烧杯、滴瓶等；$CoCl_2$、$CuCl_2$、氨水、732 型强酸性苯乙烯阳离子交换树脂（能在 pH 值为 0~14 范围内与金属离子进行交换反应）、EDTA（乙二胺四乙酸）。

4. 实验内容

（1）树脂漏穿量的测定。

将185mL湿树脂装入吸附柱中，料液以5cm/min线速度通过树脂层，交后液分别以每份100mL接收，分析交后液中钴、铜浓度，然后以交后液体积为横坐标，以相应每份体积中钴、铜总浓度为纵坐标作图，如图10-2所示。

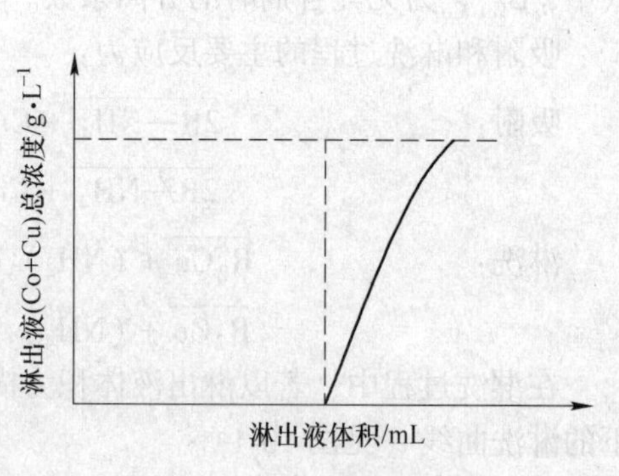

图10-2　离子交换吸附曲线

（2）离子交换色层法分离Cu^{2+}、Co^{2+}。

将已吸附了钴、铜的吸附柱与两支已装载了732铵型树脂的分离柱串联，淋洗剂（0.1mol/L EDTA，pH值为7~8）以2cm/min线速度从吸附柱顶部加入，从第2支分离柱流出，按每份100mL分别接收淋出液（解析液），然后以淋出液体积为横坐标，以相应淋出液体积的Cu^{2+}、Co^{2+}浓度为纵坐标，绘制淋洗曲线并确定纯铜、钴浓度和体积，确定重叠区的体积。

5. 实验装置、操作、记录和计算

（1）实验装置如图10-3所示。

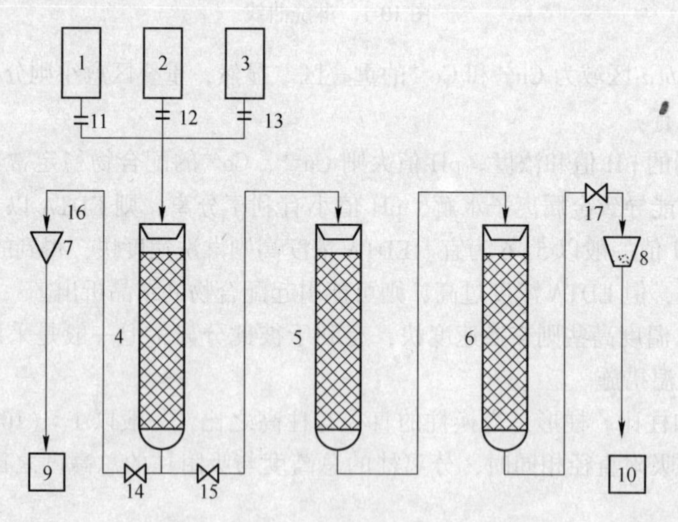

图10-3　离子交换色层法设备连接图

1—料液高位槽；2—纯水高位槽；3—淋洗剂高位槽；4—吸附柱；5，6—分离柱；7，8—漏斗；9，10—流出液接收槽；11~17—阀门

（2）实验操作。

1）树脂转型。因商品732型树脂为Na型，必须用高浓度5~6mol/L HCl将树脂先完全转为H型，再用NH_4Cl溶液将其转为NH_4^+型。

2）料液配制。Co 5g/L、Cu 2g/L，用1∶1 HCl将pH值调至3左右。

3）淋洗剂配制。按 EDTA 0.1mol/L 浓度称取所需量的 EDTA，用水调浆后，在搅拌下加入浓氨水调至 pH 值为 7~8。使 EDTA 转为季铵盐溶液，保证淋洗过程中溶液的 pH 值稳定。

4）吸附柱负责 Cu^{2+}、Co^{2+}。先开阀 12、14 使纯水与吸附柱接通调节阀 16，控制流速为 5cm/min（流出液 26mL/min）。关阀 12，开阀 11 使料液与吸附柱通。交后液以每份 100mL 分别接收，至流出液中出现 Cu^{2+}或 Co^{2+}的颜色为止。关闭阀 11 停止吸附。

5）洗涤。开阀 12，用纯水将未被树脂吸附的滞留液 Cu^{2+}、Co^{2+}洗去，至流出液 pH 值为 5~6 为止，关阀门 11、14。

6）淋洗。先开阀 12、15 使纯水与吸附柱、分离柱接通，调节阀 17，控制流速为 2cm/min（流出液 11mL/min）。关闭阀 12，开阀 13 进行淋洗，淋出液按每份 100mL 分别接收。至流出液无 Cu^{2+}、Co^{2+}为止，关闭阀 13 停止淋洗。

7）洗涤。开阀 12，用纯水洗去树脂层剩余的淋洗液剂，至流出液为中性。

（3）实验记录（见表 10-1）。

表 10-1　实验记录

吸附过程			
吸附柱直径/cm	树脂层高度/cm	湿树脂体积/mL	料液 Co 浓度/$g \cdot L^{-1}$
料液 Cu 浓度/$g \cdot L^{-1}$	料液 pH 值	漏穿时交后液体积/mL	料液流速/$mL \cdot min^{-1}$

淋洗过程								
淋出液单位体积（100mL）序号		1	2	3	4	5	…	n
淋出液浓度/$g \cdot L^{-1}$	Cu							
	Co							

（4）计算。

1）湿树脂漏穿容量计算：

$$Q = \frac{Vc_0}{\overline{V}}$$

式中　Q——树脂漏穿容量，mg/mL；

V——漏穿时流出液总体积，mL；

$\overline{V}$——湿树脂体积，mL；

c_0——料液初始浓度，mg/mL。

2）淋出液中钴、铜纯度和直收率计算：

$$\text{Co 纯度（\%）} = \frac{[\mathrm{Co}]}{[\mathrm{Co}] + [\mathrm{Cu}]'} \times 100\%$$

$$\text{Co 直收率（\%）} = \frac{[\mathrm{Co}]V_1}{[\mathrm{Co}]_0 V_2} \times 100\%$$

$$\text{Cu 纯度（\%）} = \frac{[\text{Cu}]}{[\text{Cu}] + [\text{Co}]'} \times 100\%$$

$$\text{Cu 直收率（\%）} = \frac{[\text{Cu}]V_1'}{[\text{Cu}]_0 V_2} \times 100\%$$

式中　$[\text{Co}]_0$，$[\text{Cu}]_0$——料液中初始浓度，g/L；

$[\text{Co}]$，$[\text{Cu}]'$——钴淋出液中钴、铜浓度，g/L；

$[\text{Cu}]$，$[\text{Co}]'$——铜淋出液中铜、钴浓度，g/L；

V_2——淋出液总体积，mL；

V_1——钴淋出液总体积，mL；

V_1'——铜淋出液总体积，mL。

10.2　采用强碱性阴离子交换树脂分离铜钴

实验 10-2　采用强碱性阴离子交换树脂分离铜钴

1. 基本原理

在盐酸溶液中，铜能与氯形成配合阴离子，并被阴离子交换树脂选择吸附，钴要在 8.5~9mol/L 的盐酸中才能形成大量的 $[CoCl_4]^{3-}$ 配合阴离子。因此，控制盐酸浓度在 7mol/L 以下，利用阴离子交换树脂是可以将钴与铜分开的。

由于铜在盐酸溶液中呈 $[CuCl_2]^-$ 配阴离子，要使溶液中的铜转变成能被阴离子交换树脂吸附的配合阴离子，必须将 Cu^{2+} 还原成 Cu^+。

当含 $[CuCl_2]^-$ 的铜、钴溶液通过阴离子交换树脂床时，$[CuCl_2]^-$ 被树脂吸附，钴未形成配合阴离子不被吸附，随交后液流出，达到净化除钴的目的。树脂床被铜饱和后，用含氧化剂的盐酸溶液进行淋洗，Cu^+ 被氧化成 Cu^{2+}，并从树脂上解吸下来，主要反应为：

还原：　$CuCl_2 + Na_2SO_4 + H_2O \longrightarrow CuCl + HCl + Na_2SO_4$

吸附：　$\overline{R_4Cl} + [CuCl_2]^- \longrightarrow \overline{R_4[CuCl]} + Cl^-$

淋洗：　$\overline{R_4[CuCl]} + NaClO_3 + HCl \longrightarrow \overline{R_4Cl} + CuCl_2 + NaCl + H_2O$

由于树脂层可能吸附 ClO_3，因此应进行再生转型。

2. 主要仪器设备和原材料

离子交换柱 ϕ26mm×350mm；储液下口瓶 2.5L，4 个；烧杯、滴瓶等；电磁搅拌器；$CoCl_2$、$CuCl_2$、Na_2SO_4、$NaClO_3$、Na_2CO_3、717 型强碱性阴离子交换树脂。

3. 实验内容

（1）树脂漏穿容量的测定。

与阳离子交换树脂测定方法相同，但只测铜的漏穿容量。

（2）铜的淋洗曲线测定。

将已吸附 [$CuCl_2$]$^-$ 的交换柱与淋洗剂储瓶串联，淋洗剂（1mol/L HCl + 10g/L $NaClO_3$）以 2cm/min 的线速度进行淋洗，按每份 100mL 分别按吸淋出液，然后以淋出液体积为横坐标，以相应淋出液体积的 Cu^{2+}浓度为纵坐标，绘制淋洗曲线。

（3）溶液中铜、钴的分析。

4. 实验装置、操作、记录和计算

（1）实验装置如图 10-4 所示。

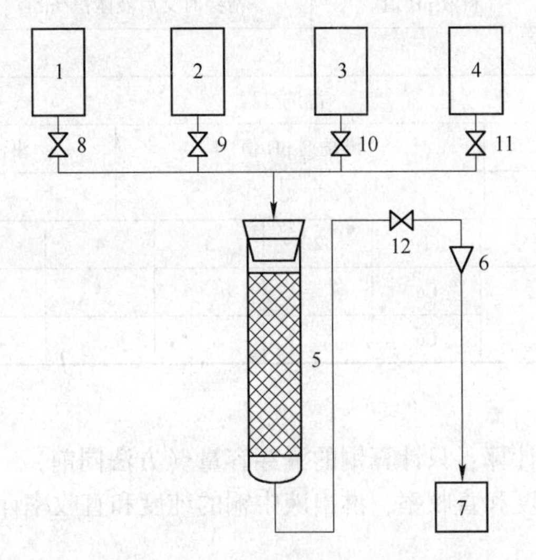

图 10-4　717 型明离子交换设备连接图

1—料液高位槽；2—纯水高位槽；3—淋洗剂高位槽；4—转型剂高位槽；
5—离子交换柱；6—漏斗；7—流出液接收槽；8~12—阀门

（2）实验操作。

1）料液配制。按 Co 2g/L、Cu 1g/L 称取所需的 $CoCl_2$、$CuCl_2$用 1∶1 HCl 调至 pH 值为 1 左右，加 Na_2SO_4 6g/L 搅拌还原 0.5~1h，使 Cu 全部还原成 Cu^+，再用 Na_2CO_3中调至 pH 值为 3~3.5。

2）淋洗剂配制。1mol/L HCl，10g/L $NaClO_3$。

3）转型剂配制。1~2mol/L HCl，10g/L NaCl。

4）树脂处理。树脂用水浸泡，使其充分溶胀，再用 5%氢氧化钠及 5%盐酸浸泡处理，然后用纯水洗至中性，带水装入交换柱中。

5）吸附。开阀 9 调节阀 12 用纯水控制流速为 5cm/min（流出液 26mL/min），关阀 9、开阀 8，使料液与交换柱连接，交换液以每份 100mL 分别接收。用氨水检查，当流出液出现蓝色沉淀，停止进液，关阀 8。

6）水洗。开阀 9，用纯水洗去树脂层未被吸附的铜和钴。洗至流出液，用氨水检查无铜为止。

7）淋洗。调节阀 12，用纯水控制流速为 2cm/min（流出液 11mL/min），关阀 9、开阀 10，进行淋洗，淋出液按每份 100mL 分别接收，进行铜、钴含量分析，淋洗至淋出液用氨水检查无铜为止，关阀 10，开阀 9 调节流速为 5cm/min，水洗至 pH 值为 3 左右。

8）转型。关阀 9，开阀 11 使树脂完全转成氯型，最后水洗至 pH 值为 3 左右，备用。

（3）实验记录。

表 10-2　实验记录

<table>
<tr><td colspan="8">吸附过程</td></tr>
<tr><td colspan="2">交换柱直径/cm</td><td colspan="2">树脂层高度/cm</td><td colspan="2">湿树脂体积/mL</td><td colspan="2">料液 Co 浓度/g · L^{-1}</td></tr>
<tr><td colspan="2"></td><td colspan="2"></td><td colspan="2"></td><td colspan="2"></td></tr>
<tr><td colspan="2">料液 Cu 浓度/g · L^{-1}</td><td colspan="2">料液 pH 值</td><td colspan="2">滑穿时交后液体积/mL</td><td colspan="2">料液流速/mL · min^{-1}</td></tr>
<tr><td colspan="2"></td><td colspan="2"></td><td colspan="2"></td><td colspan="2"></td></tr>
<tr><td colspan="8">淋洗过程</td></tr>
<tr><td>淋洗剂浓度/g · L^{-1}</td><td colspan="4">淋洗剂 pH 值</td><td colspan="3">淋洗剂流速/mL · min^{-1}</td></tr>
<tr><td></td><td colspan="4"></td><td colspan="3"></td></tr>
<tr><td>淋出液单位体积（100mL）序号</td><td>1</td><td>2</td><td>3</td><td>4</td><td>5</td><td>…</td><td>n</td></tr>
<tr><td rowspan="2">淋出液浓度/g · L^{-1}</td><td>Cu</td><td></td><td></td><td></td><td></td><td></td><td></td></tr>
<tr><td>Co</td><td></td><td></td><td></td><td></td><td></td><td></td></tr>
</table>

（4）计算。

1）湿树脂漏穿容量计算：只计算铜的漏穿容量（方法同前）。

2）交后液中钴的纯度和直收率，淋出液中铜的纯度和直收率计算（方法参考前面）。

5. 实验报告编写

（1）简述阳离子交换树脂分离铜、钴或阴离子交换树脂分离铜、钴的原理。

（2）作淋洗曲线。

（3）实验结果讨论。

习　题

10-1 离子交换树脂是一类带有功能基的网状结构高分子化合物，其结构的组成部分包括哪些部分？

10-2 按树脂功能基的类别，离子交换树脂可分为哪几类？

10-3 为什么在强酸性阳离子交换树脂上，离子交换亲和力的顺序为 $Li^+<Na^+<K^+<Rb^+<Cs^+$，而在弱酸性阳离子交换树脂上此顺序刚好相反呢？

参 考 文 献

[1] 李洪桂．冶金原理 [M]．北京：科学出版社，2005.

[2] 田彦文，翟秀静．冶金物理化学简明教程 [M]．北京：化学工业出版社，2011.

[3] 马荣骏．湿法冶金原理 [M]．北京：冶金工业出版社，2007.

[4] 清水博．离子交换树脂 [M]．上海：科学技术出版社，1960.

[5] 何炳林，黄文强．离子交换与吸附树脂 [M]．上海：上海科技教育出版社，1995.

[6] 钱宝庭，刘维琳．离子交换树脂应用手册 [M]．天津：南开大学出版社，1989.

萃取分离系数的测定

11.1 萃取的有关基本概念

利用有机溶剂从与其不相混溶的液相中把某种物质提取出来的方法称为有机溶剂萃取法，简称溶剂萃取法。溶剂萃取最早只用在分析化学领域。在提取冶金领域，由于溶剂萃取具有平衡速度快、分离效果好、处理能力大、金属回收率高以及容易实现自动化操作等特点，在20世纪中叶就已发展成为分离提纯金属的一种重要手段。20世纪60年代前它还仅用于价格较高的金属，如铀、稀土、钽、铌等的提纯与分离。随着新型萃取剂的合成和各种高效率的萃取设备的开发，溶剂萃取技术已大规模用于提取钨、钼、铜、镍、钴等金属。如今，元素周期表中绝大部分元素都可以采用溶剂萃取技术进行分离和提纯，而且正在逐步应用于废水处理等领域。因此研究萃取过程的热力学有重要意义。

（1）萃取。利用有机溶剂从与其不相混溶的液相中把某种物质提取出来的方法称为有机溶剂液-液萃取，简称溶剂萃取法。它是一种把物质从一个液相中转移到另一个液相的过程。

（2）萃取剂。萃取剂是一种有机试剂，它能与被萃取物发生作用，生成一种不溶于水相而溶于有机相的化合物，从而使被萃取物从水相转入有机相。如P204就是一种萃取剂。

（3）稀释剂。为了改变有机相的物理性质，如密度、黏度等而加入的一种有机溶剂。而又不与被萃物发生作用，故又称惰性溶剂。

（4）萃合物。萃取剂与被萃物发生作用而形成的化合物。它难溶于水相而易溶于有机相。

（5）被萃取物，原先溶于水相而后被有机相萃取的物质。

（6）萃余液与萃取液。萃取分层后，所得水相称萃余液，而含有被萃取物的有机相称为萃取液（又称负载有机相）。

（7）反萃及反萃剂。用一种水溶液（酸、碱、盐等）使被萃取物从萃取液中重新转入水相的过程叫反萃取，反萃取所用的水溶液称为反萃剂。

（8）分配比与分离系数。萃取达到平衡后，被萃取物在有机相中的总浓度与其在水相中的总浓度之比称为分配比，常用D表示。

$$D = \frac{c_{有总}}{c_{水总}}$$

在同一萃取体系内，同样条件下A、B两种物质的分配比的比值称为这两种物质的分离系数。用β表示。$\beta = D_A / D_B$，由D的计算公式可知：D的大小表示该物质从水相转入有机相的能力大小，D越大，则该物质越容易进入有机相，即越容易被萃取。因此$\beta_{A/B}$的大小就表示两种物质进入有机相的能力差别的大小。$\beta_{A/B}$越大，则$D_A>D_B$，即 A 物质比 B 物质更易进入有机相，反之亦然。因此，$\beta_{A/B}$的大小也就表示两种物质可分离程度的大小。$\beta_{A/B}>1$或$\beta_{A/B}<1$，则 A、B 两物质可分离，$\beta_{A/B}=1$则无法分离。所以，D_A、D_B、$\beta_{A/B}$是萃取过程中几个很重要的参数，要想萃取分离 A、B 两种物质，首先就必须测定D_A、D_B及$\beta_{A/B}$的大小。

11.2　P204 萃取 Co、Ni 的分离系数

实验 11-1　P204 萃取 Co、Ni 的分离系数的测定

1. 基本原理

P204 是二（2-乙基己基）磷酸的代号，在国外简写为 HDEHP，它是一种酸性萃取剂，其结构式如下：

```
                                  C2H5
                                   |
CH3—CH2—CH2—CH2—CH—CH2—O      O
                                            \   //
                                              P
                                            /    \
CH3—CH2—CH2—CH2—CH—CH2—O      OH
                                   |
                                  C2H5
```

萃取时，P204 的—OH 基上的氢离子可与被萃取物（金属离子）的阳离子发生交换反应。其结果是，水相中的金属阳离子进入有机相，P204 的氢离子进入水相。如用 HA 表示 P204，则反应如下：

$$Co^{2+}_{水} + 2HA_{有} \rightleftharpoons CoA_{2有} + 2H^{+}_{水}$$

在本试验中，P204 对 Co 的萃取能力大于 Ni。因此，进入有机相的主要是 Co，而进入有机相的 Ni 较少。

$$HA_{有} + NaOH_{水} \rightleftharpoons NaA_{有} + H_2O_{水}$$

由于 P204 萃取Co^{2+}、Ni^{2+}时放出H^+，因而随着萃取的进行，水相中的酸性变强，以致不能保持萃取 Co 所需的最佳 pH 值范围。为了不使萃取过程中水相的酸度增加过大，而有利于萃取反应的进行，故萃取前必须对 P204 进行皂化。即用碱中和 P204，使其全部或部分变成盐以维持萃取时水相一定的 pH 值范围，皂化剂可用 NaOH 或NH_4OH，本实验用 NaOH，皂化过程的反应如下：

$$HA_{有} + NaOH_{水} \rightleftharpoons NaA_{有} + H_2O_{水}$$

P204 的皂化率取 60%，即 P204 的 60%为 NaOH 所中和。

P204 是中等强度的弱酸，pKa = 3.5（25℃），所以 P204 的金属盐与强酸如H_2SO_4、HCl、HNO_3等作用时，P204 的金属盐发生水解，P204 以游离的形式被析出，而金属离子则重新转入水相，该过程就是反萃。本试验用 1.5mol/L H_2SO_4、反萃

$$CoA_{2有} + H_2SO_{4水} \rightleftharpoons 2HA_{有} + CoSO_{4水}$$

从而在水相中得到了较纯的 Co 溶液。

2. 所用仪器、设备

仪器：分液漏斗（60mL）、移液管（2mL、10mL、20mL）、酸式滴定管（50mL）、锥形瓶（250mL）、烧杯（25mL、50mL、500mL）、漏斗架、定性滤纸、量筒、恒温水浴、电炉、滴定架、康氏振荡器、洗瓶、漏斗、滴瓶。

药品：盐酸（1∶1、2∶1）、H_2SO_4（1.5mol/L）、氨水（浓、1∶1）、Co和Ni混合溶液（c(Co)≈12g/L，c(Ni)≈2g/L，pH值约为6）、醋酸-醋酸钠缓冲溶液（pH值约为6）、$CuSO_4$标准溶液（约0.02mol/L）、EDTA标准溶液（约0.025mol/L）、氯化铵（30%）、丁二酮肟乙醇溶液（1%）、PAN指示剂（0.1%乙醇溶液）、紫脲酸铵指示剂（紫脲酸铵与NaCl之比为1∶100的固体混合物研细混匀）、刚果红试纸、20%P204一磺化煤油溶液。

3. 实验操作

（1）有机相的配制及皂化。

P204 20mL用80mL的磺化煤油稀释，混合均匀，再用5.8mL 250g/L的NaOH溶液中和摇匀分相，将水相弃去即可（此溶液皂化率达60%，P204相对分子质量为322.43，25℃时的密度为0.9700g/mL）。

（2）萃取和反萃取。

在60mL的分液漏斗中，用移液管准确加入已皂化的20% P204一磺化煤油溶液20mL，再加入钴镍混合溶液20mL，将分液漏斗放在康氏振荡器上振荡5min，然后取下放在漏斗架上，静置至有机相与水相完全分层后，将下层萃余液慢慢放入25mL小烧杯中，留作分析用。再向分液漏斗中加入1.5mol/L H_2SO_4 20mL进行反萃，同样将分液漏斗放在振荡器上振荡约5min，取下放在漏斗架上，观察有关现象。

（3）萃余液的分析。

1）钴镍总含量的分析。

取2mL萃余液于250mL锥形瓶内加入约20mL去离子水，放入一小片刚果红试纸，用1∶1 HCl和1∶1氨水调至刚果红试纸呈紫红色加入醋酸-醋酸钠缓冲溶液20mL。混匀，用移液管准确加入20mL 0.025mol/L的EDTA标准溶液，在电炉上加热煮沸约3min，取下，滴加0.1%PAN指示剂20~25滴，使溶液呈亮黄色，用$CuSO_4$标准溶液滴定至黄色变为紫红色为终点。

2）镍含量的分析。

取150mL蒸馏水或去离子水于500mL烧杯中，加热至沸，用移液管准确加入萃余液2mL，在搅拌下加30%氯化铵溶液10mL、1%丁二酮肟乙醇溶液35mL，然后滴加浓氨水至微氨性，将镍沉淀完全，在恒温水浴中保温30min，用定性滤纸过滤，用热水洗表面皿及烧杯壁2~3次，洗沉淀7~8次，然后用2∶1热HCl（约20mL）将漏斗中沉淀溶解，溶液用原烧杯接取，用热水纯净滤纸（8~9次），在烧杯上加盖表面皿及杯壁，冷却，放入一小片刚果红试纸，用浓氨水调至刚果红试纸呈紫红色，加水至100mL，加浓氨水2~3mL，紫尿酸铵指示剂约0.2g（溶液呈橙黄色）以EDTA溶液滴定至玫瑰红色即为终点。

4. 数据记录

（1）钴镍总量的分析。

1）EDTA 标准溶液对 Co、Ni 的滴定度 T_{Ni} 和 T_{Co}：

$$T_{Ni}=\frac{n_{Ni}}{V_{EDTA}}\quad T_{Co}=\frac{n_{Co}}{V_{EDTA}}$$

2）K 值：$CuSO_4$标准溶液 1mL 相当于 EDTA 标准溶液的毫升数。

3）加入 EDTA 标准溶液的毫升数 V_0，mL。

4）吸取试液毫升数 V_2，mL。

5）滴定消耗 $CuSO_4$ 标准液毫升数，V_i。

（2）镍含量分析。

1）EDTA 标准溶液对 Ni 的滴定度 T_{Ni}，同上。

2）吸取试液体积，V_2'。

3）滴定消耗 EDTA 标准溶液体积，V_1'。

5. 数据处理

计算萃取料液中［Co］$_{原}$和［Ni］$_{原}$。

萃余液 Co、Ni 浓度：

$$c_{Ni}=\frac{T_{Ni}\times V_1'}{V_2'}\times 1000\ (\text{mol/L})$$

$$c_{Ni}(\text{g/L})=c_{Ni}(\text{mol/L})\times \mathrm{M}_{Ni}\ (\mathrm{M}_{Ni}\text{为 Ni 的相对原子质量})$$

$$c_{Co+Ni}=\frac{T_{Ni}(Co)\times(V_0-KV_1)}{V_2}\times 100\ (\text{mol/L})$$

$$c_{Co}=c_{(Co+Ni)}-c_{Ni}\quad(\text{mol/L})$$

$$c_{Co}(\text{g/L})=c_{Co}(\text{mol/L})\times \mathrm{M}_{Co}\ (\mathrm{M}_{Co}\text{为 Co 的相对原子质量})$$

$$D_{Co}=\frac{[Co]_{原}-[Co]_{萃余}}{[Co]_{萃余}}$$

$$D_{Ni}=\frac{[Ni]_{原}-[Ni]_{萃余}}{[Ni]_{萃余}}$$

$$\beta_{Co/Ni}=\frac{D_{Co}}{D_{Ni}}$$

注：（1）EDTA 的二钠盐的结构式如下：

```
NaOOCH2C                    CH2COOH
        \                  /
         N—CH2—CH2—N
        /                  \
NaOOCH2C                    CH2COOH
```

简写为 Na_2H_2Y'，它与 Co^{2+}、Ni^{2+}、Cu^{2+}形成 1∶1 配合物：

$$H_2Y^{2-}+M^{2+}(Co^{2+},Cu^{2+})\rightleftharpoons MY^{2-}+2H^+$$

（2）PAN 是一种金属指示剂，结构式如下：

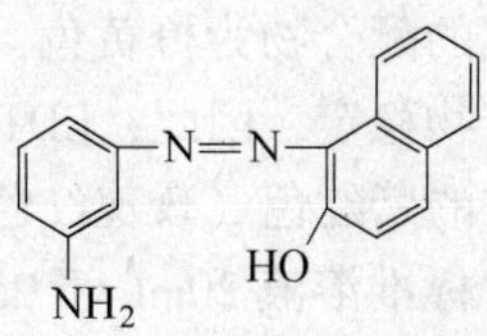

N=N
NH_2
HO

在 pH 值为 1.9～12.2 范围内，它本身呈亮黄色，它与 Cu^{2+} 形成的配合物呈红色。EDTA 与 Cu^{2+} 的配合物的稳定性大于 PAN 与 Cu^{2+} 配合物的稳定性。因此，用 $CuSO_4$ 滴定时，Cu^{2+} 首先与溶液中过量的 EDTA 配合，当 EDTA 全部配合完后，Cu^{2+} 开始与 PAN 配合。

（3）丁二酮肟结构式为：

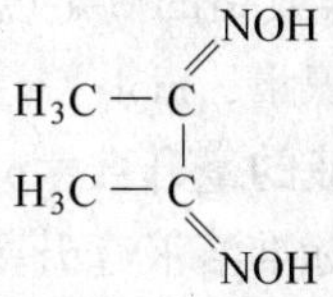

$$\begin{array}{l} H_3C-C{=}NOH \\ \quad\quad\;\; | \\ H_3C-C{=}NOH \end{array}$$

在氨性介质中它与 Ni^{2+} 形成难溶于水的配合物（红色沉淀）。

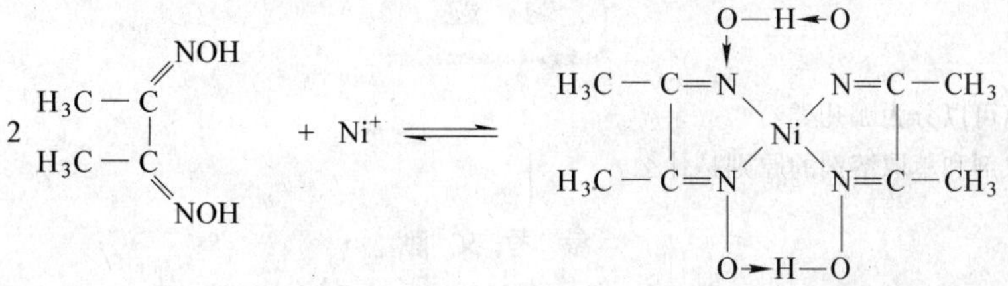

$$2\begin{array}{l} H_3C-C{=}NOH \\ \quad\quad\;\; | \\ H_3C-C{=}NOH \end{array} + Ni^{+} \rightleftharpoons \begin{array}{c} O-H\leftarrow O \\ H_3C-C{=}N \quad N{=}C-CH_3 \\ Ni \\ H_3C-C{=}N \quad N{=}C-CH_3 \\ O\rightarrow H-O \end{array}$$

此反应对 Ni 具有专属性，从而可将 Ni 从 Co、Ni 混合溶液中沉淀出来，以便分析 Ni。用盐酸溶解 Ni 沉淀时，反应如下：

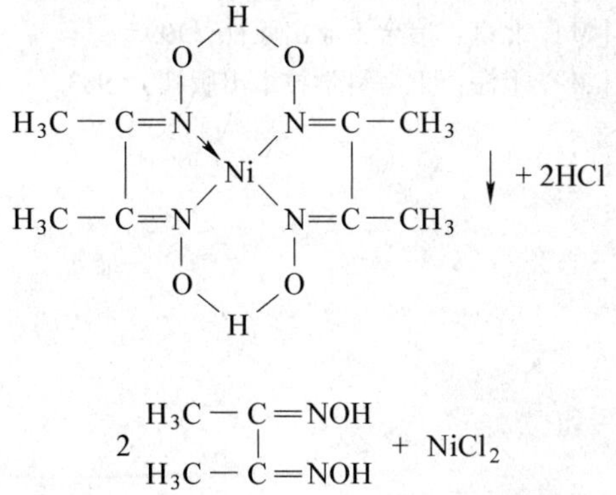

$$\begin{array}{c} H \\ O \quad\quad O \\ H_3C-C{=}N \quad N{=}C-CH_3 \\ Ni \\ H_3C-C{=}N \quad N{=}C-CH_3 \\ O \quad\quad O \\ H \end{array}\downarrow + 2HCl$$

$$2\begin{array}{l} H_3C-C{=}NOH \\ \quad\quad\;\; | \\ H_3C-C{=}NOH \end{array} + NiCl_2$$

（4）紫脲酸铵是一种金属指示剂，其结构式为：

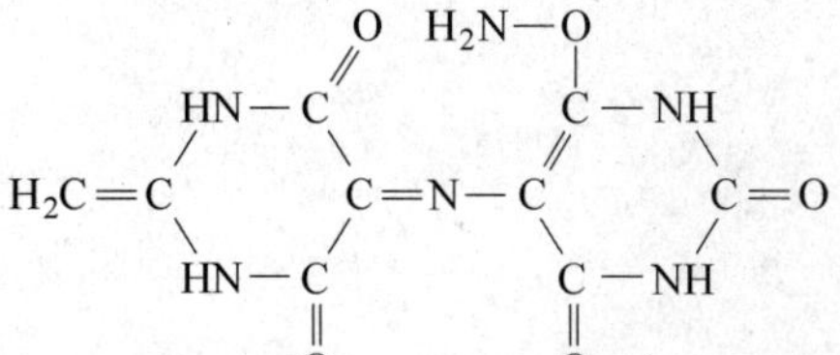

$$\begin{array}{c} O \quad\quad H_2N-O \\ HN-C \quad\quad C-NH \\ H_2C{=}C \quad\quad C{=}N-C \quad\quad C{=}O \\ HN-C \quad\quad C-NH \\ O \quad\quad\quad O \end{array}$$

它本身为紫红色，与 Ni^{2+}形成的配合物为橙黄色，EDTA 滴定时，因为 EDTA 与 Ni^{2+}的配合物比紫脲酸铵与 Ni^{2+}的配合物稳定，因此，EDTA 夺取 Ni^{2+}配合之，将紫脲酸铵置换出来，溶液也就呈现出紫脲酸铵的紫红色（玫瑰红色）。

（5）K 值的测定：吸取 EDTA 标准溶液 20mL 于 250mL 锥形瓶中，滴加氨水（1∶1）2 滴，加醋酸-醋酸钠缓冲溶液 20mL，以下按钴镍容量测定的分析步骤操作。

（6）EDTA 标准溶液的标定：准确吸取已知浓度的镍标准溶液 20mL 于 250mL 锥形瓶中，按钴镍含量的分析步骤操作：

$$T_{Ni(Co)} = \frac{W}{V_1 - KV_2}$$

式中　$T_{Ni(Co)}$——EDTA 标准溶液对镍或钴的滴定度，mol/mL；

W——吸取镍标准溶液含镍量，mol；

V_1——加入 EDTA 标准溶液的毫升数，mL；

V_2——滴定消耗的硫酸铜标准溶液毫升数，mL；

K——硫酸铜标准溶液每毫升相当于 EDTA 标准溶液的毫升数，mL。

11-1 萃取分离可以分为哪几类？

11-2 选择萃取剂和萃取溶剂的原则是什么？

参 考 文 献

[1] 李洪桂．冶金原理［M］. 北京：科学出版社，2005.

[2] 田彦文，翟秀静．冶金物理化学简明教程［M］. 北京：化学工业出版社，2011.

[3] 马荣骏．湿法冶金原理［M］. 北京：冶金工业出版社，2007.

[4] 杨佼庸，刘大星．萃取［M］. 北京：冶金工业出版社，1995.

[5] 徐光宪．萃取化学原理［M］. 上海：上海科学技术出版社，1983.

铝土矿的加压溶出

实验 12-1 铝土矿的加压溶出

1. 实验目的

本实验的目的在于通过铝土矿溶出过程了解高压水热实验设备及作业步骤。掌握高压溶出的实验操作技术和铝酸钠溶液的分析方法。

2. 基本原理

溶出是拜耳法生产氧化铝的重要工序，由铝土矿和循环母液（或苛性碱溶液）并添加适量石灰所组成的矿浆在高压容器内加热溶出。

铝土矿溶出过程中的主要反应如下：

$$Al_2O_3 \cdot (1 \sim 3)H_2O + 2NaOH = 2NaAlO_2 + (2 \sim 4)H_2O$$

铝土矿中的氧化铝水合物的溶出性能因其矿物形态、化学组成和组织结构不同而异，铝土矿的溶出条件也各不相同，矿石中的含硅矿物最终通过各种途径反应成为水合铝硅酸钠（$Na_2O \cdot Al_2O_3 \cdot 1.7SiO_2 \cdot nH_2O$）及水化石榴石（$3CaO \cdot Al_2O_3 \cdot xSiO_2 \cdot (6-2x)H_2O$）。在加石灰的情况下，钛矿物在较高温度下反应成为水合钛酸钙（$CaO \cdot TiO_2 \cdot nH_2O$）等，铁矿物一般不与碱溶液反应，它与上述硅酸钛矿物的反应产物同组成赤泥残渣，溶出后的料浆在分离残渣后，便是用以制取氢氧化铝的铝酸钠溶液。图 12-1 为实验流程图。

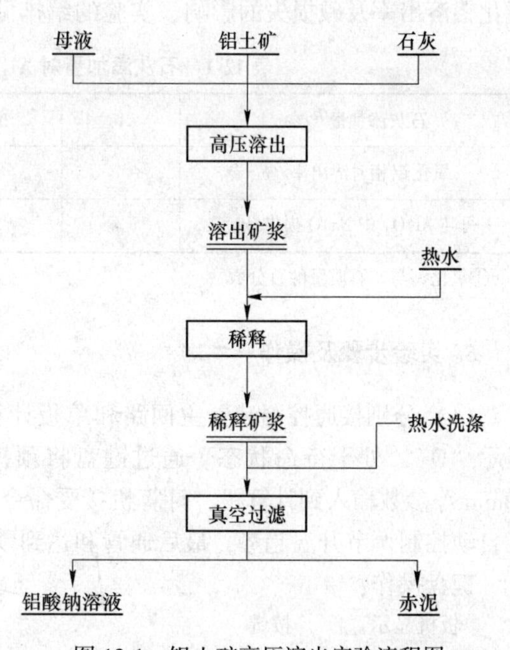

图 12-1 铝土矿高压溶出实验流程图

3. 实验方法与仪器设备

实验在以熔盐为加热介质的 XYF-ϕ44×6 钢弹型高压釜中进行，釜体容积为 150mL，每个实验取 100mL 母液连同要求数量的铝土矿。石灰和起搅拌作用的 4 个 8mm 的小钢珠一并加入钢弹釜中，然后将钢弹釜装到熔盐浴内的框架上并随之转动而使其中的物料得到搅拌和加热。

设备采用Z80-单板计算机自动控温和计算，控温精度为±0.5℃，当实验到达规定的反应时间后，将钢弹釜取出置于冷水中冷却。稀释后的矿浆用真空过滤分离液，固相经充分洗涤后放入干燥箱烘干，液相经稀释定容后分析。图12-2为实验流程设备连接图。

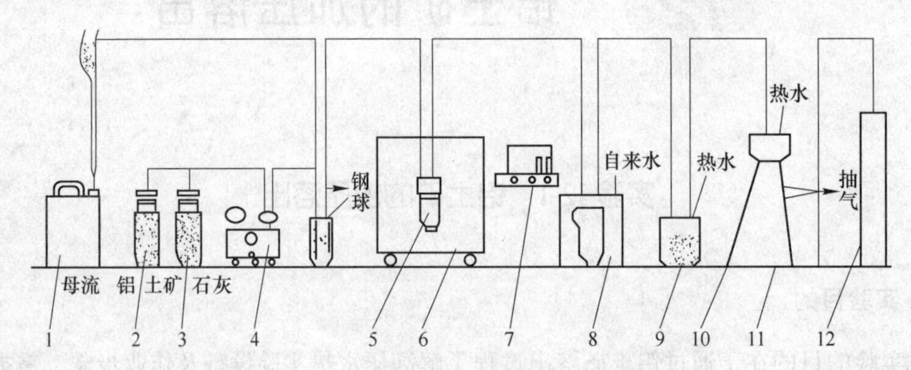

图12-2　铝土矿高压溶出实验流程仪器设备连接图

1—塑料桶；2，3—矿样瓶；4—扭力天平；5—钢弹釜；6—XYF-6×ϕ44高压溶出实验装置；7—控温和计时装置；8—钢弹釜冷却系统；9—洗涤系统；10—ϕ100m/m瓷漏斗；11—500mL抽滤瓶；12—500mL量筒

4. 实验条件及内容

实验以我国用于生产的一水硬铝石型铝土矿为原料，在溶出条件：循环母液N_k = 250g/L，a_k = 3.2，溶出温度250℃，配料a_k = 1.6，溶出时间1.5h下，考虑石灰添加量对氧化铝溶出率及碱损失的影响，实验的编排见表12-1。

表12-1　石灰添加量对Al_2O_3溶出率及碱损失的影响

石灰添加量[①]/%	1	3	6	8	10	13
氧化铝相对溶出率/%						
每吨Al_2O_3中Na_2O损失/kg						

①氧化钙与矿石质量的百分数。

5. 实验步骤及操作

（1）分别接通控温装置主回路和单板计算机电源，旋转绿色启动按钮，此时单板机显示“O”，处于待命状态。通过键盘将预提高温度12℃、溶出温度260℃、溶出时间90min等参数输入到计算机，计算机接受命令后控制熔盐浴全速升温，在接近预定温度前能自动控制调节升温趋势，最后通管和达到预定的温度，等待溶出实验的进行。

键盘操作：

单板机显示	按键	
0	12	按完12后显示“1”
1	02	
2	60	“0260”为温度
3	00	
4	90	“0090”为时间

(2) 配料计算:

铝土矿和循环母液的化学组成见表12-2。

表 12-2 铝土矿和循环母液的化学组成

铝土矿的化学组成/%						
Al_2O_3	SiO_2	Fe_2O_3	TiO_2	CaO	灼减	A/S

循环母液的组成/$g \cdot L^{-1}$			
$Na_2O_{苛}$	$Na_2O_{碳}$	Al_2O_3	a_k

配料计算的目的是要确定100mL母液应该入矿石的质量 Q，以及观察在规定的实验条件下的溶出效果（溶出率），计算可按以下公式进行。

$$Q = 10(n - 0.608a\alpha_{配})/0.608[\alpha_{配}(A - S) + S](g)$$

式中，$\alpha_{配}$称为配料分子比，是指矿石中全部氧化铝除去与全部氧化硅结合水合铝硅酸钠进入溶液时，溶液所保持的氧化钠与氧化铝的分子比；n 及 a 分别为循环母液中的 $Na_2O_{配}$和 Al_2O_3浓度，g/L；A 及 S 分别为铝土矿中的 Al_2O_3和 SiO 含量,%；0.608 为 Na_2O 与 Al_2O_3 的相对分子质量的比值，即62/102。

(3) 溶出实验操作:

按计算质量称取铝土矿和石灰，加入钢弹釜内，用移液管吸取100mL循环母液注入釜内，同时用玻璃棒搅拌均匀，注意不要将母液全部注完，要留有适量的母液洗玻璃棒上黏附的矿浆，然后往釜内加入4粒 ϕ8mm钢球，以增强料浆在溶出时的搅拌。为了保证钢弹釜的密封性能，在装好物料之后，一定要用绒布将釜体和密封顶盖的密封锥面部分擦拭干净。再依次装上密封盖和平面轴承。顶盖一定要装得平正，再用毛刷分别给平面轴承和釜体螺纹部分加润滑机油，然后用手将大螺母慢慢拧紧，最后用扳手拧紧。

当熔盐到达预控的湿度时，将装好矿浆的钢弹釜全部装到运载框架上并记下钢弹釜的序号（或它们在框架上的位置）。然后操纵框架潜入熔盐，启动电机带动框架回转并观察温度的下降情况，一般是经过6~3min，熔盐温度降至溶出实验温度，此时启动“溶出”按键，计算机会自动控温和计时，当听到计算机发出到达溶出时间的信号时，停止框架的回转，将钢弹釜取出浸入冷水中冷却，冷到常温才能开釜。

(4) 矿浆的稀释、分离和泥渣的洗涤操作:

钢弹釜打开后，将釜内料浆注入500mL烧杯中，随即用50mL沸水稀释，趁热过滤分离泥渣，再用洗涤瓶盛200mL沸水洗涤有关黏附料浆的容器表面和泥渣，应该保证将泥渣中夹带的铝酸钠溶液全部洗入滤液。

在泥渣分离和洗涤时，要控制抽气量，以防止滤纸抽破，造成泥渣穿漏或滤饼开裂；影响洗涤效果。洗涤完毕，计算出滤液的体积，然后取样分析溶液中 Al_2O_3、$Na_2O_{苛}$及 $Na_2O_{碳}$的含量。

6. 试样的制备与主要元素的分析方法

铝土矿经磨细、碎粒度小于3mm以后，送球磨机湿磨20min左右，湿矿浆经滤干，干燥除去其全部物理水后，放干燥器内储存、取样做粒度筛析和做化学成分分析。

实验所用母液是用化学纯氢氧化钠和化学纯碳酸钠与工业氢氧化铝配制而成，一般是经过分析调整和再分析等过程最后制出符合实际要求的母液，母液用带密封盖的塑料容器储存。

石灰为分析纯（或化学纯），为保证氧化钙的化学活性，需在 300℃下煅烧 2h。然后经研磨至-0.074mm，封存于密闭容器里。

7. 安全措施及注意事项

（1）本实验是在高温高压高浓度下进行的，务必严格遵守作业规程，保证安全。

在往框架上装卸钢弹盖和开启钢弹釜时，一定要戴好防护眼镜和手套，以免灼伤，钢弹釜一定要冷到 100℃以下才能拧开。

（2）固体物料的称量和溶液的计算一定要做到准确无误，不然就会造成实验报废。

（3）认真做好原始数据的记录。

8. 对实验报告的要求

（1）简述实验的基本原理、主要设备及其操作。

（2）根据矿石数量和组成与浸出液体积及浓度计算出 Al_2O_3的相对溶出率，同时计算出 1t 氧化铝的 $Na_2O_{苛}$ 损失量（kg），并结合不同石灰添加量的实验结果进行比较和分析，阐述石灰的作用及其影响。

参 考 文 献

[1] 杨重愚．氧化铝生产工艺学［M］．北京：冶金工业出版社，1981.
[2] 毕诗文．氧化铝生产工艺［M］．北京：化学工业出版社，2006.
[3] 毕诗文．铝土矿的拜耳法溶出［M］．北京：冶金工业出版社，1996.

第3篇

仿真与模拟篇

冶金原料制备过程仿真训练

传统的冶金原料制备过程生产工艺主要包括：破碎、磨矿、分选、脱水等过程，其中分选工艺包括重力分选、磁场分选、电场分选、浮选、化学分选等。本书中的分选工艺以国内某选矿厂的浮选工艺为开发原型，严格遵循现场操作规程要求，进行生产仿真。

13.1　碎矿和磨矿

粉碎是将大块物料在机械力作用下粒度变小的过程。根据颗粒粉碎过程中所形成的产品粒度特征以及所用粉碎设备施力方式的差别，通常将物料粉碎分为四个阶段：破碎、磨矿、超细粉碎和超微粉碎。在不同的行业中粉碎作业的目的是不同的，譬如水泥、建筑等行业只对粒度及粒度组成有要求，但在矿物加工行业中，被粉碎物料的有用组分和非有用组分或有用组分之间通常是紧密连生在一起的，而用物理选矿方法要将有用组分和非有用组分分离，首先必须使连生在一起的有用组分和非有用组分进行解离。同时，由于各种矿物分选方法对物料的分离粒度有一定范围，因此矿物加工过程中，粉碎的物料粒度应尽可能地不低于分选过程中所能回收的粒度下限，不“过粉碎”。

在矿石粉碎产品中，有些颗粒只含有一种矿物，称为单体解离粒；另一些颗粒两种或两种以上矿物连生在一起，称为连生粒。矿石粉碎后，某矿物的单体解离度定义为：物料群中，某矿物的单体解离颗粒数占该粒群中含有该矿物的颗粒总数的百分数。

$$C = \frac{A}{A + B} \times 100\%$$

式中　C——某矿物的单体解离度；

　　　A——该矿物的单体解离粒子个数；

　　　B——含有该矿物的连生粒子个数。

在冶金原料制备过程中涉及的粉碎工艺主要有破碎和磨矿。破碎可分为粗碎、中碎和细碎。磨矿可分为一段磨矿和二段磨矿。粗碎破碎机主要有颚式破碎机和旋回破碎机两种，本章节中介绍的粗碎机为颚式破碎机。颚式破碎机出现于1858年，由于具有构造简单、高度小、质量轻、工作可靠、制造容易、维修方便等优点，在冶金矿山、非金属矿山、建筑材料、化工及其他工业部门广泛应用。不同于粗碎机，用于中碎和细碎的破碎机种类较多，如颚式破碎机、圆锥破碎机、锤式破碎机、反击式破碎机、辊式破碎机和高压辊磨机等。本章节中中碎机和细碎机均采用圆锥破碎机。

13.1.1　破矿

矿物加工过程中的破矿界面如图13-1所示。本章节中破矿工艺分为粗碎、中碎和细碎，其操作步骤如下。

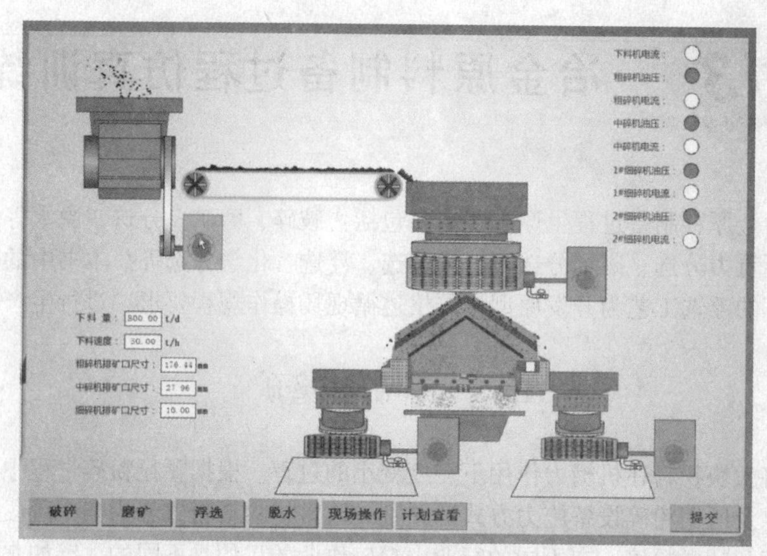

图 13-1 破矿操作界面

(1) 启动粗碎机。在破矿操作界面，点击粗碎机电机图标，弹出粗碎机控制面板(见图 13-2)，点击“工作油泵”按钮，启动油泵，点击“老虎口开”按钮，启动动颚，点击“板式启动”按钮，启动下料。如要停止粗碎机，点击“板式启动”按钮，停止下料，点击“老虎口关”按钮，关闭动颚，点击“工作油泵”按钮，关闭工作油泵。

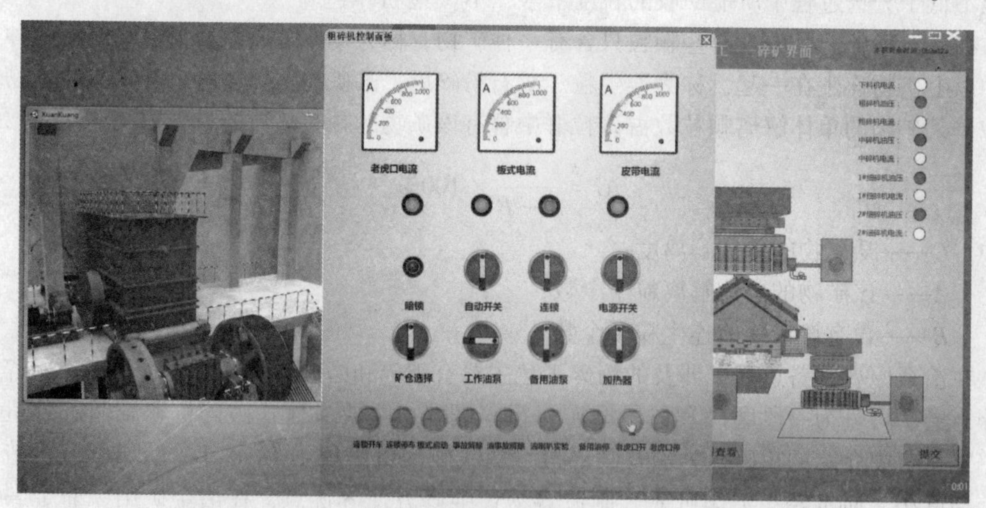

图 13-2 粗碎机控制面板

(2) 启动中碎机。在如图 13-1 所示的破矿操作界面，点击中碎机电机图标，弹出中碎机控制面板（见图 13-2)，点击油泵启动按钮，启动供油系统；然后点击“电机启动”按钮，启动电机。停止时，点击“电机停止”按钮，停止点击；然后点击“油泵停止”按钮，停止油泵。

(3) 启动细碎机。在如图 13-1 所示的破矿操作界面，点击细碎机电机图标，弹出细碎机控制面板（见图 13-3)，点击油泵启动按钮，启动供油系统；然后点击“电机启动”

按钮，启动电机。停止时，点击“电机停止”按钮，停止点击；然后点击“油泵停止”按钮，停止油泵。

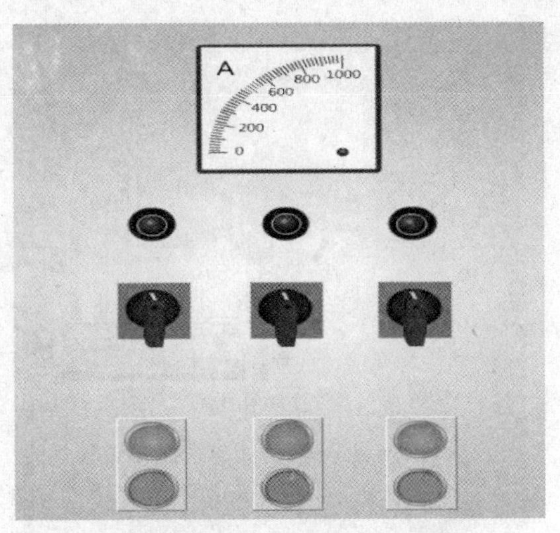

图 13-3　中碎机（细碎机）控制面板

13.1.2　磨矿和分级

本流程中采用两段磨矿工艺，其中磨矿采用的设备为球磨机。球磨机外形为一钢筒，内装各种直径的钢球作为研磨介质。在磨矿过程中，磨矿机以一定转速旋转，处在筒体内的研磨介质由于旋转时产生离心力，致使它与筒体之间产生一定摩擦力。摩擦力使研磨介质随着筒体旋转，并到达一定的高度。当研磨介质的自身重力的向心分力大于离心力时，研磨介质就脱离筒体抛射下落，从而击碎矿石。同时，在磨矿机转动过程中，研磨介质还会有滑动现象，对矿石产生研磨作用。所以，矿石在研磨介质产生的冲击力和研磨力联合作用下得到粉碎。然而，其粉碎过程却极为复杂。若以某一单独颗粒为研究对象，则球磨过程中它可能反复地受到研磨压应力的作用，致使存在于该颗粒表面上固有的或新生成的裂纹扩张，进而导致其破碎或产生塑性变形。当破碎过程继续进行时，所需的最终破碎应力可能会增大到使颗粒产生塑性变形的程度。此时，随着塑性变形的产生，颗粒便不会继续被磨细了。

分级是将粒度不同的混合物料按粒度或按在介质中沉降速度的不同分成若干粒度级别的过程，因此分级是物料按粒度分离的一种形式，根据分级的原理、设备以及分级介质的不同，可将分级的方式分为筛分分级、水力分级和气流分级。本章节中采用水力分级，设备采用的是螺旋分级机。螺旋分级机由槽体、螺旋、传动装置和螺旋提升机构组成。螺旋分级机工作时，矿浆从槽的旁侧进入，在槽的下部形成沉降分级区，粗粒沉到槽底被螺旋向上部推送排出。细粒则随矿浆经溢流堰排出。

本模拟仿真系统中磨矿操作界面如图 13-4 所示，主要包括下料机、球磨机和螺旋分级机。其具体的操作步骤如下所述。

（1）下料机。在如图 13-4 所示的磨矿操作界面，点击图中下料机图标，弹出下料机控制面板（见图 13-5），点击“开”按钮，启动下料机；点击“关”按钮，则下料机关闭。

（2）球磨机。在如图 13-4 所示的磨矿操作界面，点击图中所示的球磨机图标，弹出球磨机控制面板（见图 13-5），点击“开”按钮，启动球磨机，点击“关”按钮，关闭球磨机。

（3）螺旋分级机。在图 13-4 所示的磨矿操作界面中，点击图中螺旋分级机图标，弹出螺旋分级机控制面板（见图 13-5），点击“开”按钮，启动螺旋分级机，点击“关”按钮，关闭螺旋分级机。

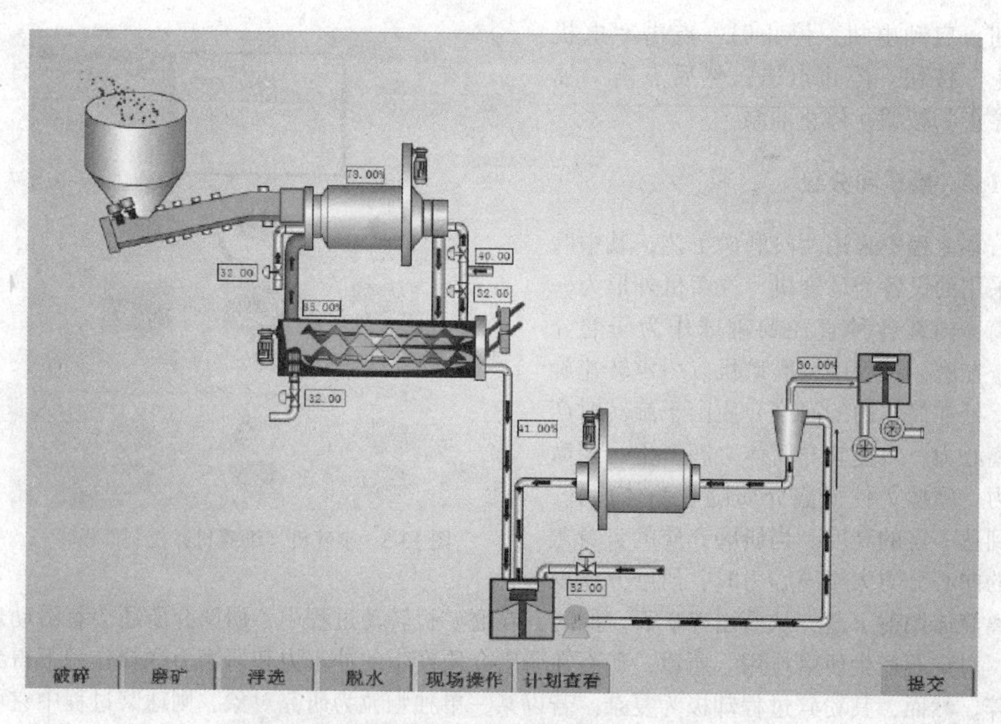

图 13-4 磨矿控制界面

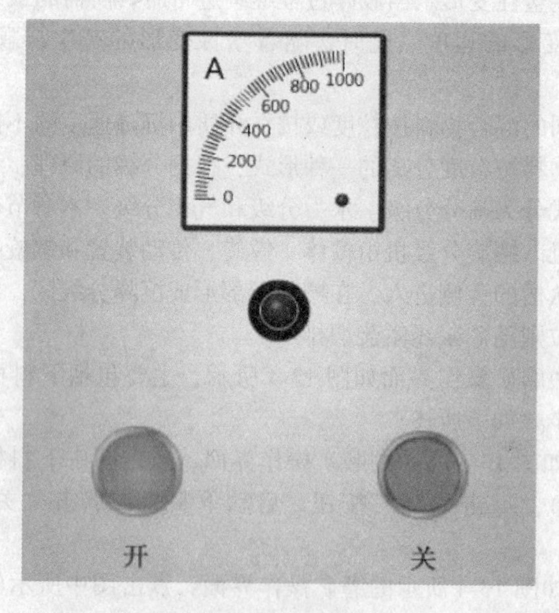

图 13-5 下料机、球磨机和螺旋分级机控制面板

（4）阀门。在图 13-4 所示的磨矿操作界面中，点击图中所示水阀，弹出水阀控制面板（见图 13-6），拖动滑块设置阀门开度，点击“设定”按钮，完成阀门开度设定，点击“取消”按钮，关闭面板。

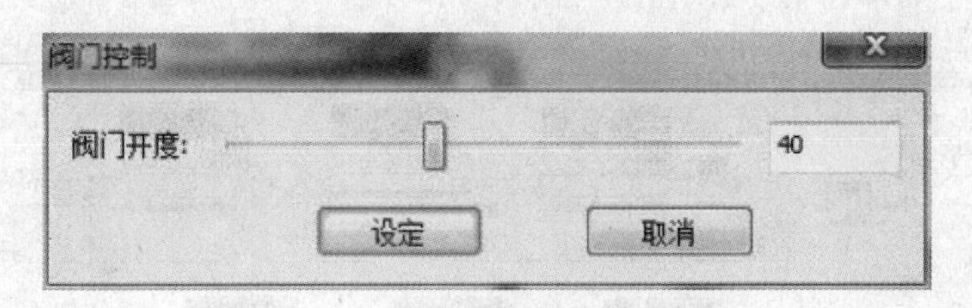

图 13-6　水阀控制面板

13.2　浮　　选

浮选是利用矿物表面物理化学性质差异（特别是表面润湿性），在固-液-气三相界面，有选择性地富集一种或几种目的矿物，从而达到与脉石矿物分离的一种选别技术。浮选同时也是废水处理、二次资源回收的主要方法。根据所利用相界面以及浮选的发展过程不同又可分为泡沫浮选法、表层浮选法和多（全）油浮选法等。目前在工业上获得普遍应用的是泡沫浮选法，因此，通常所说的浮选，即是指泡沫浮选法（见图 13-7）。浮选过程主要包括以下的单元过程：（1）充分搅拌使矿浆处于湍流状态，以保证矿粒悬浮并以一定动能运动；（2）悬浮矿粒与浮选药剂作用，目的矿物颗粒表面的选择性疏水化；（3）矿浆中气泡的发生及弥散；（4）矿粒与气泡的接触；（5）疏水矿粒在气泡上的黏附，矿化气泡的形成；（6）矿化气泡的浮升，精矿泡沫层的形成及排出。

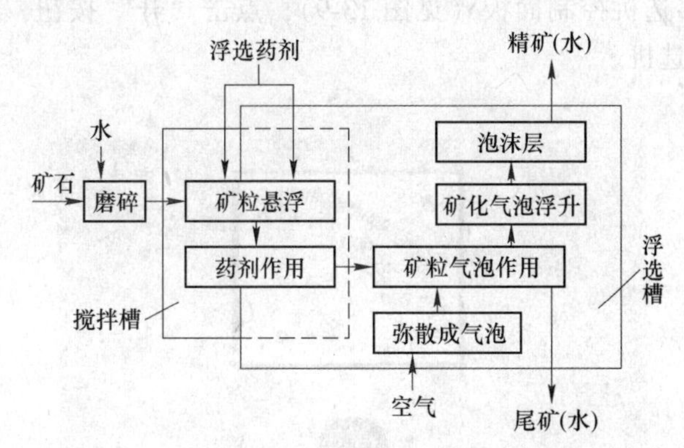

图 13-7　泡沫浮选过程

浮选机是实现浮选过程的重要设备。浮选时矿浆与浮选药剂调和后送入浮选机，在其中经搅拌和充气，使欲浮目的矿物附着于气泡上形成矿化泡沫层，泡沫用刮板刮出或以自溢的方式溢出，即得泡沫产品，而泡沫产品自槽底排出。浮选技术经济指标的好坏，与所用浮选机的性能密切相关。

根据浮选工业实践经验，气泡矿化理论以及对浮选机流体动力学特性研究的结果，浮选机必须满足如下基本要求：（1）良好的充气作用；（2）搅拌作用；（3）能形成比较平稳的泡沫区，以利于进行“二次富集作用”；（4）能连续工作及便于调节。

本书中采用一粗、二精的浮选工艺，其浮选操作界面如图 13-8 所示，具体操作步骤如下。

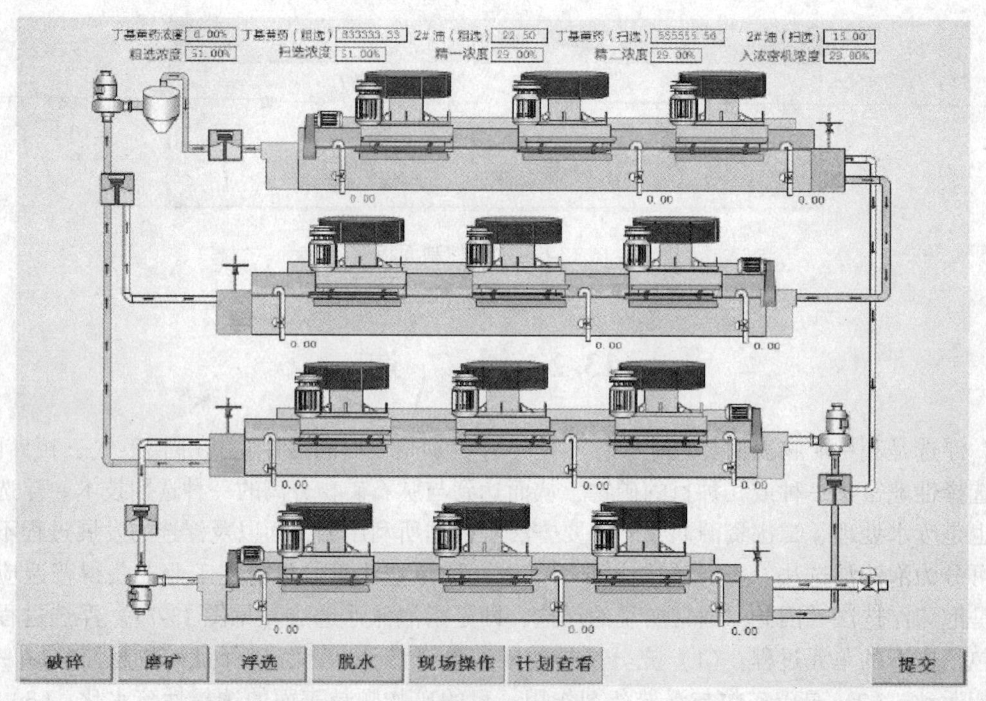

图 13-8　浮选界面

（1）浮选机。在如图 13-8 所示的浮选操作界面中，点击图中浮选机（粗选、扫选或精选）图标，弹出浮选机控制面板（见图 13-9），点击“开”按钮，启动浮选机，点击“关”按钮，关闭浮选机。

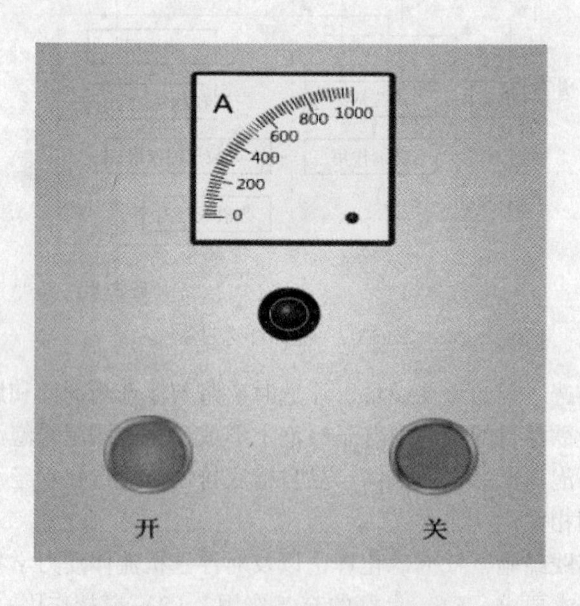

图 13-9　浮选机和矿浆泵控制面板

（2）矿浆泵。点击图 13-9 中矿浆泵，弹出矿浆泵控制面板（见图 13-9），点击“开”按钮，启动矿浆泵，点击“关”按钮，关闭矿浆泵。

（3）阀门。点击图 13-9 中所示水阀，弹出水阀控制面板（见图 13-10），拖动滑块设置阀门开度，点击“设定”按钮，完成阀门开度设定，点击“取消”按钮，关闭面板。

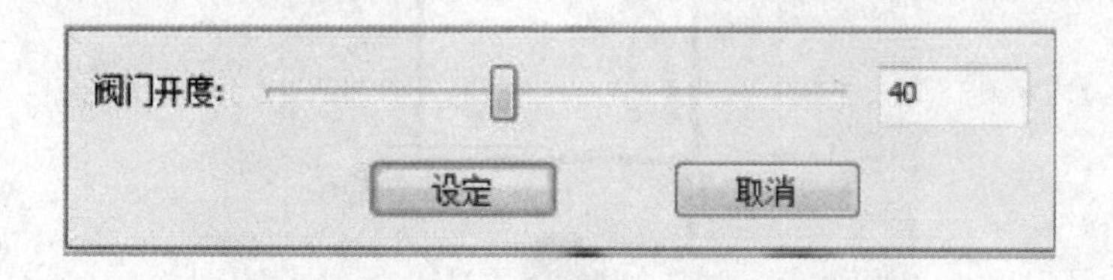

图 13-10 水阀控制面板

13.3 脱 水

脱水工艺操作步骤如下：

（1）浓密机。点击脱水界面（见图 13-11）中浓密机，弹出浓密机操作面板（见图 13-12），点击“开”按钮，启动浓密机；点击“关”按钮，关闭浓密机。

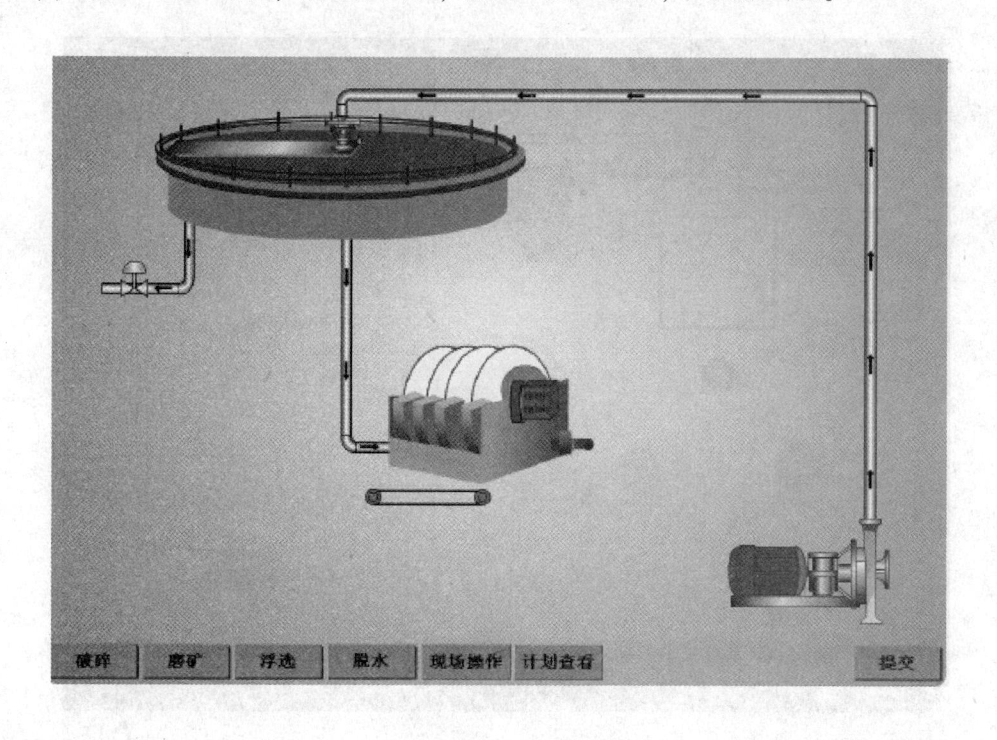

图 13-11 脱水界面

（2）陶瓷过滤器。点击图 13-11 中陶瓷过滤器，进入陶瓷过滤器操作面板（见图 13-13），点击陶瓷过滤器图示，弹出陶瓷过滤器控制面板（见图 13-13），点击“开”按钮，启动陶瓷过滤器；点击“关”按钮，关闭陶瓷过滤器。

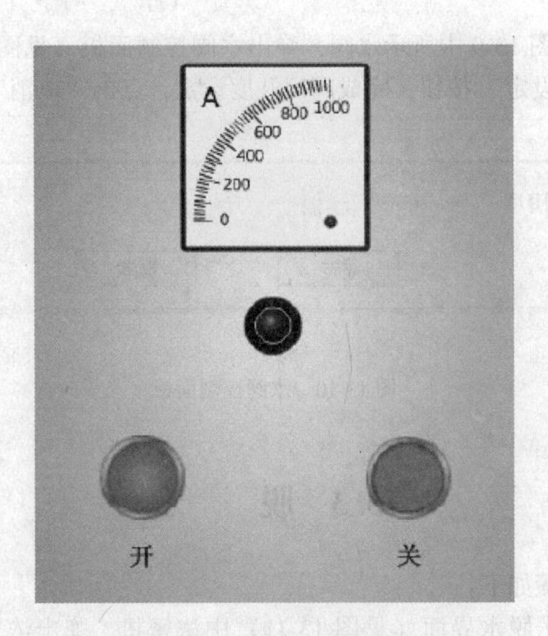

图13-12　浓密机控制面板

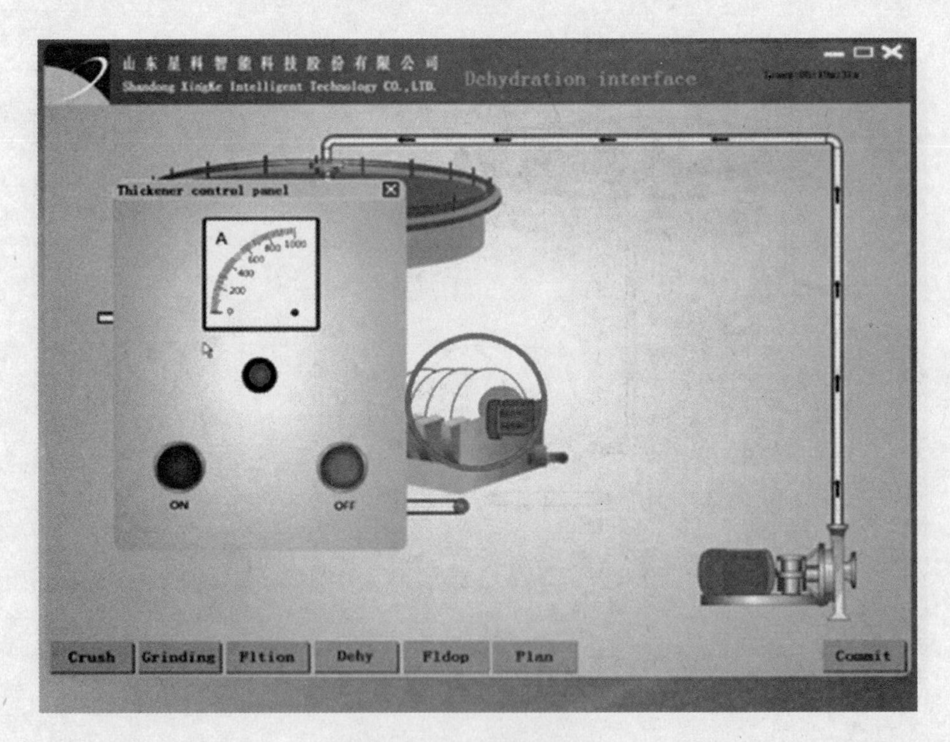

图13-13　陶瓷过滤器操作面板

（3）真空泵。点击脱水操作界面中的陶瓷过滤器，进入陶瓷过滤器操作面板（见图13-13），点击真空泵图示，弹出真空泵控制面板（见图13-14），点击“开”按钮，启动真空泵；点击“关”按钮，关闭真空泵。

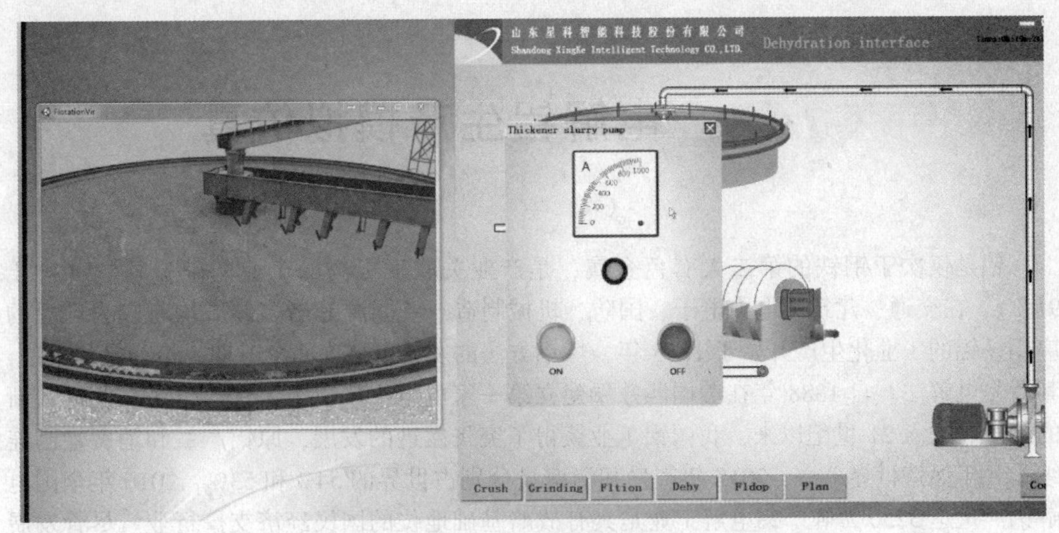

图 13-14　真空泵控制面板

习　题

13-1 模拟破碎、浮选、脱水过程的启停。

13-2 模拟更换陶瓷过滤器操作。

13-3 模拟破碎机漏矿，更换破碎机操作。

参 考 文 献

[1] 王淀佐，邱冠周，胡岳华．资源加工学[M]．北京：科学出版社，2005.
[2] 胡岳华，冯其明．矿物资源加工技术与设备[M]．北京：科学出版社，2006.
[3] 吴一善．粉体学概论[M]．武汉：武汉工业大学出版社，1993.
[4] 李启衡．破碎与磨矿[M]．北京：冶金工业出版社，1980.
[5] 曾凡，胡永平．物加工颗粒学[M]．徐州：中国矿业大学出版社，2001.
[6] 胡岳华．矿物浮选[M]．长沙：中南大学出版社，2014.
[7] 龚明光．泡沫浮选[M]．北京：冶金工业出版社，1994.
[8] 谢广元．选矿学[M]．徐州：中国矿业大学出版社，2001.
[9] 王淀佐．浮选理论的新进展[M]．北京：科学出版社，1992.
[10] 杨松荣，蒋仲亚，刘文拯．破碎工艺及应用[M]．北京：冶金工业出版社，2006.
[11] 段希祥．碎矿与磨矿[M]．北京：冶金工业出版社，2012.

14 电解铝生产模拟仿真

铝是仅次于钢铁的第二大有色金属，是产业关联度极高的工业基础原材料（大于91%），在交通、建筑、电力电子、国防、机械制造、新能源等诸多领域均有较为广泛的应用。铝的工业化生产开始于1855年，炼铝方法的发展可分为两个时期：最初是化学法，其后是电解法。自1888年在美国匹兹堡建立第一家电解铝厂以来，铝的生产从此进入新的阶段。进入21世纪以来，我国铝工业获得了突飞猛进的发展，原铝产量和消费量已连续十几年保持世界第一，2015年产量和消费量分别占世界的54%和53%，2016年全国电解铝产量达3250万吨。铝电解工业是具有战略基础地位的国民经济支撑行业。尽管发展迅猛，我国铝行业却也暴露了庞大的产业规模与行业微利的深层次矛盾，这是我国铝电解工业发展所面临的最大挑战。同时其可持续发展须应对资源、能源和环保等方面的重大难题。铝电解工业创立以来，人们对铝电解质的了解和研究也逐渐深入，在这方面已积累了大量的理论和实际知识，有利于以后更好地掌握铝电解生产。电解槽是电解炼铝的核心设备，很多因素都会对电解槽的运行造成一定的影响，其中换阳极、抬母线、出铝是铝电解生产过程中较为重要的三个操作单元。

14.1　电解铝更换阳极

预焙电解槽所用阳极块是在阳极工厂按规定尺寸成型、焙烧、阳极导杆组装后，交到电解使用。每块阳极使用一定天数后，需换出残极，重新装上新极，此过程为更换阳极。由于预焙铝电解槽在结构及工艺上本身的局限性，它需要定期更换阳极来保持电解生产的连续性。因此，阳极更换作业是铝电解铝生产中不可或缺的一项重要操作。

工业铝电解槽通常分为阴极结构、上部结构、母线结构和电气绝缘四大部分。槽体（金属槽壳）之上的金属结构部分，统称上部结构，它可分为承重桁架、阳极提升装置、打壳下料装置、阳极母线和阳极组、集气和排烟装置。目前，国内预焙槽阳极提升装置有两种：一种是螺旋起重器式的升降机构；另一种是滚珠丝杆三角板式的阳极升降机构。

阳极母线既承担导电又起着承担阳极重量的作用。电解槽有两条阳极大母线，其两端和中间进电点用铝板重叠焊接在一起，形成一个母线框，悬挂在阳极升降机构的丝杆（吊杆）上。阳极组通过小盒卡具和大母线上的挂钩卡紧在大母线上。阳极组由炭块、钢爪和铝导杆组成。

换阳极工艺操作过程可分为作业准备、扒料、结壳开口、拔出残极、残极检查及定位、新极在槽上的空间高度设置、新极安装及新极定位等步骤。

（1）准备作业（见图14-1）。

1）首先确认电解槽槽号，准备原料、设备与工具（选择工作服、安全帽、隔热靴、护目镜、大面罩、呼吸防护用品、护袖、围裙、手套、粉笔、画线定位板等）。

2）放置石棉布，并放置接料槽。

3）升高电压，并选择换极键（见图 14-2）。

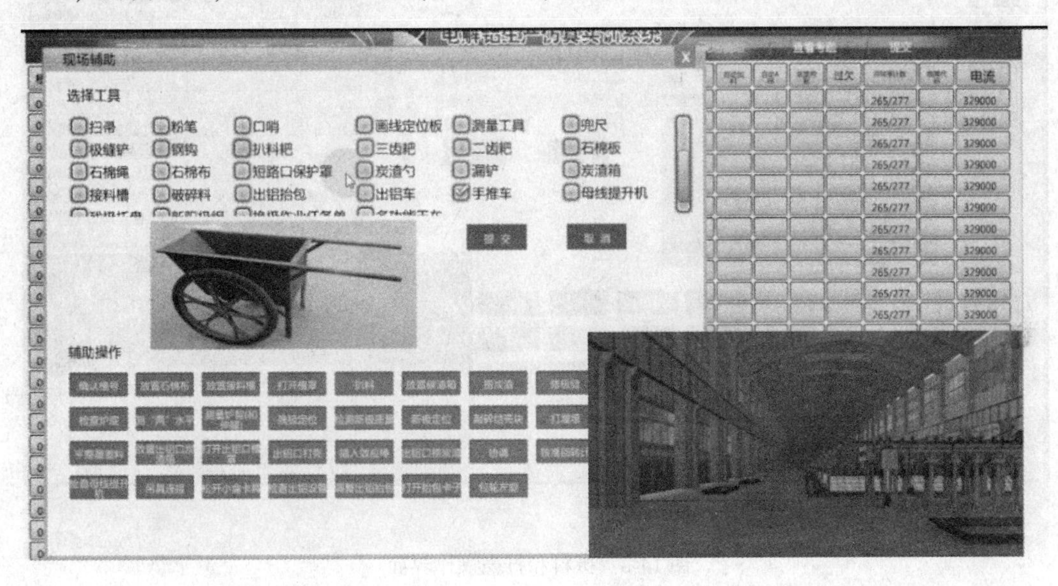

图 14-1 准备作业

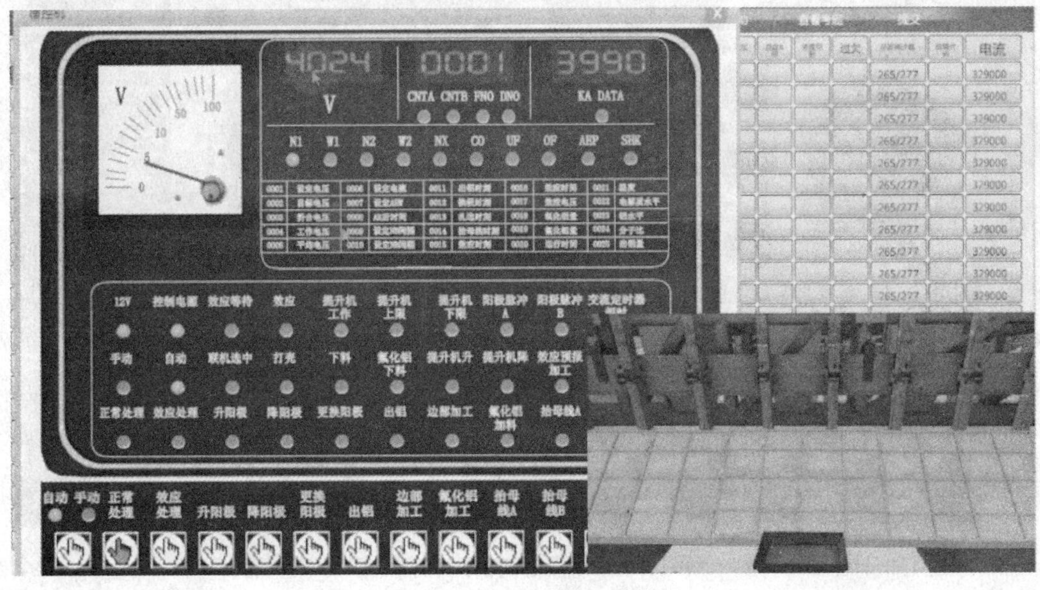

图 14-2 手动升高电压操作

（2）扒料。

1）打开槽罩，进行扒料操作。打开换极处槽盖板；揭开的槽盖板应整齐叠放在相邻槽或左右的槽盖板上。用扒料铝耙将待更换阳极上的覆盖料及其边部可扒出的覆盖料呈扇形扒开，把扒出的料扒在槽沿板内侧或铲到相邻阳极上（见图 14-3）。

2）打壳。用铝耙把天车开口过程中形成的结壳块扒出，以防掉入电解质内，注意不要让天车打击头碰到阳极，开完口后，指挥天车工收回打击头（见图 14-4）。

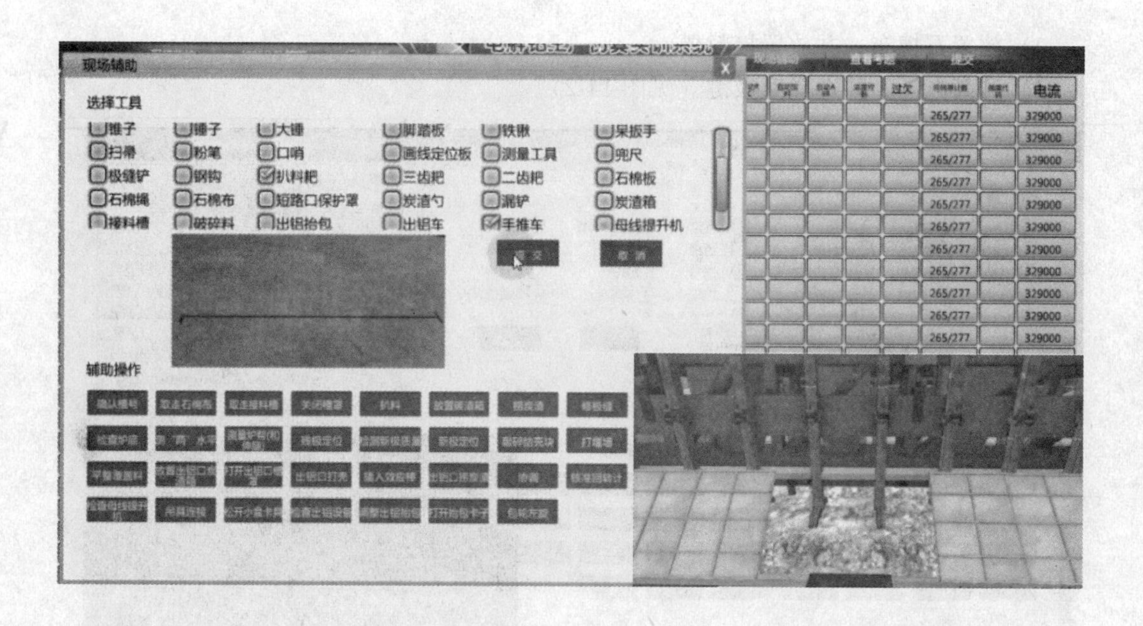

图 14-3 扒料和打壳操作界面

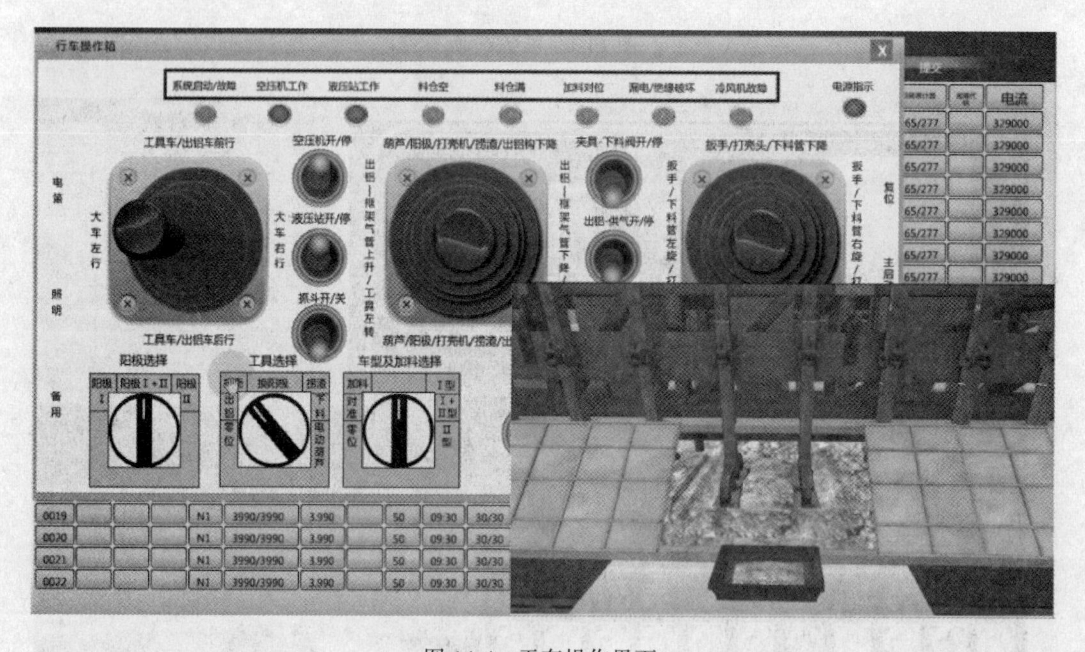

图 14-4 天车操作界面

(3) 拔出阳(残)极。

1) 提阳极。卡住阳极,缓慢拔出阳极(见图 14-5)。

2) 放置炭渣箱,捞炭渣。

3) 捞结壳块。在拔出过程中,若发现有结壳块可能掉入槽内时,应暂停拔出,待将结壳块勾出后,再继续拔出。

4) 检查炉底,测两水平。

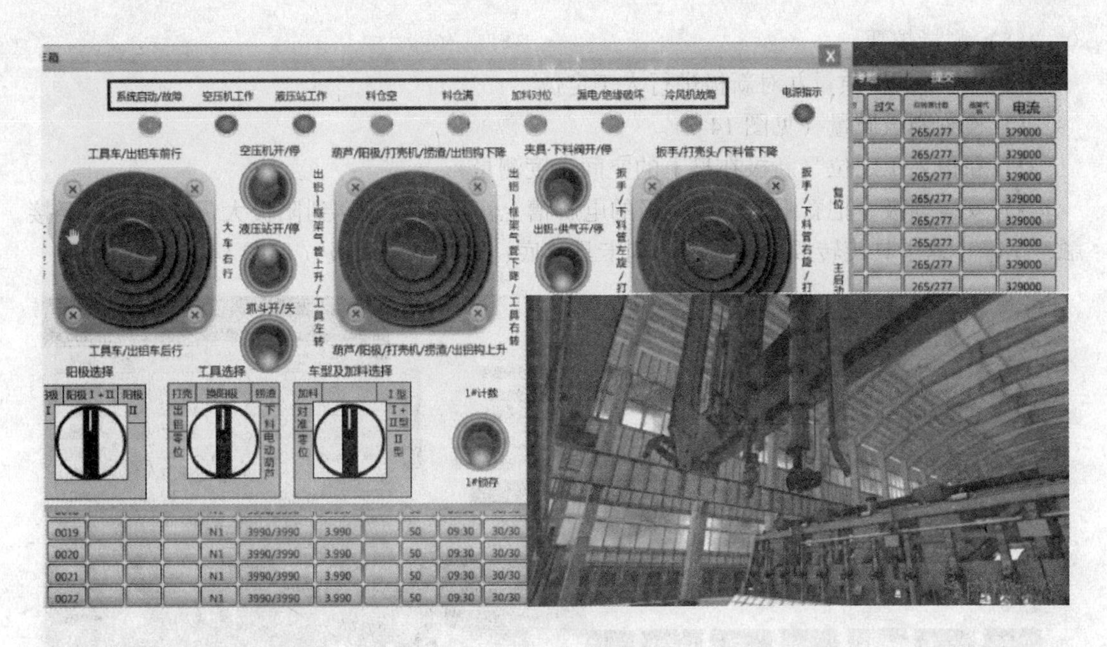

图 14-5 提极操作界面

（4）残极检查及定位（见图 14-6）。

1）残极在运出之前，要检查是否异常。

2）残极人工定位（残极在槽上的空间高度测量）：①以阳极大母线下沿为基准，在残极导杆上划线；②在卡尺竖边上刻度与残极导杆划线对准处划线，然后抽出卡尺，在划线下 2cm 处再重新划线，擦去原划线；③将卡尺上的高度（标记）移到新极上（即在新极导杆上的同样高度划线）；④以此线位置与大母线下沿齐平。

图 14-6 残极移出操作界面

（5）测量炉帮。

（6）检查新极质量并对新极进行人工定位。

1）检查新极质量（见图14-7）。

2）新极人工定位（新极在槽上的空间高度测量）。

3）安装新极。把新阳极吊到换极的电解槽上；把铝导杆靠到阳极大母线上，轻轻接触；下降小盒卡具旋转扳手，使其达到卡具基底；缓慢下降阳极（见图14-8）。

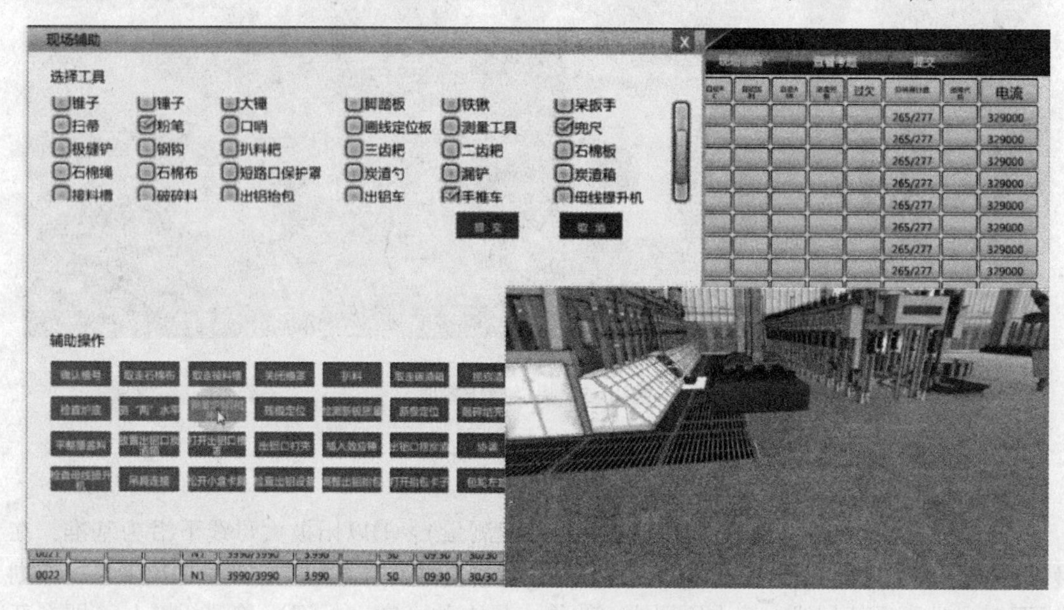

图14-7　检查新极质量和人工定位

图14-8　安装新极

（7）取消换极键，敲碎结壳块，打堰墙（见图 14-9）。

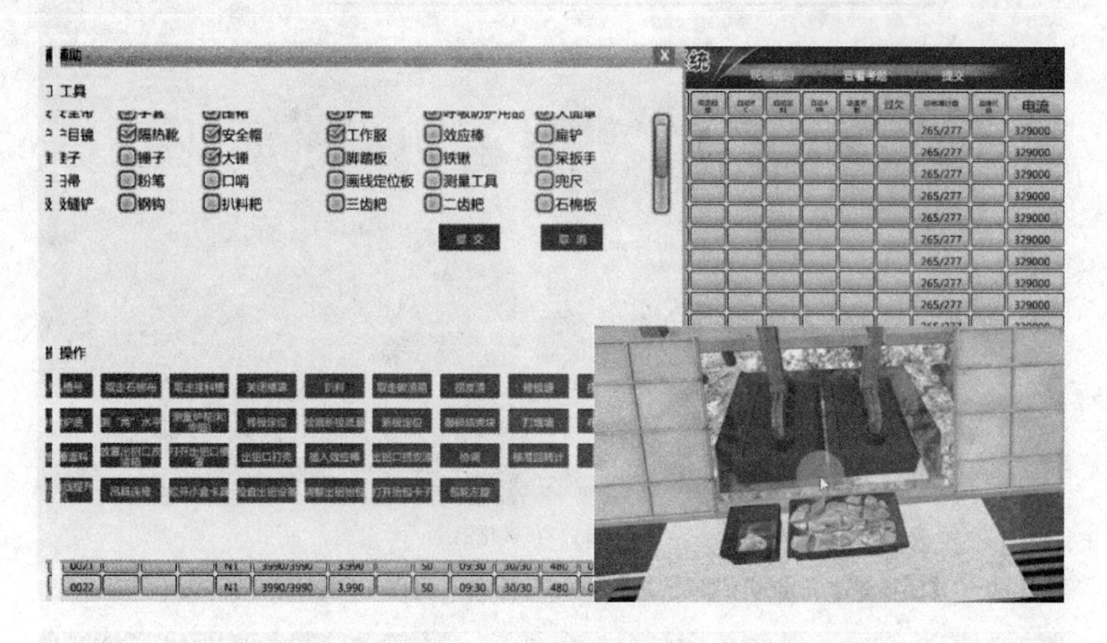

图 14-9　敲碎结壳块和打堰墙

（8）布破碎料和氧化铝，并平整覆盖料（见图 14-10 和图 14-11）。

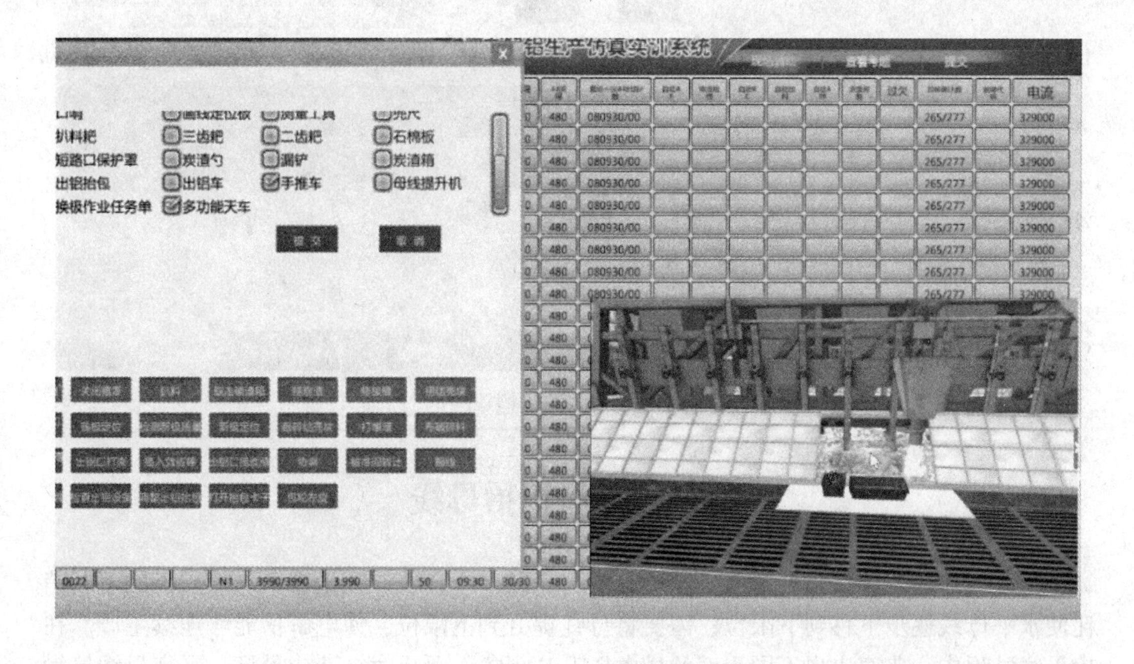

图 14-10　布破碎料

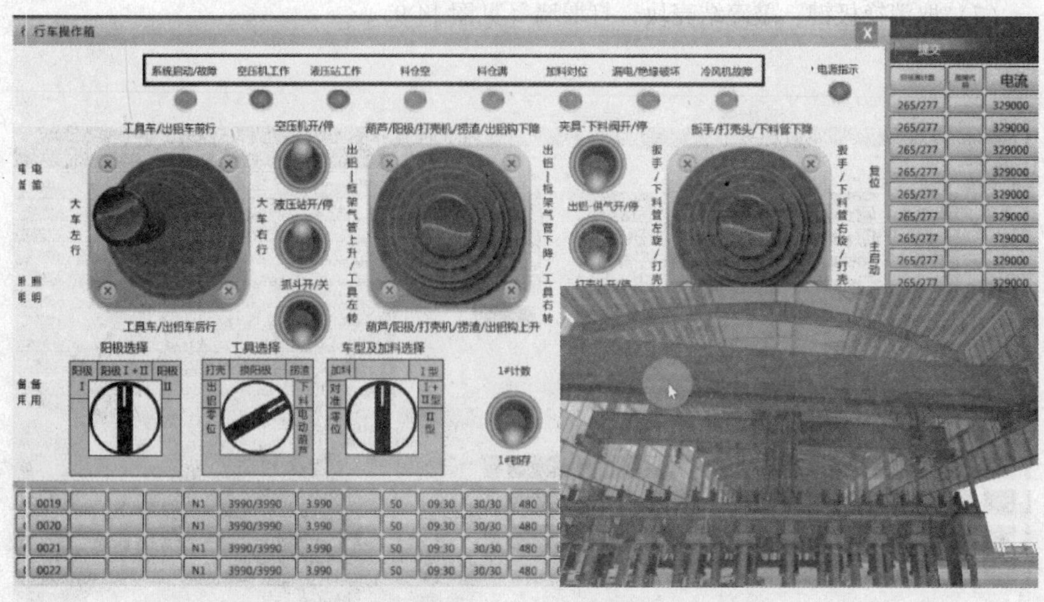

图 14-11　布氧化铝

（9）关闭槽罩，取走炭渣箱、接料槽和石棉布（见图 14-12）。

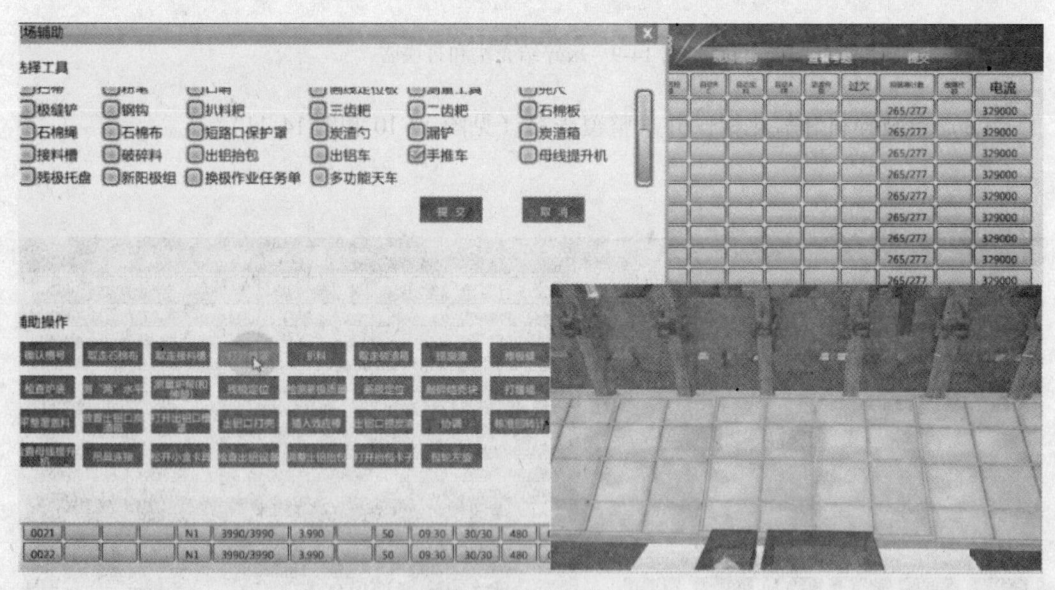

图 14-12　关闭槽罩

14.2　电解铝抬母线

抬母线作业是预焙铝电解槽生产中必不可少的一个环节。在生产中，随阳极的不断消耗使水平母线逐步下移到下限位，需要将母线提升到上限位，使电解槽能够连续生产。在抬母线过程中，普遍出现不同程度的槽电压升高现象，严重时会造成导杆、平衡母线接触面严重烧伤不能使用等问题，使铝电解的正常生产受到影响。因此，在抬母线作业过程中，采用正确的操作方式以使槽电压几乎不升高，不仅能够节约电能，也有利于铝电解的正常生产。本节中模拟现场抬母线作业，其主要操作步骤如下：

（1）打开现场辅助界面，选择抬母线操作基础工具（大面罩、呼吸防护用品、手套、安全带、护目镜、隔热靴、安全帽、工作服），在现场辅助界面进行协调及核准回转计、画线和检查母线提升机操作（见图 14-13）。

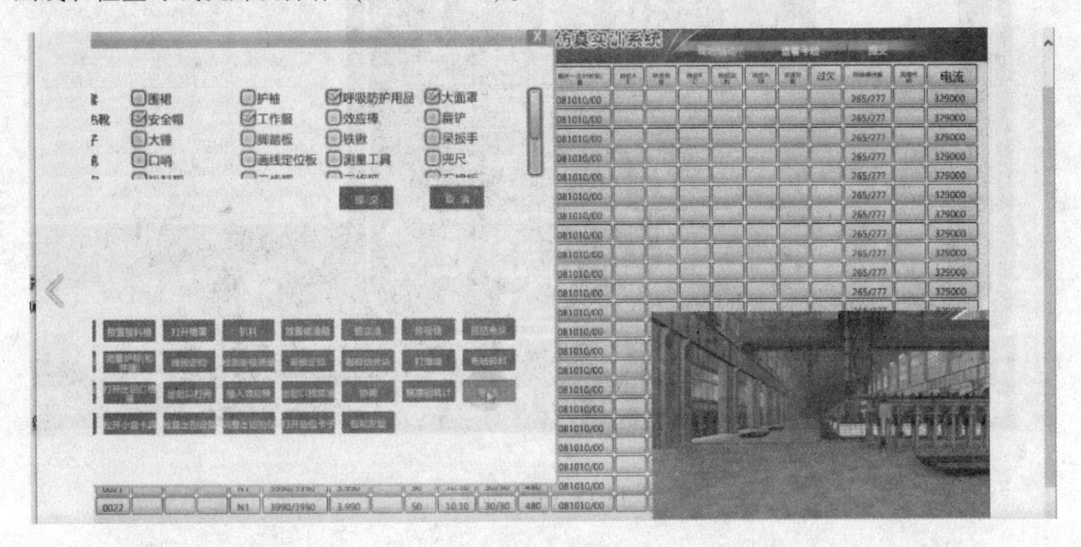

图 14-13 选择抬母线操作基础工具

（2）画线及检查母线提升机。选取基础工具、粉笔及画线定位板，进行画线操作。选取基础工具和母线提升机，进行检查母线提升机操作。进行吊具连接操作（见图 14-14）。

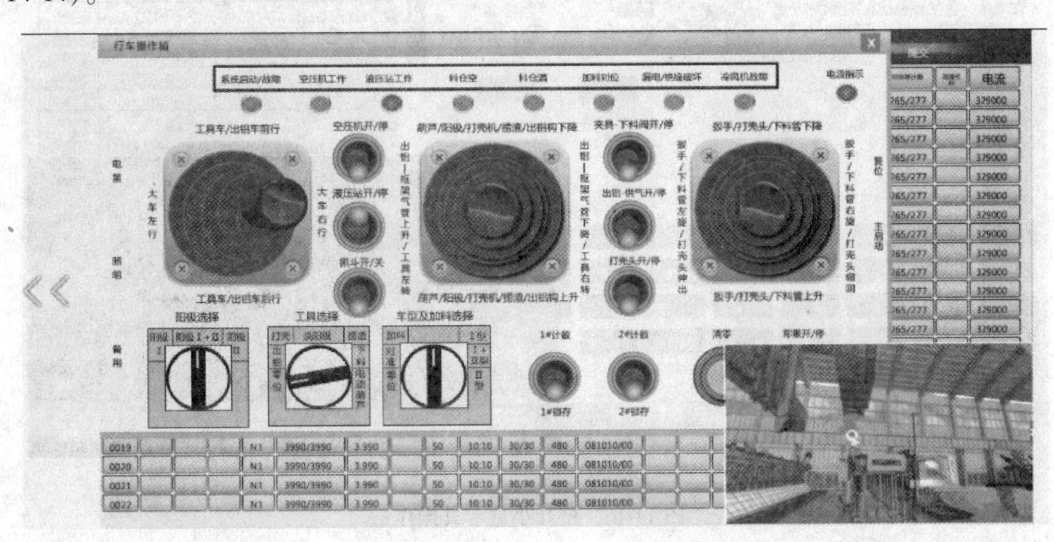

图 14-14 吊具连接操作界面

（3）选择槽控机模式为抬母线模式（见图 14-15），通过移动行车进行下降提升机操作，使提升机夹住电解槽的所有阳极导杆，进行松开小盒卡具操作（见图 14-16）。

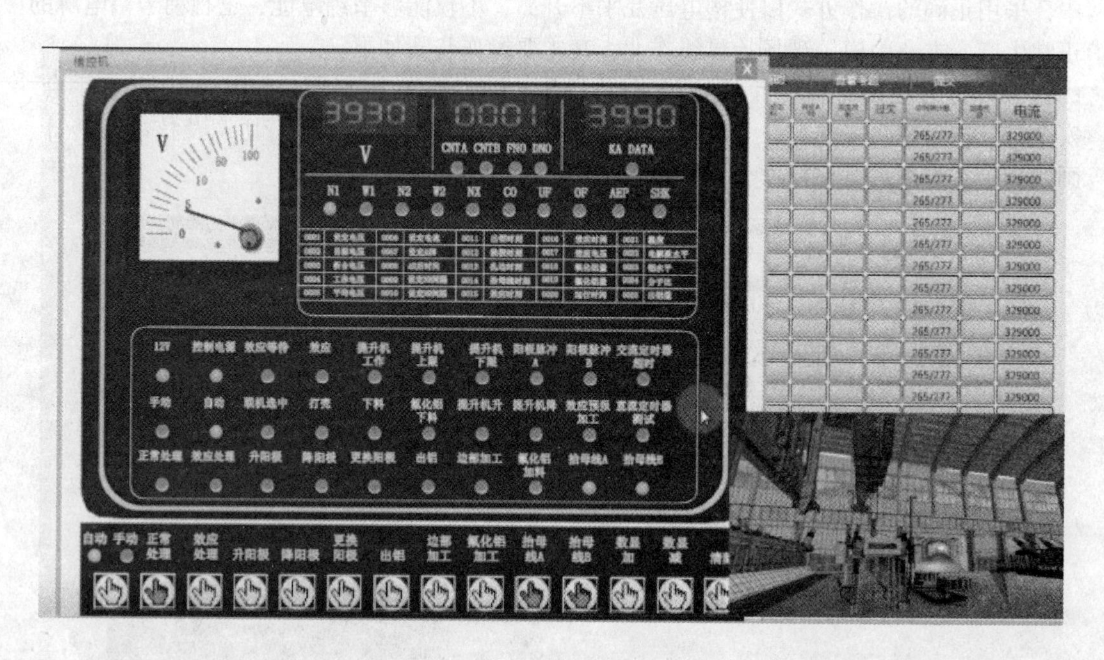

图 14-15 槽控机模式

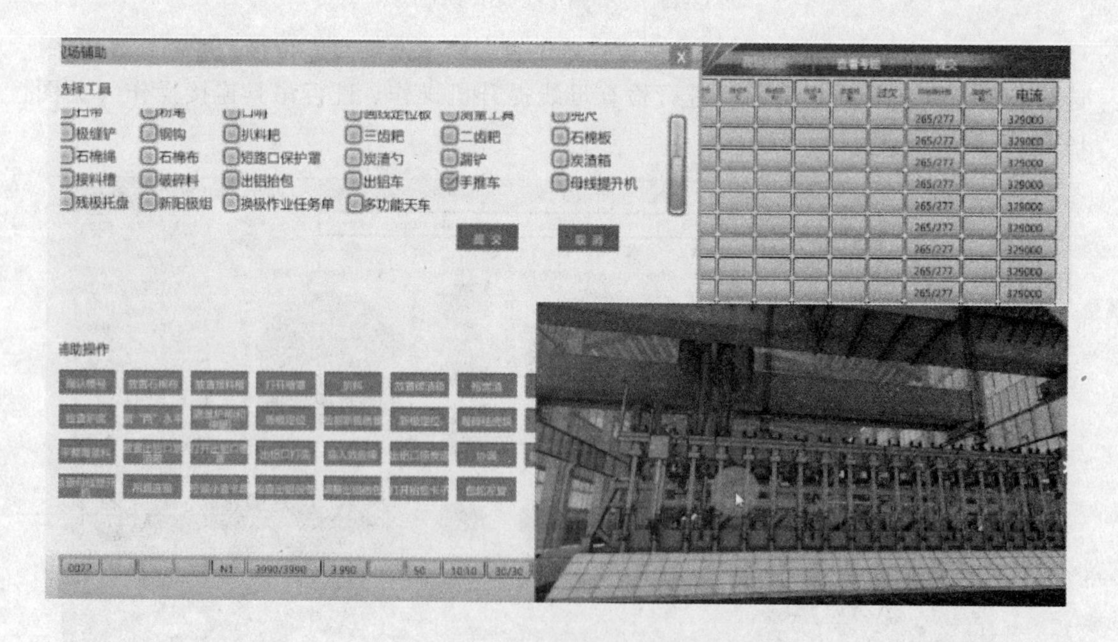

图 14-16 松开小盒卡具操作

（4）抬升母线操作。升高阳极电压，抬升母线，拧紧小盒卡具，进行提升机复位操作（见图 14-17）。

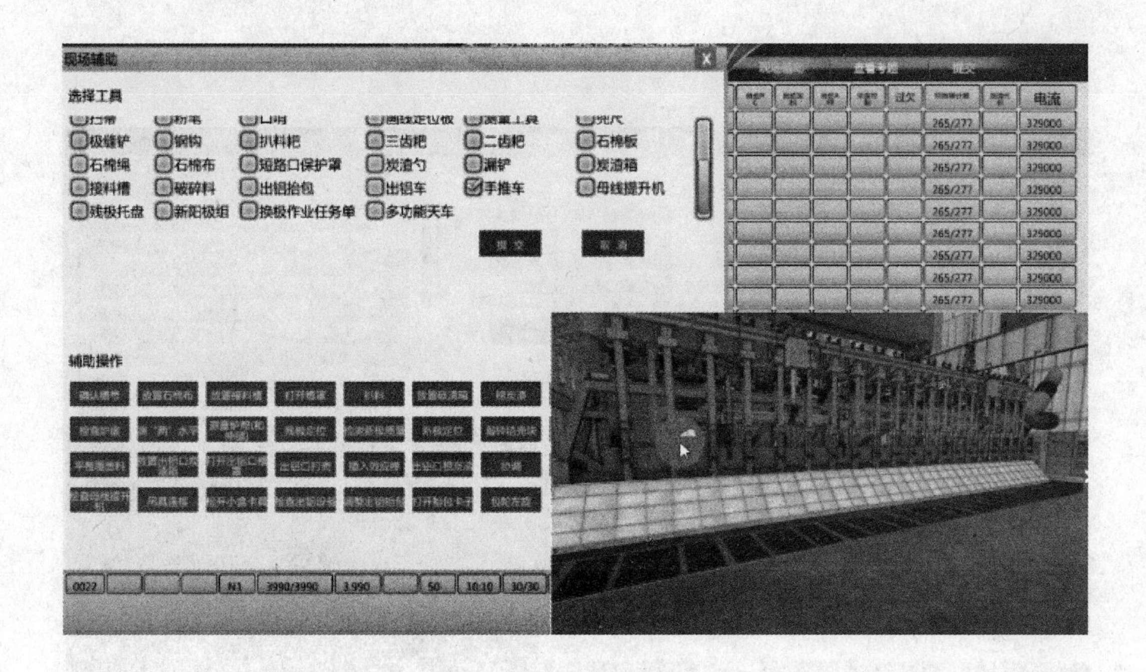

图 14-17　提升机复位操作

14.3　出　　铝

目前，国内大部分电解铝厂的出铝作业均是通过人工控制天车或管道的压缩空气来完成，整个出铝作业过程由人工进行操作。在电解铝行业中，对出铝过程进行精准控制不仅有利于总产量的掌控，而且能够准确记录单个电解槽的实际出铝数据。单个电解槽出铝过多或过少，都会给电解槽带来损害，而电解槽的修复不仅影响铝的生产，其维修费用也是一笔不菲的开销。因此，电解铝生产过程中，如何实现出铝的精准操作及出铝量的精准控制，对铝电解的正常生产至关重要。本小节对出铝操作进行仿真模拟，其详细操作步骤如下。

（1）出铝操作基础工具选择（见图 14-18）。在现场辅助操作界面，选取出铝操作基础工具（手推车、大面罩、呼吸防护用品、手套、隔热靴、安全帽、工作服）。

（2）打开出铝口槽罩并进行出铝口打壳操作。

（3）通过行车将出铝抬包运送至出铝口的适当位置，为出铝做准备（见图 14-19）。

（4）打开抬包卡子，左旋包轮，将包轮吸管插入电解槽中，进行出铝操作，观察曲线变化（见图 14-20）。

（5）出铝结束后，右旋包轮，关闭抬包卡子，并通过行车将抬包运回出铝车上。关闭出铝口槽罩（见图 14-21）。

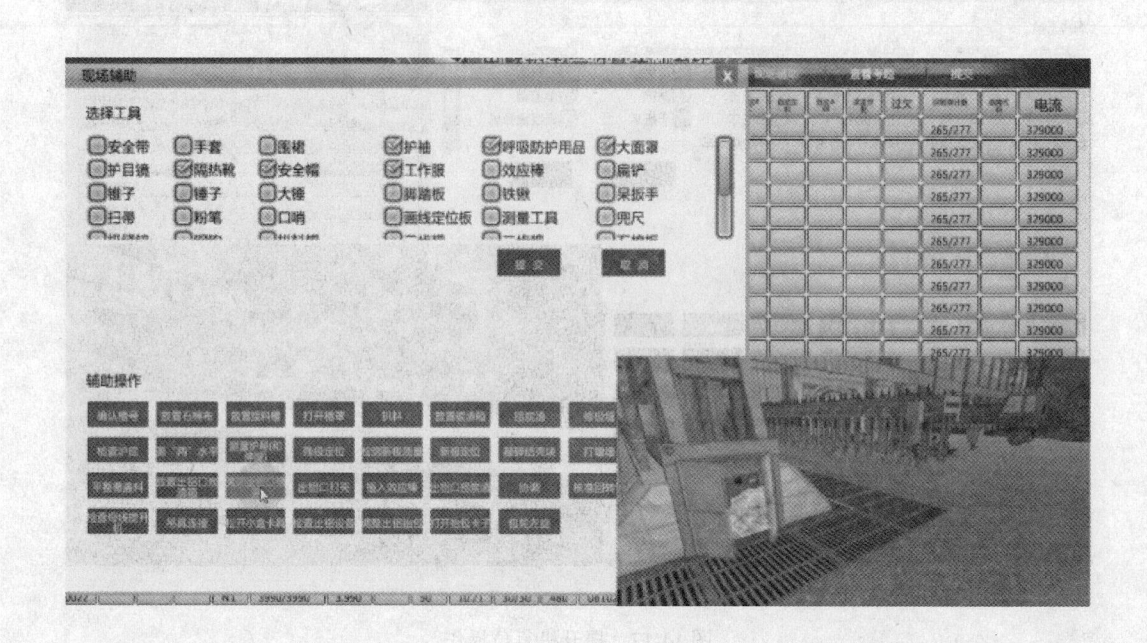

图 14-18　出铝操作基础工具选择

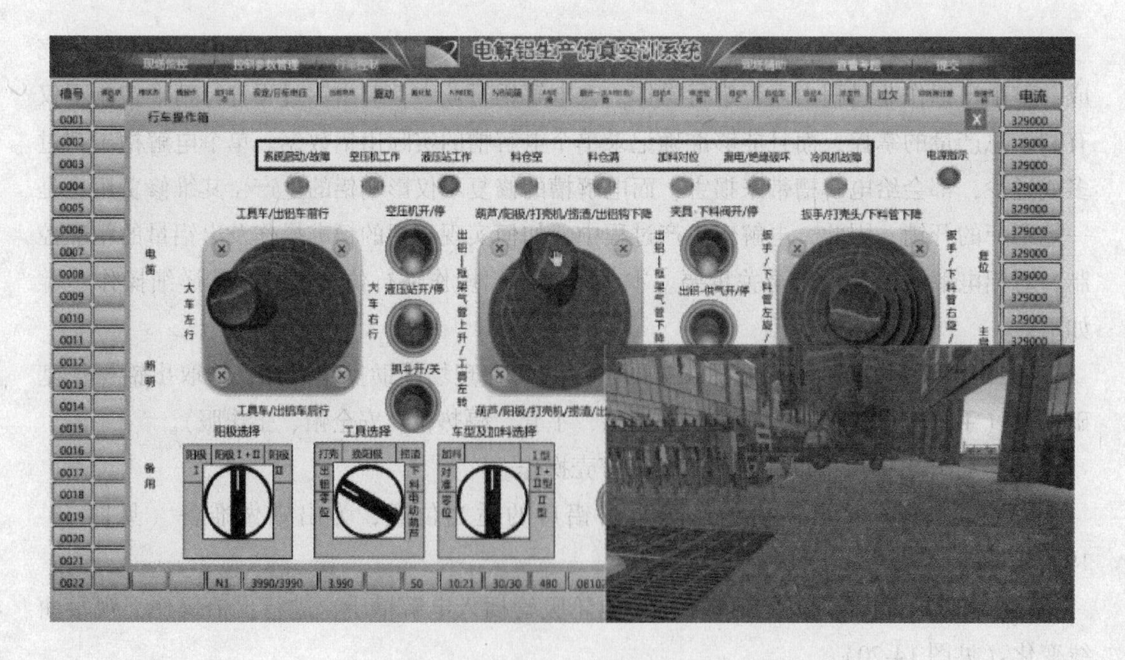

图 14-19　输送出铝包

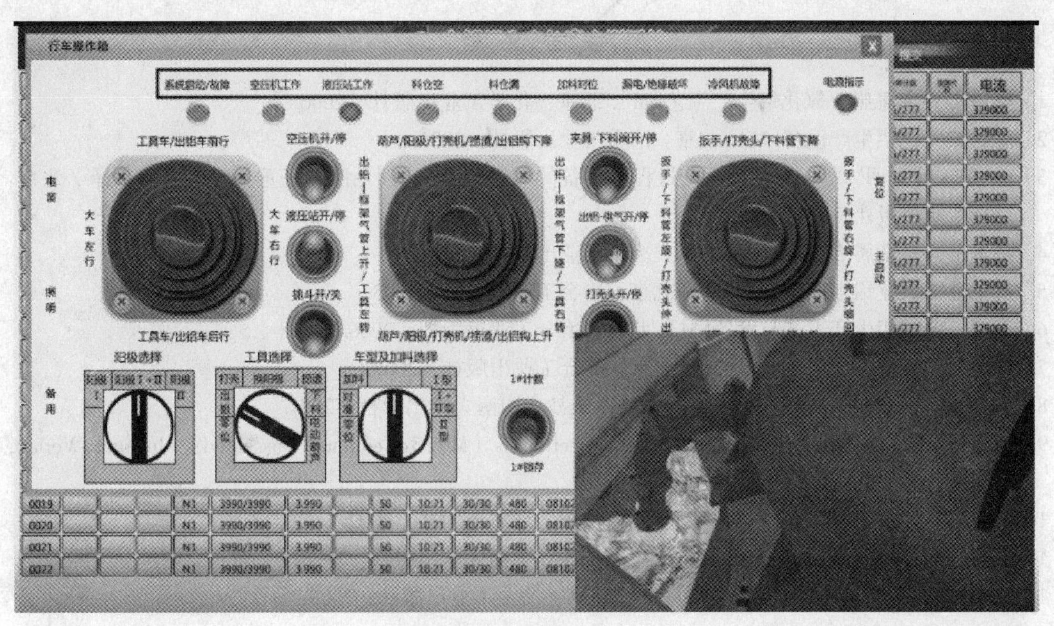

图 14-20　出铝操作界面

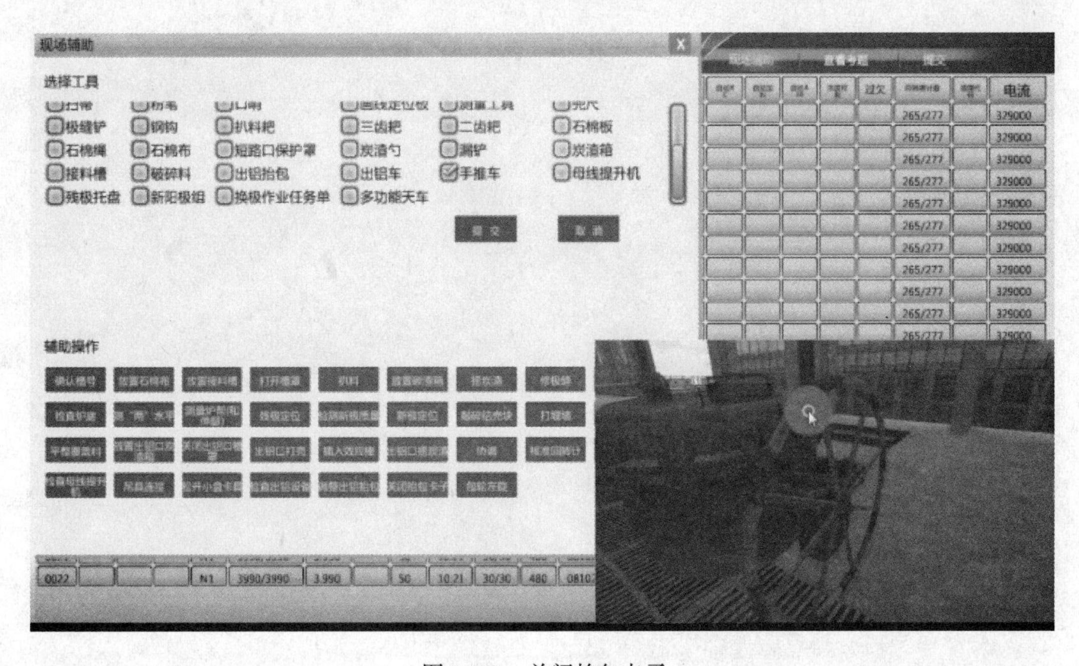

图 14-21　关闭抬包卡子

习　题

14-1 模拟电解铝换阳极操作。

14-2 模拟电解铝抬母线操作。

14-3 模拟电解铝出铝操作。

参考文献

[1] 毕诗文．余海燕．氧化铝生产工艺[M]．北京：化学工业出版社，2006.

[2] 陈聪．氧化铝生产设备[M]．北京：冶金工业出版社，2006.

[3] Н·И·叶利明，等．氧化铝生产过程与设备[M]．王彦明，阎鼎欧，杨重愚，高守正，译．北京：冶金工业出版社，2006.

[4] 杨重愚．轻金属冶金学[M]．北京：冶金工业出版社，1991.

[5] 杨重愚．氧化铝生产工艺学[M]．北京：冶金工业出版社，1993.

[6] 王捷．电解铝生产工艺与设备[M]．北京：冶金工业出版社，2006.

[7] 刘业翔，李劼．现代铝电解[M]．北京：冶金工业出版社，2008.

[8] 田应甫．大型预焙电解槽生产实践［M］．长沙：中南大学出版社，2001.

[9] M. Sorlie，H. A. Oye. Cathodes in aluminum electrolysis［M］. 3rd edition，Dusseldorf：Aluminum-Verlag，1994.

[10] 霍庆发．电解铝工业技术与装备［M］．沈阳：辽海出版社，2002.

[11] 刘业翔．功能电极材料及其应用［M］．长沙：中南大学出版社，1996.

[12] 邱竹贤．预焙槽炼铝（第3版）［M］．北京：冶金工业出版社，2005.

15 高炉炼铁仿真模拟

高炉炼铁工艺是以含铁矿石为主要原料，以焦炭、煤为主要能源，生产生铁（铁水），并生产部分铸造生铁和铁合金的过程。高炉炼铁的本质是铁的还原过程。现代高炉炼铁生产工艺流程如图 15-1 所示。

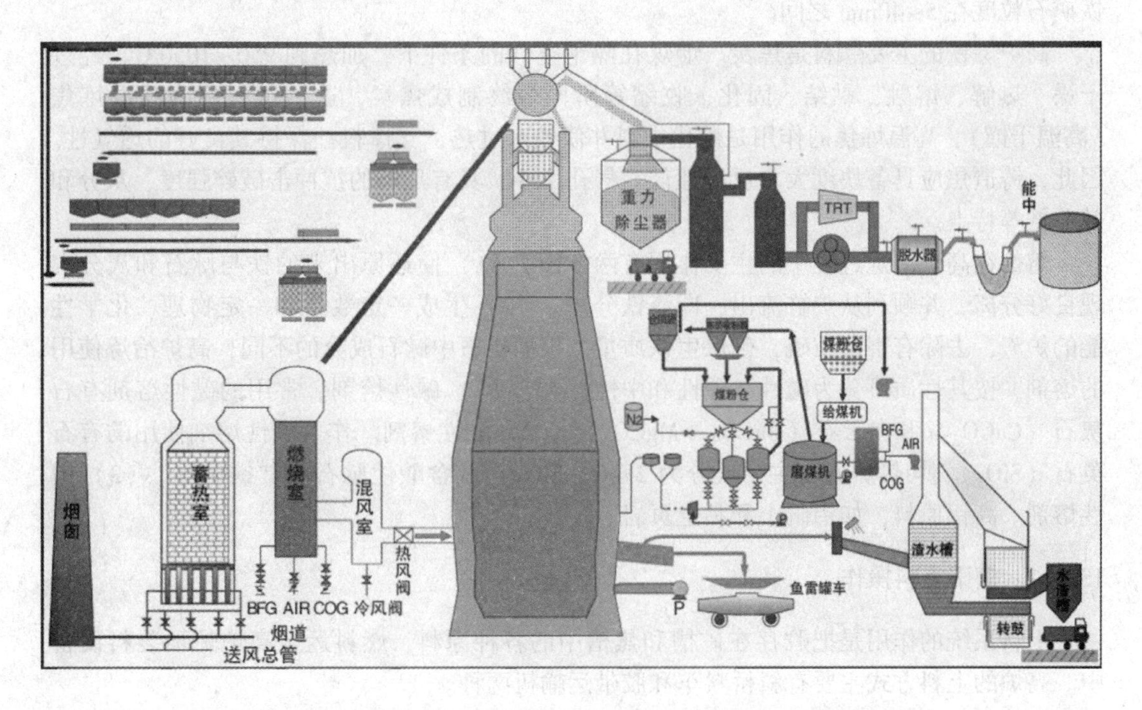

图 15-1 现代高炉炼铁生产整体流程图

本章所述的高炉炼铁仿真系统主要技术参数如下：有效容积：2500m³，拱顶温度不大于 1400℃，废气温度不大于 450℃；吨铁燃料比：540kg，吨铁焦比：390kg，吨铁煤比 150g，综合焦比 510kg/t，热风温度：1200～1250℃，冷风温度：180℃，富氧率：正常 2. 5%、设计能力 5%，吨铁渣铁比：400kg，入炉风量（标态）：5170m³/min，探尺三个（探料线深度：1 号为 0～6. 0m，2 号为 0～6. 0m，3 号为 0～26. 0m），铁水运输为“一罐制”工艺（铁水罐载重：210t，天车起吊能力：350t，铁罐净重约 100t），炉顶形式：PW 串罐无钟炉顶，炉顶压力：0～0. 22MPa（最大 0. 25MPa），炉顶温度：120～250℃，布料溜槽倾动范围：2°～53°，槽下原料主要有杂矿、焦炭、烧结、球团、块矿、焦丁。高炉炼铁仿真系统主要可分为槽下炉顶系统仿真实训、高炉本体仿真实训、炉前出铁仿真实训、热风炉仿真实训、喷煤系统仿真实训。

15.1　槽下炉顶系统仿真

高炉炼铁的原料主要包括铁矿石、燃料和熔剂。高炉炼铁用的铁矿石可分为天然富矿和人造富矿两大类。人造富矿含铁量一般在 55%~65%。由于人造富矿经过焙烧和高温烧结处理，其冶金性能远比天然富矿优越，是现代高炉炼铁的主要原料。

人造铁矿石必须具有适宜的粒度和足够的强度才能满足高炉的需要。粒度过大会减少煤气与铁矿石的接触面积，阻碍铁矿石的还原；如果人造铁矿石粒度过小则容易增加气流阻力，同时容易被吹出炉外造成损失；粒度大小不均匀则严重影响料层透气性。一般要求铁矿石粒度在 5~40mm 之间。

高炉炼铁的主要燃料是焦炭。烟煤在隔绝空气的条件下，加热到 950~1050℃，经过干燥、热解、熔融、黏结、固化、收缩等阶段最终制成焦炭，这一过程称为高温炼焦(高温干馏)。高温炼焦的作用是熔化炉料并使铁水过热，支撑料柱保持其良好的透气性。因此，铸造焦应具备块度大、反应性低、气孔率小、具有足够的抗冲击破碎强度、灰分和硫分低等特点。

熔剂在高炉冶炼过程中的主要作用有两方面：（1）使还原出来的铁与脉石和灰分实现良好分离，并顺利从炉缸流出，即渣铁分离。（2）生成一定数量和一定物理、化学性能的炉渣，去除有害杂质硫，确保生铁质量。根据矿石中脉石成分的不同，高炉冶炼使用的熔剂，按其性质可分为碱性、酸性和中性三类：（1）碱性熔剂。常用的碱性熔剂有石灰石（$CaCO_3$）和白云石（$CaCO_3 \cdot MgCO_3$）。（2）酸性熔剂。作为酸性熔剂使用的有石英石（SiO_2）、均热炉渣（主要成分为 2FeO、SiO_2）及含酸性脉石的贫铁矿等。（3）中性熔剂。高铝原料，如铝矾土和黏土页岩。

15.1.1　槽下上料操作

上料系统的作用是把贮存在矿槽和焦槽中的各种原料、燃料运至高炉炉顶装料设备中。高炉的上料方式主要有斜桥料车和胶带运输机两种。

(1) 斜桥料车上料方式。目前，我国几乎所有中、小型高炉和部分大型高炉仍采用斜桥料车上料方式。斜桥料车上料方式又分单料车上料和双料车上料两种，单料车上料只适用于小高炉使用，已逐步趋于淘汰。300m^3以上高炉以采用双料车上料为主。

1）斜桥料车上料系统工艺组成，主要包括料坑、集中称量系统、斜桥、料车、卷扬机、电气自动化控制系统。

2）斜桥料车上料方式（双料车）工艺流程：电动马达驱动卷扬机，通过钢丝绳带动料车上下运行。生产时，当一个料车上升到炉顶卸料时，一个空料车下降到料坑，电气自动化控制系统应根据上料料批要求，将集中称量斗里的矿石或焦炭装入料车，装好料后，卷扬机将料车拉至炉顶卸料，同时，另一个料车下降到料坑装料，周而复始，完成上料过程。

3）斜桥料车上料工艺的优缺点：当采用斜桥料车上料工艺时，高炉及出铁场和焦矿槽呈并列布置，卷扬机室一般布置在斜桥下方，也有部分高炉卷扬布置在料坑上方。斜桥料车上料工艺简单可靠，投资较少。由于焦矿槽系统与高炉间距有限，不利于总图布置，不利于炉前渣处理设施和环保设施的布置，同时也不利于各种设备的检修。另外，料车上料能力有限，一般 2500m^3 以上高炉，采用斜桥料车上料难以满足工艺要求。

（2）胶带运输机上料工艺。新建大中型高炉多采用胶带运输机上料工艺。

1）胶带运输机上料工艺组成，主要由皮带通廊、主皮带、传动机房、电气自动化控制系统组成。

2）工艺流程：主皮带头部与炉顶设备相接，尾部与槽下供料系统相联系，由传动机房的电动机驱动。正常生产时，槽下设备、主皮带、炉顶装料设备由计算机系统根据上料矩阵实现联动，高炉冶炼所需的各种原料由供矿皮带、供焦皮带输送到主皮带尾部（部分高炉由称量漏斗直接将原料卸到主皮带上），然后主皮带将炉料送至炉顶装料设备，炉顶设备根据程序进行布料。

3）胶带运输机上料工艺的优缺点：采用主皮带上料方式，其缺点是投资较料车上料方式大，但采用此种上料方式，焦、矿槽系统可以远离高炉，布置灵活，总图适应性强，可以腾出出铁场区域附近的地方来布置炉渣处理设施和除尘环保设施，同时也方便高炉的检修。另外，胶带上料能力、赶料能力强，特别适应现代高炉高强度冶炼的要求。

本仿真实验操作中采用的是胶带运输机上料工艺，其具体操作过程如下：

（1）检查所有阀门是否处于关闭状态，并关闭所有阀门。如图 15-2 所示，依次点击槽下系统操作界面中各个阀门，查看各个阀门是否关闭，并关闭所有阀门。

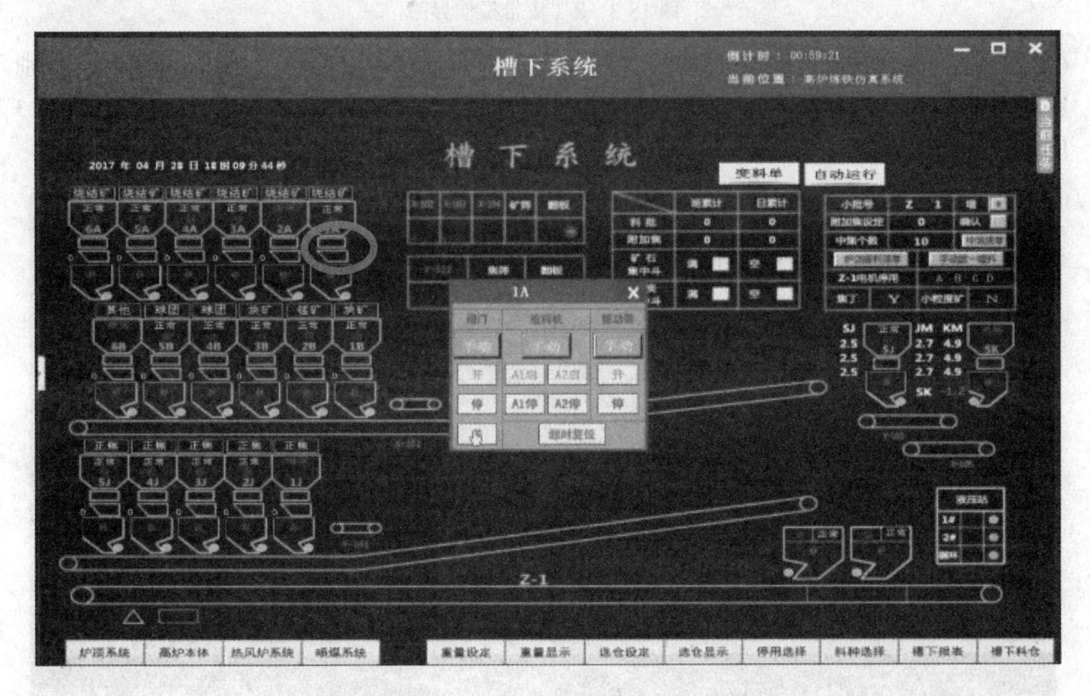

图 15-2　检查阀门并关闭阀门界面

（2）启动 Z-1 皮带四台电机。Z-1 皮带为槽下系统连接高炉炉顶的主要皮带，图 15-3 为 Z-1 皮带操作界面。在槽下上料操作过程中首先要打开 Z-1 皮带电机，其具体操作步骤为弹出“Z-1 皮带操作”，依次启动 Z-1 皮带 ABCD 四台电机，启动完毕后置于“自动”状态。

（3）启动供给原料皮带。在皮下操作系统界面弹出“X-101、Y-101 皮带操作”窗口

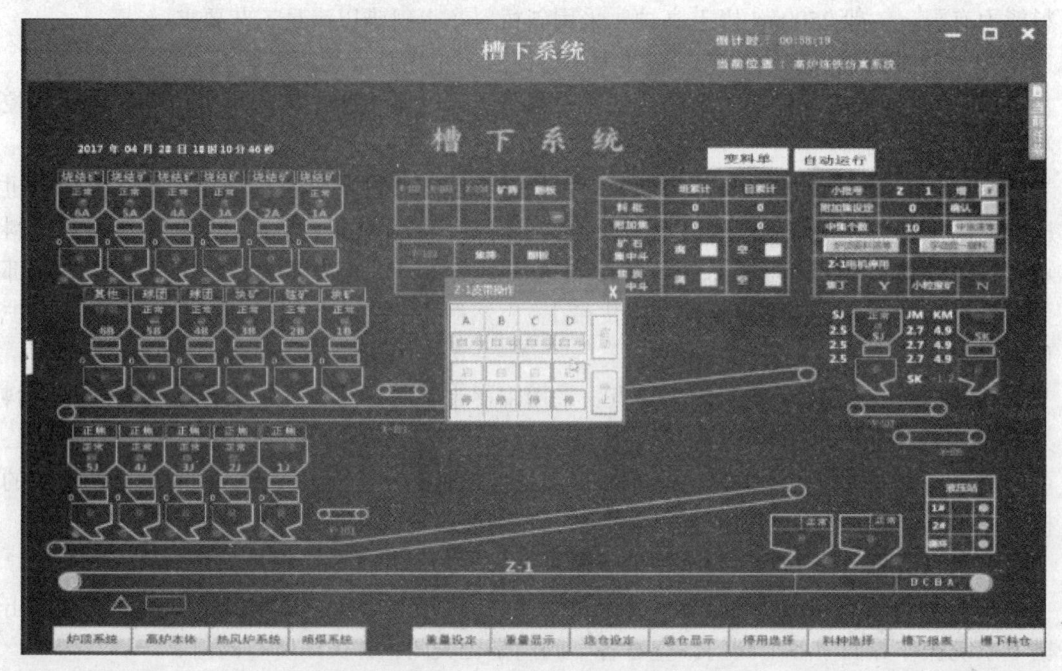

图 15-3　Z-1 皮带操作界面

（X-101 皮带为含铁矿石和熔剂输送皮带，Y-101 为焦炭输送皮带）。如图 15-4 所示，分别启动皮带 X-101、Y-101 及除铁器，启动完毕置于“自动”状态。依次启动 X-105、Y-103 皮带，启动完毕置于“自动”状态。

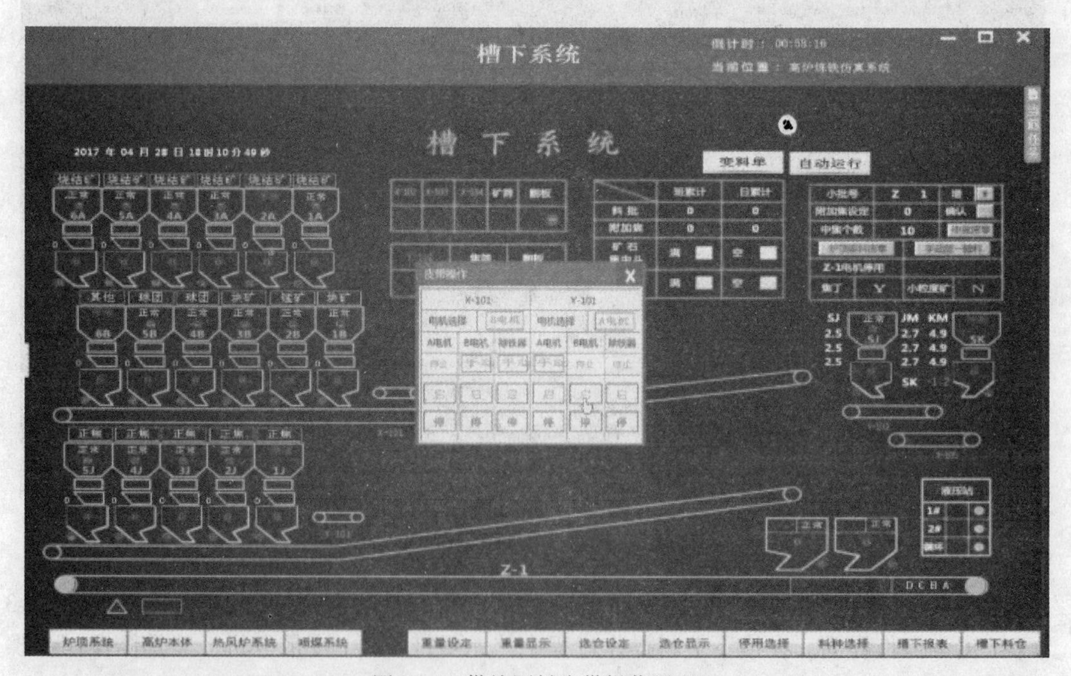

图 15-4　供给原料皮带操作界面

（4）返焦系统操作。在皮下操作系统界面点击表格中的“焦炭”，弹出“返焦系统操作”窗口（见图 15-5），查看焦丁选仓情况，启动焦丁筛子及翻板，并选择“回收”。启动皮带 Y-102（焦丁输送皮带），并将皮带、焦丁筛子及翻板置于“自动”状态。

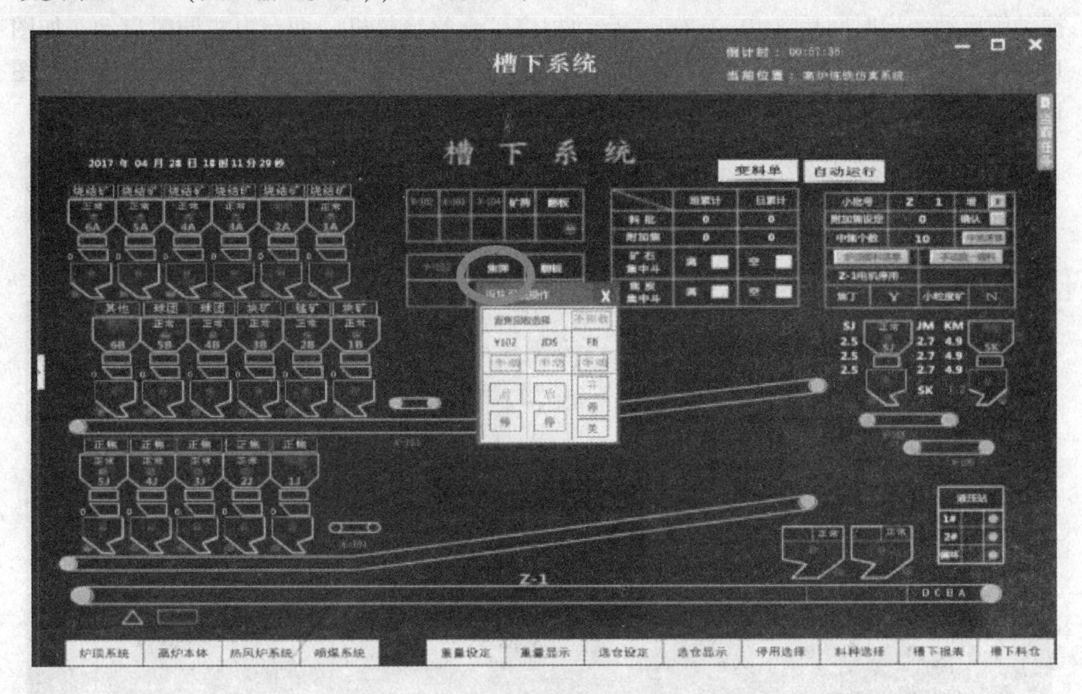

图 15-5 返焦系统操作界面

（5）返矿系统操作。在皮下操作系统界面弹出“返矿系统操作”窗口（见图 15-6），矿丁未选仓且停用，故无需回收。依次启动皮带 X-102、X-104、X-103，并置于“自动”状态。

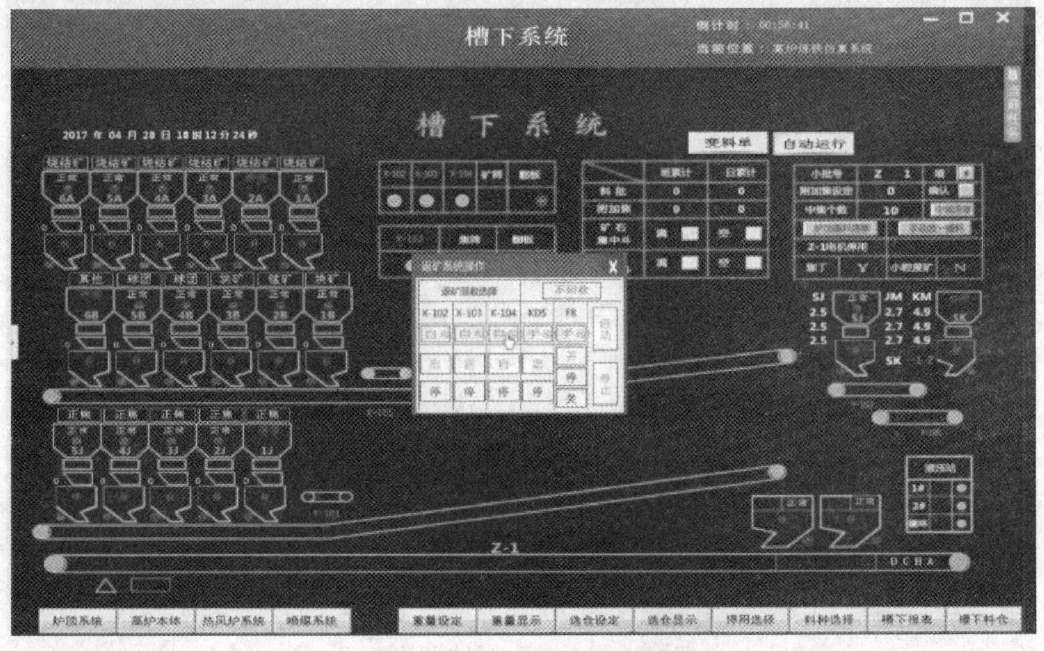

图 15-6 返矿系统操作界面

（6）启动振动筛和给料机对矿石和燃料进行供料。在皮下操作系统界面，点击矿仓振动筛图标，弹出“各已选仓且未停用矿仓”操作窗口，启动振动筛（见图 15-7），等待振动筛启动一定时间后（40s 左右），启动相应矿仓的给料机（两台电机同时启动，如图 15-8 所示）。当料斗装满后，及时依次关闭给料机、振动筛。对焦仓采取同样操作（见图 15-9 和图 15-10）。

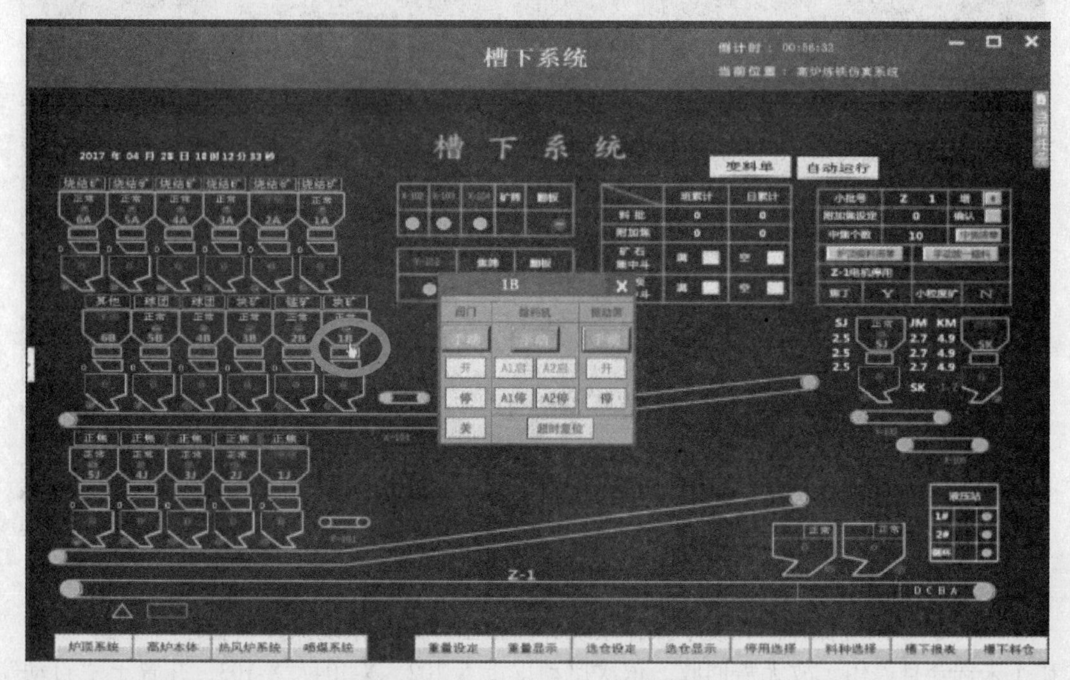

图 15-7　启动矿仓振动筛操作界面

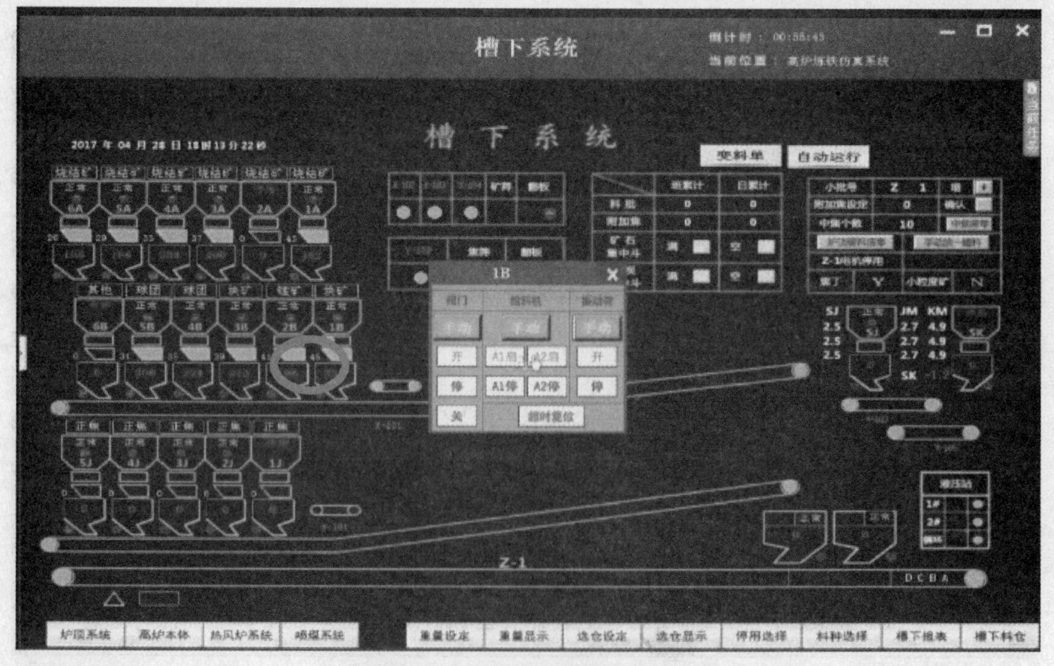

图 15-8　启动矿仓给料机操作界面

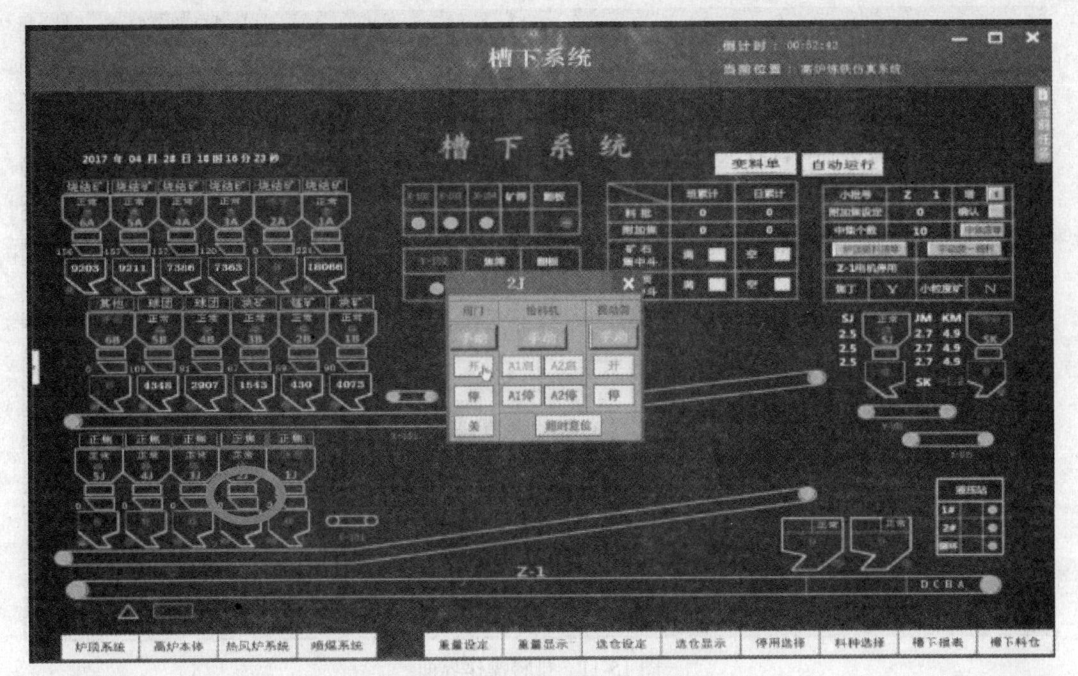

图 15-9　启动燃料仓给料机

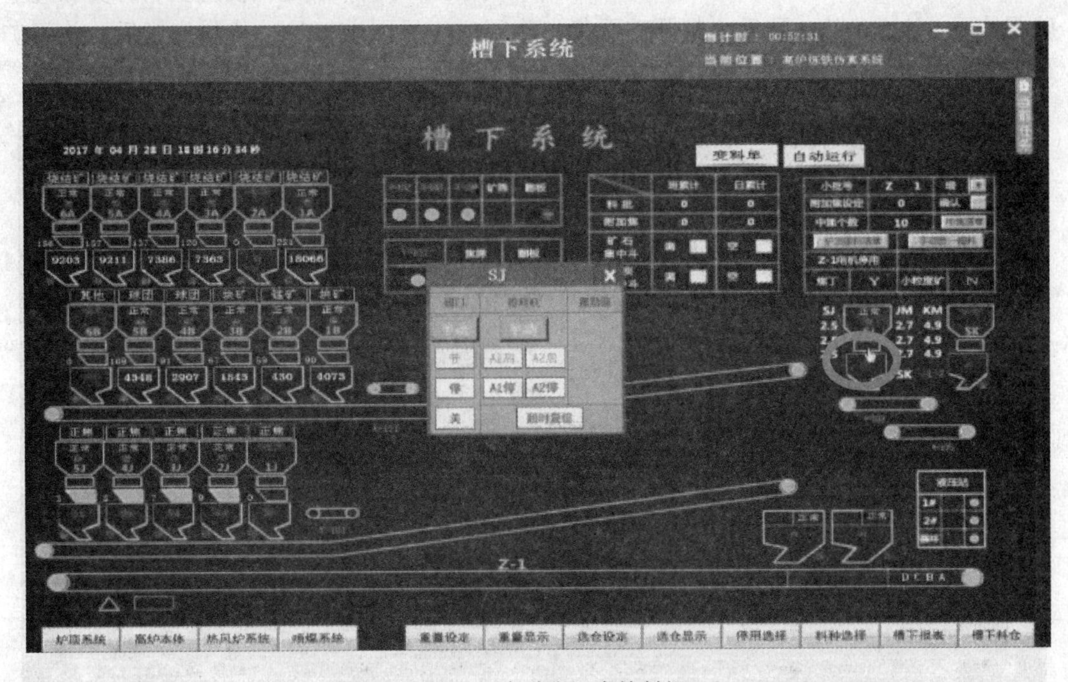

图 15-10　启动焦丁仓给料机

（7）排料。按照矿仓先 B 后 A、由小及大的原则，依次打开矿仓称量斗阀门进行排料（见图 15-11）。放料完毕，关闭阀门，并将阀门、给料机、振动筛置于“自动”状态。对焦仓采取同样操作。

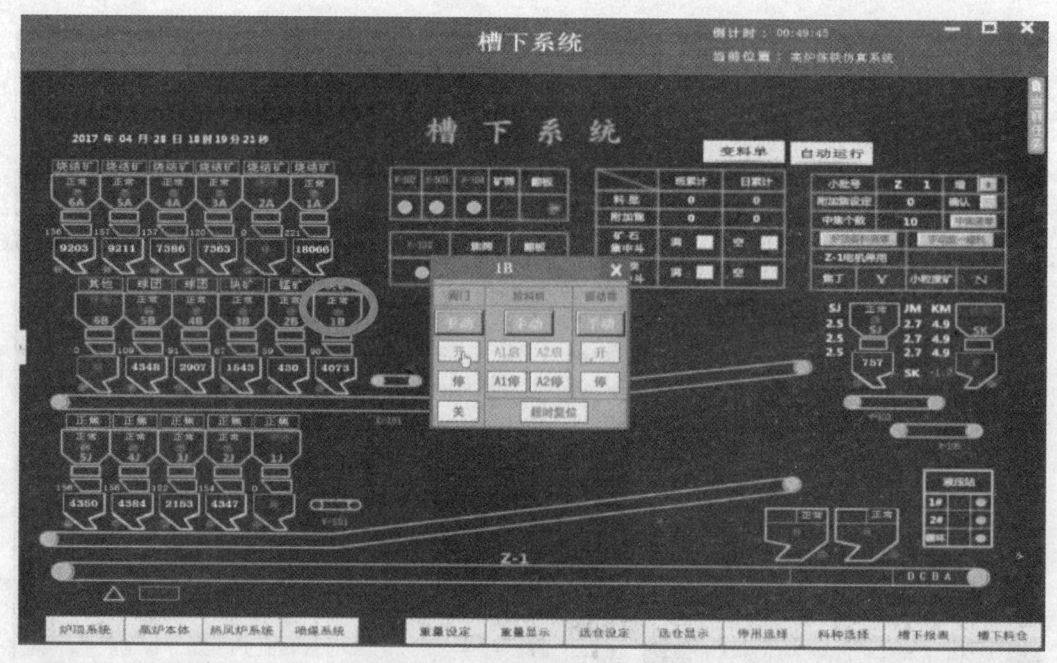

图 15-11　排料操作界面

（8）打开矿石集中斗阀门。切换至“炉顶系统”界面，确定当前应上料种类和应上矿石是否一致。确认一致后，打开矿石集中斗阀门（见图 15-12），排料完毕后，关闭矿石集中斗阀门，并切换至“自动”状态。

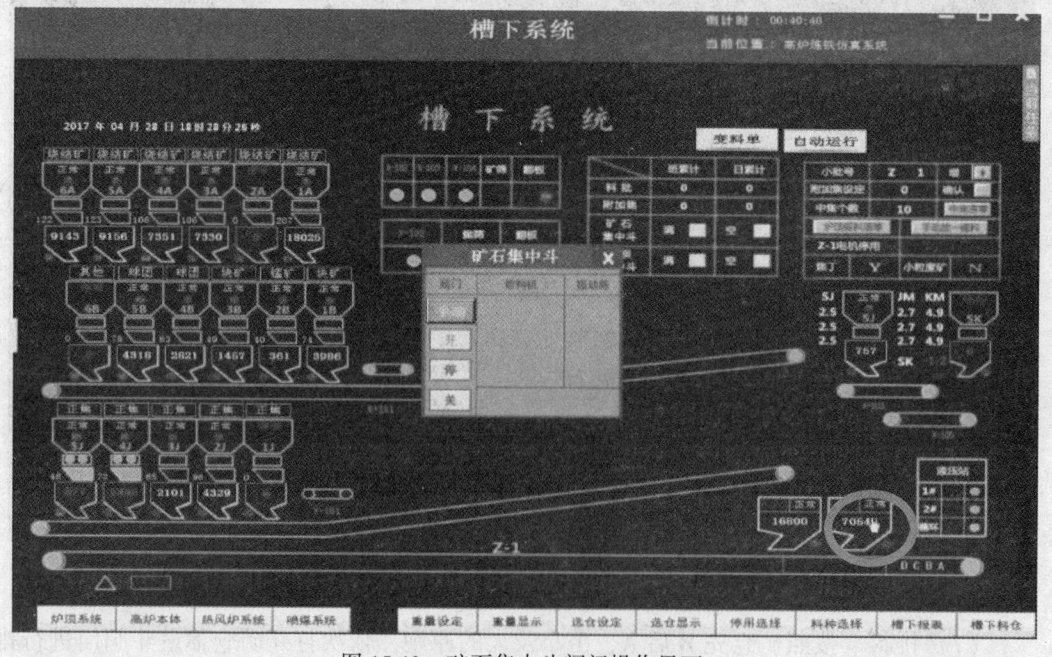

图 15-12　矿石集中斗阀门操作界面

（9）打开焦炭集中斗阀门。切换至“炉顶系统”界面，查看下料罐是否装料完毕。装料完毕后，打开焦炭集中斗阀门（见图 15-13），打开焦丁称量斗阀门，排料完毕后，关闭焦炭集中斗阀门，并切换至“自动”状态。焦丁称量斗完成后，关闭阀门，并将给料机阀门置于“自动”状态。

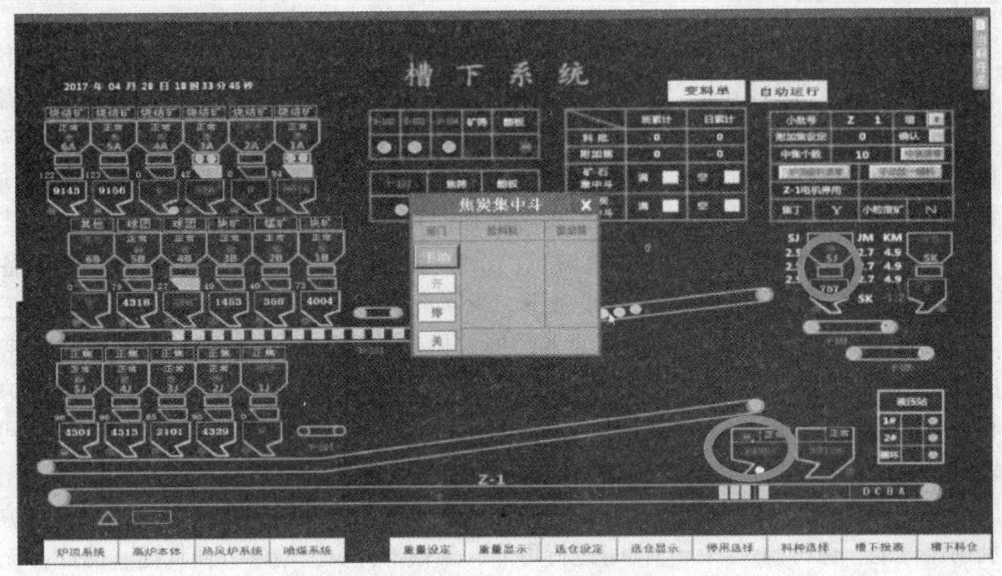

图 15-13 焦炭集中斗阀门操作界面

15.1.2 炉顶手动布料

炉顶装料设备的作用是根据高炉的炉况把炉料合理地分布在高炉内恰当的位置。炉顶装料设备的类型有钟式炉顶装料设备和无钟炉顶装料设备两大类。大多数 750m^3 以下的小型高炉使用钟式炉顶装料设备，大多数 750m^3 以上的大中型高炉使用无料钟炉顶装料设备。

（1）钟式炉顶装料设备。

1）钟式炉顶装料设备主要有大、小料钟和大、小料斗及大、小料钟卷扬机及布料器等。

2）钟式炉顶工作原理：上料时，关闭大钟，料车（钟式炉顶一般采用料车上料）将炉料卸入大料斗，然后开启大钟，炉料卸入小料斗，然后再关闭大钟，均压完毕后再开启小钟，通过布料器将炉料布入炉内，然后再关闭小钟，进行下个循环。

3）钟式炉顶装料设备的优点是：结构较为简单、制造容易、造价低。其缺点是：设备笨重，布料效果差，炉顶压力低，煤气利用差，新建高炉已几乎不再采用钟式炉顶，300m^{3}级以上的高炉也逐步在大修时改造成无钟炉顶形式。

（2）无料钟炉顶装料设备。

1）无料钟炉顶装料设备形式，分为并罐无料钟炉顶装料设备和串罐无料钟炉顶装料设备。这两种形式的装料设备各有其优缺点，应根据其具体情况确定选用何种无料钟炉顶装料设备。

2）无料钟炉顶装料设备主要有上料罐、下料罐、上密封阀、下密封阀、料流调节阀、气密箱、布料溜槽、均压设备等。

3）无料钟炉顶装料设备工作原理：料车或主皮带将炉料输送至上料罐，打开上密封阀后，炉料进入下料罐，关闭上密封阀，进行均压，再打开下密封阀和料流调节阀，炉料经过旋转布料器布入炉内，然后关闭下密封阀和料流调节阀，下料罐排压，再进入下个装料循环。

4）并罐无料钟炉顶装料设备优缺点：两罐交替工作，互不影响，装卸料能力比串罐大；当一侧料罐发生故障时，另一侧料罐仍能维持生产；由于两罐固定，设备检修不需移罐，设备维护检修工作相对方便。但并罐无料钟炉顶装料设备两罐均为高压罐，且设备几乎比串罐多一倍，维修量大；布料时圆周偏析较大，在中心喉管处料流易产生“蛇形”布料；中心喉管及上、下密封阀的磨损相对串罐较大；投资较串罐无料钟设备贵。

5）串罐无料钟炉顶装料设备的优缺点：下罐为高压罐，上罐不需均压，各种设备仅需一套，比并罐炉顶轻15%~25%，设备少，维修量小；由于下罐排料口在中心喉管正上方，布料时圆周偏析小，与并罐比较两者圆周偏析比约为1：4；由于对中布料，下密封阀的开闭为两步动作，对设备磨损较小；投资较并罐无料钟设备便宜。但串罐无料钟炉顶装料设备同心布置，检修需移罐，比并罐稍麻烦；上、下罐互相约束，装卸料能力受到一定影响，要求上料系统能力较大。

总之，无料钟炉顶装料设备具有良好的高压密封性能，灵活的布料手段，能使高炉充分利用煤气能，保持高炉顺行；同时运行可靠，易损部件少，检修方便快捷，因此，无料钟炉顶装料设备在现代高炉得到了越来越普遍的应用。

本仿真操作中采用的是串联无料钟炉顶装料设备，炉顶手动布料的操作包括以下步骤。

（1）开关排压阀。打开炉顶布料界面（见图15-14），弹出“排压阀”操作窗口（见图15-15），打开1号排压阀，将下料罐气压调至标准大气压，调节到位后，关闭1号排压阀，并将排压阀置于“自动”状态。

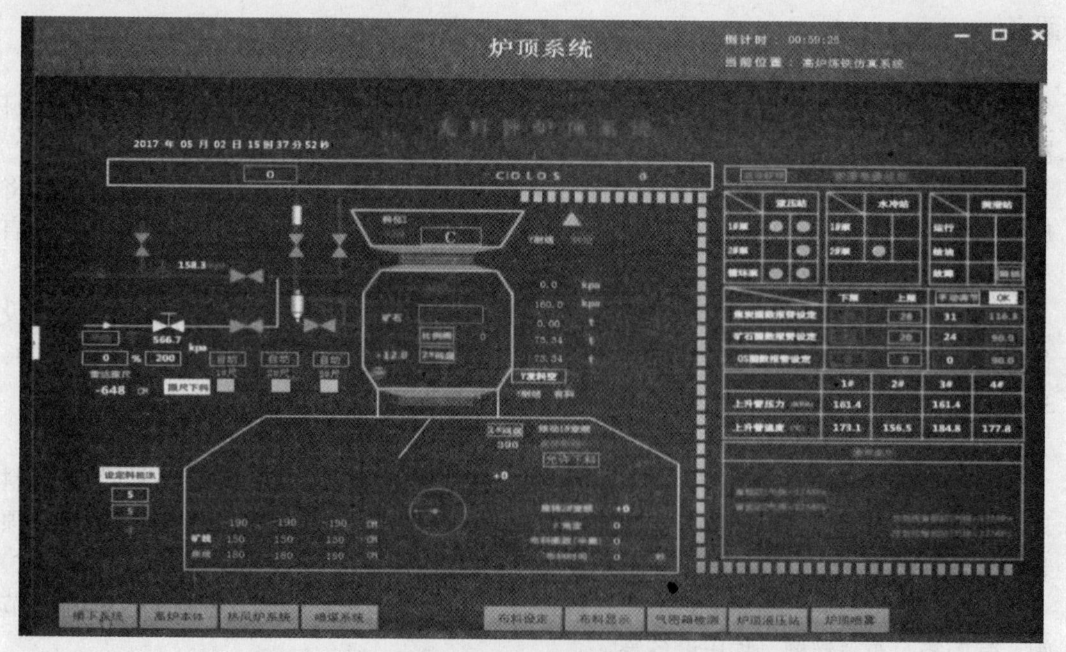

图15-14 炉顶布料界面

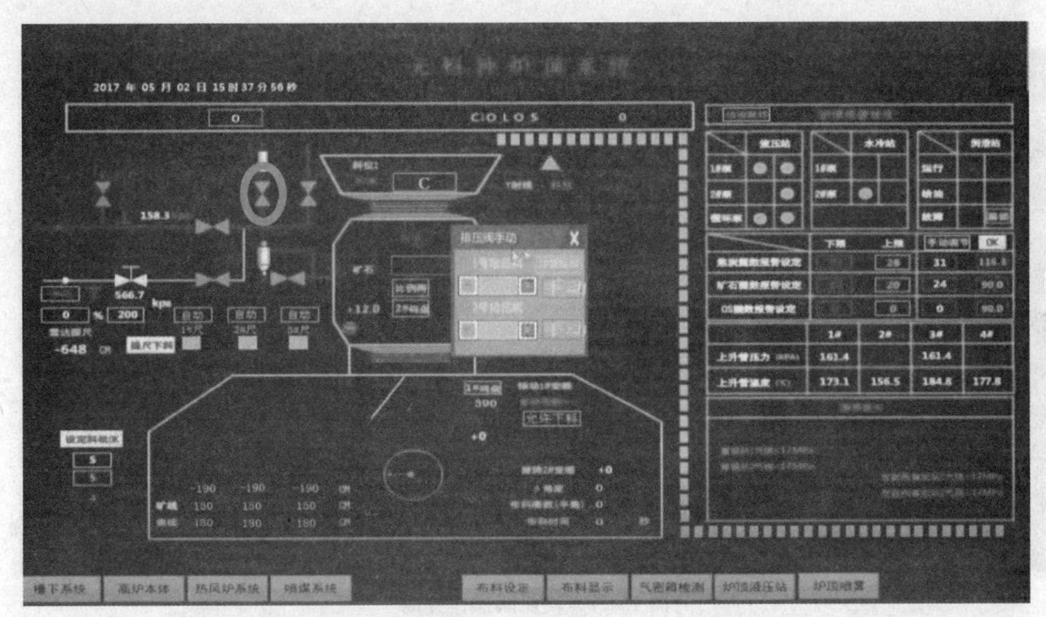

图 15-15 排压阀操作窗口

(2) 开关挡料阀。在炉顶布料界面，弹出挡料阀上密阀操作窗口（见图 15-16），打开“上密压紧”，打开“上密阀”；“上密阀”打开后，打开“挡料阀”，并等待下料罐装料完毕。装料完成后，关闭“挡料阀”。“挡料阀”关闭后，关闭“上密阀”和“上密压阀”，将“挡料阀”“上密阀”和“上密压阀”切换至自动状态。

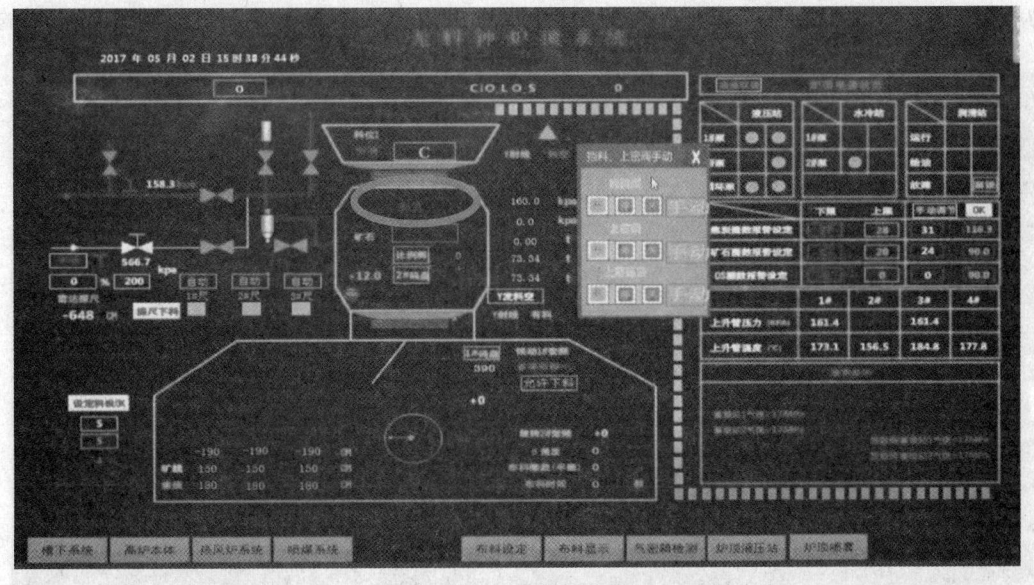

图 15-16 上密阀操作窗口

(3) 开关均压阀（均压阀的作用是给料罐均压，往料罐里充压使料罐压力略大于炉内压力，保证炉料可以放到高炉里面）弹出均压阀操作窗口（见图 15-17），打开均压阀。均压阀打开后，打开一均阀，将下料罐与高炉的压力差调节至零。压力调节到位后，关闭一均阀和均压阀。将一均阀、均压阀切换至“自动”状态。

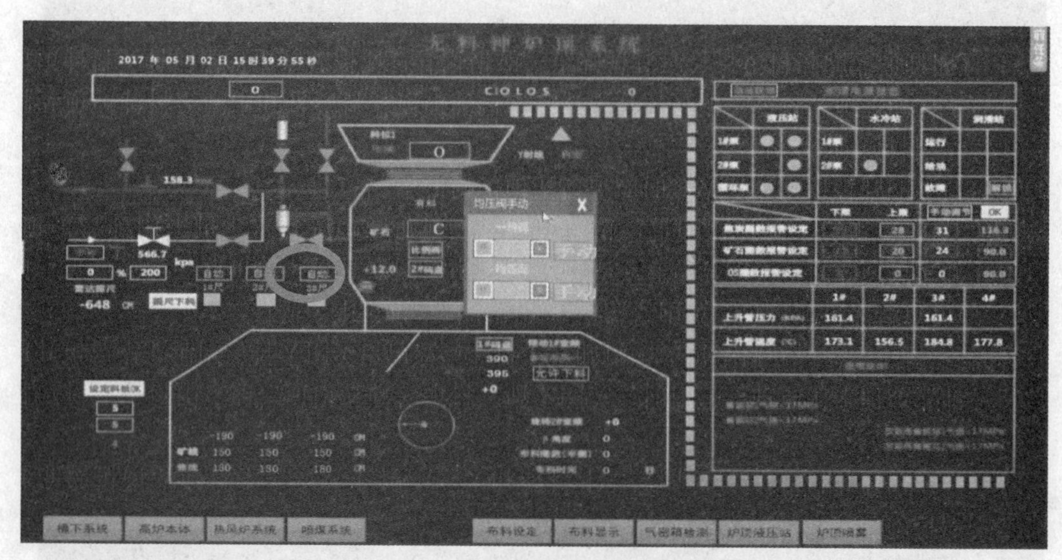

图 15-17 均压阀操作界面

（4）开关下密阀和料流阀。弹出下密阀操作窗口（见图 15-18），打开下密压紧。下密压紧打开后，打开“下密阀”。弹出料流阀操作窗口（见图 15-19）。打开料流阀至指定角度进行布料（料流阀有两种打开方式：“任意开”和“角度开”）。手动状态下，默认为“角度开”。任意开：点击开，料流阀直接开到最大。角度开：先设定开到的角度，然后点击开，料流阀直接开到设定的角度。料流阀 γ 角最大角度为 60°，所以角度设定值为：0°~60°。操作方式：根据布料显示中料钟的 γ 角度大小，先设定料流阀需要开到的

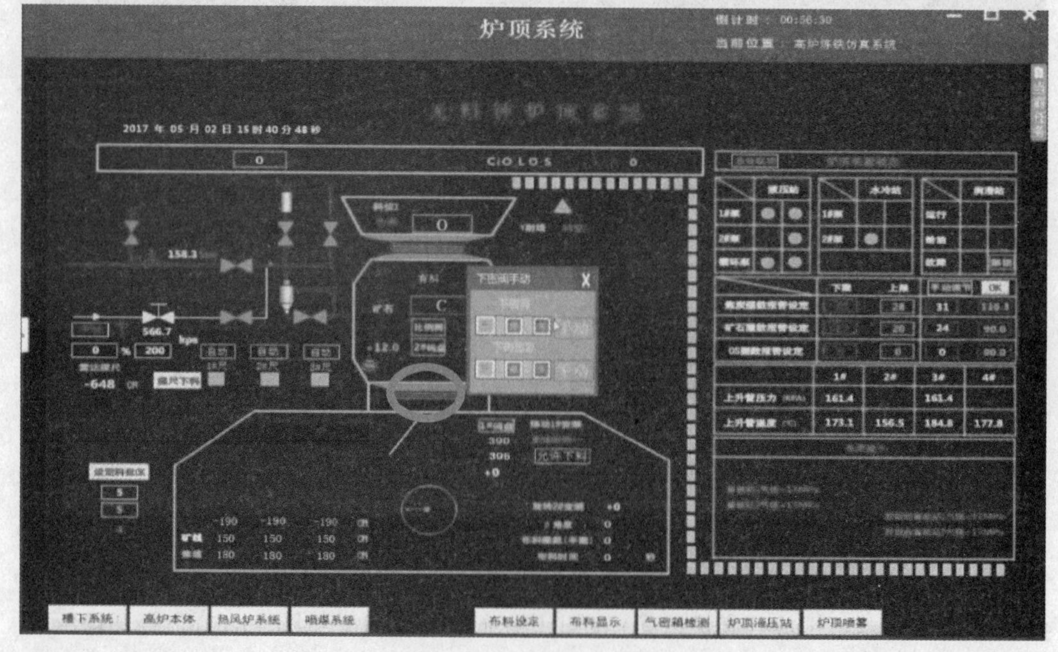

图 15-18 下密阀操作窗口

角度大小，然后点击开）。当料流阀开至最大时（料流阀 γ 角最大角度为60°），关闭料流阀，将料流阀切换至“自动”状态。料流阀关闭后，关闭下密阀和下密压紧。将下密阀、下密压紧切换至“自动”状态。炉顶布料操作完成。

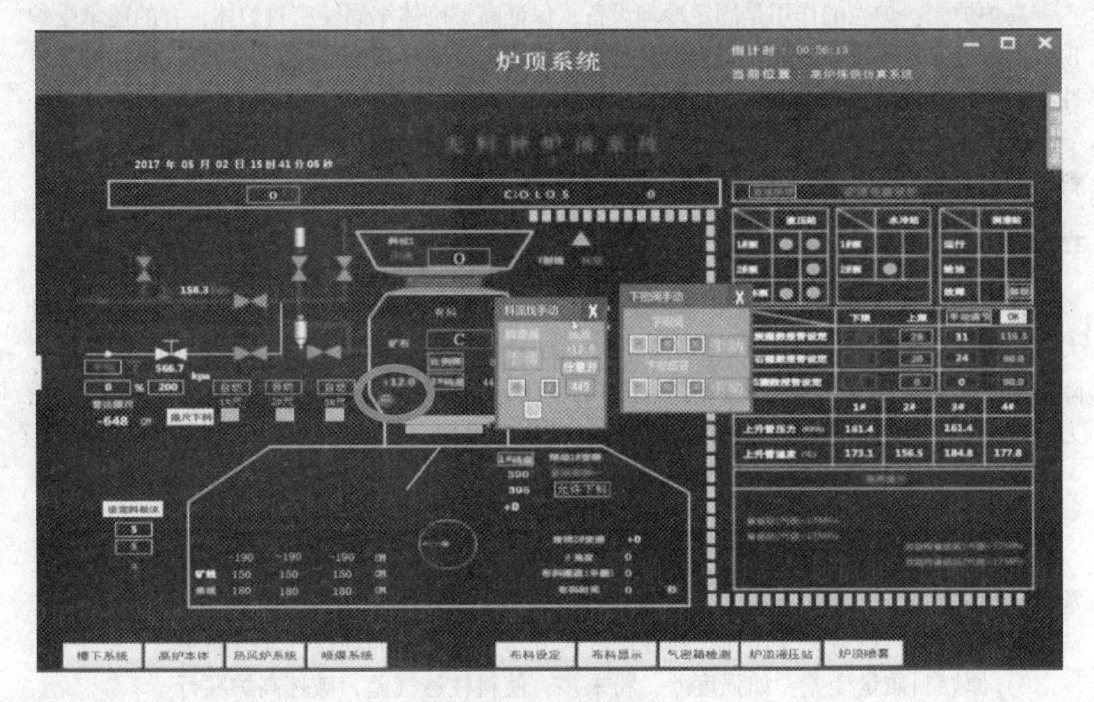

图 15-19　流料阀操作窗口

15.2　高炉本体仿真

高炉本体自上而下可分为炉喉、炉身、炉腰、炉腹、炉缸 5 个部分。炉喉是高炉本体的最上部分，呈圆筒形。炉喉既是炉料的加入口，也是煤气的导出口。它对炉料和煤气的上部分布起控制和调节作用。

炉身：高炉铁矿石间接还原的主要区域，呈圆锥台简称圆台形，由上向下逐渐扩大，用以使炉料在遇热发生体积膨胀后不致形成料拱，并减小炉料下降阻力。炉身角的大小对炉料下降和煤气流分布有很大影响。

炉腰：高炉直径最大的部位。它使炉身和炉腹得以合理过渡。由于在炉腰部位有炉渣形成，并且黏稠的初成渣会使炉料透气性恶化，为减小煤气流的阻力，在渣量大时可适当扩大炉腰直径，但仍要使它和其他部位尺寸保持合适的比例关系，比值以取上限为宜。炉腰高度对高炉冶炼过程影响不很显著，一般只在很小范围内变动。

炉腹：高炉熔化和造渣的主要区段，呈倒锥台形。为适应炉料熔化后体积收缩的特点，其直径自上而下逐渐缩小，形成一定的炉腹角。炉腹的存在，使燃烧带处于合适位置，有利于气流均匀分布。炉腹高度随高炉容积大小而定，但不能过高或过低，一般为 3.0~3.6m。炉腹角一般为 79°~82°；过大，不利于煤气流分布；过小，则不利于炉料顺行。

炉缸：高炉燃料燃烧、渣铁反应和贮存及排放区域，呈圆筒形。出铁口、渣口和风口都设在炉缸部位，因此它也是承受高温煤气及渣铁物理和化学侵蚀最剧烈的部位，对高炉煤气的初始分布、热制度、生铁质量和品种都有极重要的影响。

高炉炉壳：炉壳的作用是固定冷却设备，保证高炉砌体牢固，密封炉体，有的还承受炉顶载荷、热应力和内部的煤气压力，有时要抵抗崩料、坐料甚至可能发生的煤气爆炸的突然冲击，因此要有足够的强度。

高炉本体的仿真实训主要为高炉炉况的模拟和仿真，包括管道气流出现异常、高炉崩料、高炉悬料、低料线、紧急休风、停煤和复风。

15.2.1　高炉崩料

在高炉冶炼过程中，炉料下降和煤气上升是一对主要矛盾，而炉料下降是炉料的重量大于炉料之间的摩擦力、炉料与炉墙摩擦力以及煤气托力的总和时，才能使炉料正常下降，而阻碍炉料正常下降主要是煤气托力的变化，如煤气边沿或中心过分发展时，煤气托力减小很多，此时就会出现炉料突然下降，即崩料出现。

崩料可分为上部崩料和下部崩料。

(1) 上部崩料。

1) 炉料和煤气流分布失常：长期边沿或中心煤气流过分发展或管道行程造成炉况失常没有及时调节。

2) 炉顶布料设备失常：使炉料在炉喉区分布不合理，而使煤气流分布失常。

3) 原燃料质量变差：如强度差，粉末多，使料柱透气差，破坏高炉顺行。

4) 上部炉墙结厚炉缸堆积：使煤气流分布失常，则容易引起上部崩料。

5) 高炉剖面有较大变化：容易引起煤气流失常，而产生崩料。

(2) 下部崩料。

1) 热制度波动大：造渣制度波动，煤气体积发生变化，使煤气托力发生变化。

2) 炉墙下部结厚，炉缸堆积造成蹩渣、铁时，则容易引起下部崩料。

上部崩料处理方法主要有以下几方面：

(1) 由于原燃料质量变差，而引起的崩料：原燃料变差后，会引起料柱透气性变坏，可采用适当发展边沿的装料制度，风压偏高时应适当降低冶炼强度，稳定风压，同时加强对槽下原燃料质量的检查工作，合理搭配原料，加强原燃料的过筛工作，杜绝用仓底料。

(2) 炉顶布料设备出现故障：要及时处理保证炉料在炉喉的合理分布。

(3) 高炉上部结厚：结厚处往往煤气流被抑止，其他炉墙处煤气比较旺盛，由于边沿气流在边沿分布不均而出现管道气流而崩料，因此应采取抑止边沿气流的装料制度。

(4) 上部炉墙严重破坏：特别是炉墙形成凹陷区，炉料在下降过程中由于矿石的“超越”现象使凹陷区集中大量的焦炭而形成疏松，该区炉身温度较高，气流旺盛，容易形成间断性的管道气流而出现上部崩料现象，此时除采用抑止边沿的装料制度外，还应定期（每间隔20批料左右）加一厚料层，用疏导和抑止的办法，改善煤气流的合理分布，避免上部气流的出现，防止周期性的崩料出现。

本书模拟高炉冶炼过程中出现崩料现象，并对这一现象进行紧急处理以期高炉恢复正常生产。崩料的处理过程整体上分为两个阶段：处理期和恢复期。

(1) 处理期。

1) 当高炉出现崩料征兆后，立即减风，且炉顶压力随风量进行调节；同时减氧或停氧、减煤或停煤。从出现崩料时开始3min内减风至料行正常，且当风量低于正常风量的80%时必须停氧，按

$$煤量=30\times[风量\times0.21+氧量/60]/1116$$

大致计算，且风量低于正常风量的60%必须停煤；炉顶压力随风量调剂：按100风量5~10kPa同向调节。

2) 崩料现象发生后，立即切换到禁止上料，加净焦（料线每低于规定料线1m（亏料线按四舍五入计算）加净焦一个，以此类推）。

3) 降低焦炭负荷，缩矿，疏导边缘，切换到允许上料，进行赶料线。

4) 赶料线接近正常时，查看风口、炉温水平状况。

(2) 恢复期。赶料线接近正常和炉温正常后开始恢复风量、氧量及喷煤量等。注意：在料线小于2.0m时方可恢复风氧量，加风速度不大于200Nm^3/min，风量达到正常风量的80%以上时方可进行富氧操作，且加氧速度不大于2000Nm^3/min。最终风量要求恢复至4500~4600Nm^3/min，氧量达到7000~8000Nm^3/min，最终煤量根据风氧量水平对应恢复，按

$$煤量=30\times[风量\times0.21+氧量/60]/1116$$

大致计算。炉顶压力恢复至180~200kPa。

15.2.2　高炉悬料

高炉炼铁过程中，炉料停止下降延续超过一定时间（如一些厂规定为下降1~2批料的时间），即为悬料。经过3次以上坐料未下，称顽固悬料。它是炉况失常的一种表现。高炉发生悬料的主要征兆有以下四个方面：

(1) 炉料停止下降，风口前焦炭呆滞甚至不动。

(2) 悬料前风压慢慢上升，风量逐渐减小，悬料后风压急剧上升，风量和顶压随之自动减少，严重时两者趋近于零。发生悬料时炉料停滞不动。

(3) 顶温和炉喉温度上升且波动范围较小，严重悬料时，顶压趋近于零，炉喉温度下降很快。

(4) 上部悬料时上部压差过高，下部悬料时下部压差过高。

当高炉炉况发生悬料时，应及时处理以使损失最小，处理方法包括以下方面：

(1) 发现风压升高，炉料难行，如果炉温充足则可减煤量或降风温，争取炉料不坐而下；如果炉温不足，则应先停氧、减风，相应减煤或停煤。

(2) 由于炉温高而造成悬料时，立即停氧、停喷煤或降风温，使煤气体积减小；如果是炉凉引起的悬料，应适当减风。

(3) 探尺不动同时压差增大，透气性下降，应立即停止喷吹，改常压放风坐料。坐料后恢复风压要低于原来压力。

(4) 坐料前应观察风口，防止灌渣与烧穿，悬料坐料期间应积极做好出渣出铁工作。当连续悬料时，应缩小料批，适当发展边沿及中心，集中加净焦或减轻焦炭负荷。

(5) 从安全考虑，放风坐料应不超过3min；坐料前炉顶应通蒸汽；坐料时，严禁除

尘器清灰；坐料未完成时，严禁更换封渣口。

（6）如悬料坐不下来可进行休风坐料。

（7）每次坐料后，应按指定热风压力进行操作，恢复风量应谨慎。

（8）悬料可临时撤风温处理，降风温幅度可大些。坐料后料动，先恢复风量、后恢复风温。

（9）冷悬料难于处理，每次坐料后都应注意顺行和炉温，防热悬料和炉温反复。严重冷悬料，避免连续坐料，只有等净焦下达后方能好转，此时应及时改为全焦操作。

（10）悬料消除，炉料下降正常后，应首先恢复风量到正常水平，然后根据情况，恢复风温、喷煤及负荷。

本仿真过程中模拟了高炉出现连续悬料的失常炉况，要求发现高炉悬料征兆并及时进行预处理，其操作步骤可以分为预处理期、处理期和恢复期。

（1）预处理期。

1）出现悬料征兆。观察炉体曲线变化趋势，当发现风压剧烈波动时，说明出现悬料征兆（见图15-20）。

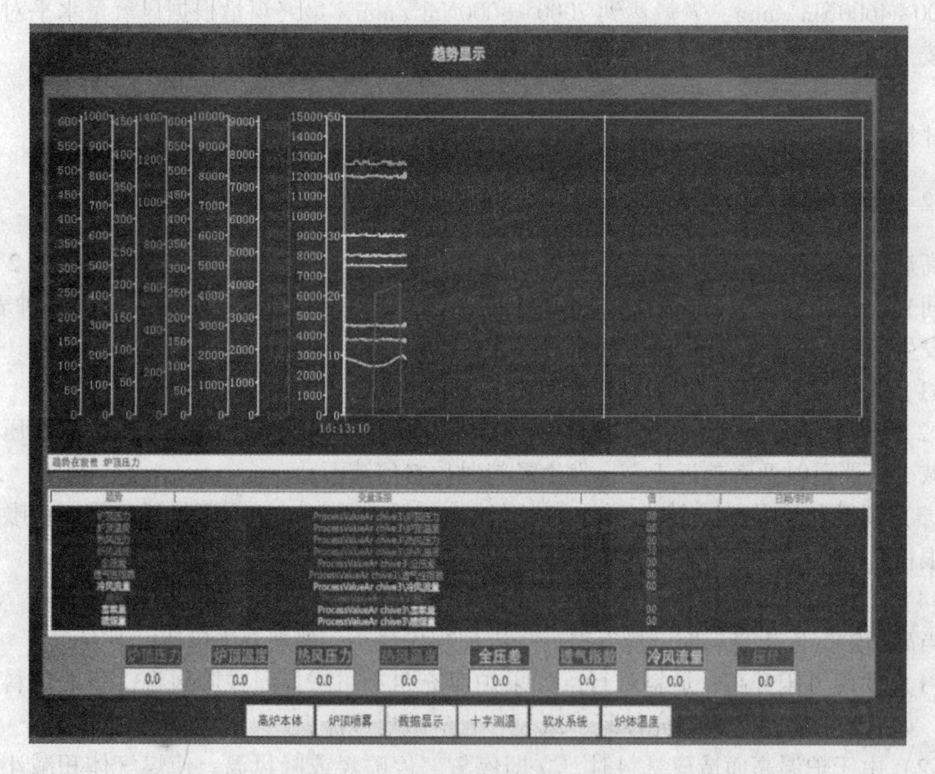

图15-20　高炉炉体曲线变化趋势

2）进行减风和减压操作，进行减煤和减氧操作。当发现高炉出现悬料征兆后，应立即减风至正常风量的80%～85%，炉顶压力配合风量调节（从180kPa降低至110kPa），同时减氧、减煤。

3）观察悬料处理状况。点击查看风口炉温温度、硅水平、铁水温度。查看悬料状况是否解决。如果解决则进行操作恢复，否则进行下一步处理。

（2）处理期。

1）悬料未解决，继续进行减风、减压和停氧停煤操作，停 TRT（高炉煤气余压透平发电装置），并把高压改为常压。加强炉外出铁，并禁止高炉上料，炉顶停止打水，炉顶通氮气，煤气系统通氮气。

2）关闭混风阀，探尺改手动操作，并把探尺提到待机位。

3）坐料（是一种快速放风，使风压降至指定的水平直至为零的高炉炉前操作）。

通过设定放风阀开度减风，实现减风压，设定值必须足以一次性把料坐下来。确认坐料完毕后放下探尺，并停止炉顶通蒸汽、煤气系统关闭氮气，打开混风阀。

（3）恢复期。

1）坐料完成后将风量加之正常风量的 70%，顶压增加至 72kPa。

2）加净焦。规定料线为 1.6m，料线每低于规定料线 1m 加净焦一个，以此类推。

3）减轻焦炭负荷，缩矿，疏通边缘。

4）将高炉设置为允许上料，进行赶料线。料线小于 2.5m 后逐步加风量和加压，扩矿。当风量（标态）达 2500～3000m^3/min（加风设定为 50%～60%）时改高压操作，风量达目标风量的 60%以上（加风设定 54%～56%）时开始喷煤，风量达到正常风量的 80%以上（加风设定 73%～74%）时进行富氧操作。最终结束时恢复风量（标态）达 4400～4500m^3/min，氧量（标态）可达到 6000～8000m^3/min，炉顶压力达 170～190kPa，风温达 1100～1180℃。

15.2.3 低料线

高炉用料不能及时加入到炉内，致使高炉实际料线比正常料线低 0.5m 或更低时，即称低料线。

（1）出现低料线征兆。观察炉体曲线变化趋势（见图 15-21），当发现探尺曲线的料线过低和风压曲线下降时，说明出现低料线征兆。

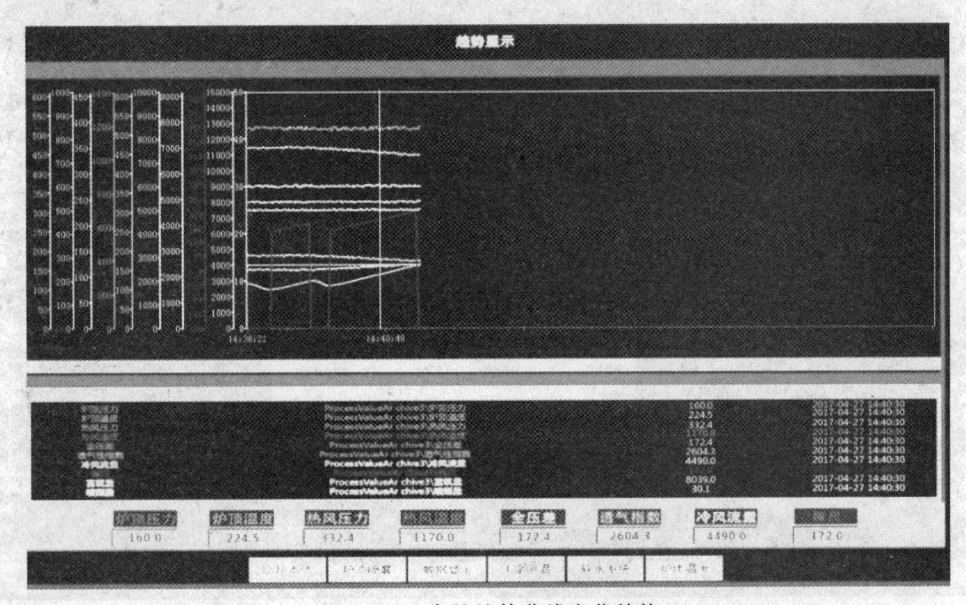

图 15-21 高炉炉体曲线变化趋势

（2）减风和减压操作。在高炉本体界面，进行减风和减压操作（见图15-22）。将风量从正常风量的90%逐渐下降至正常风量的84%，风压从160kPa降至100kPa，然后进行减氧和减煤操作（四次），将氧含量从80%减至60%。

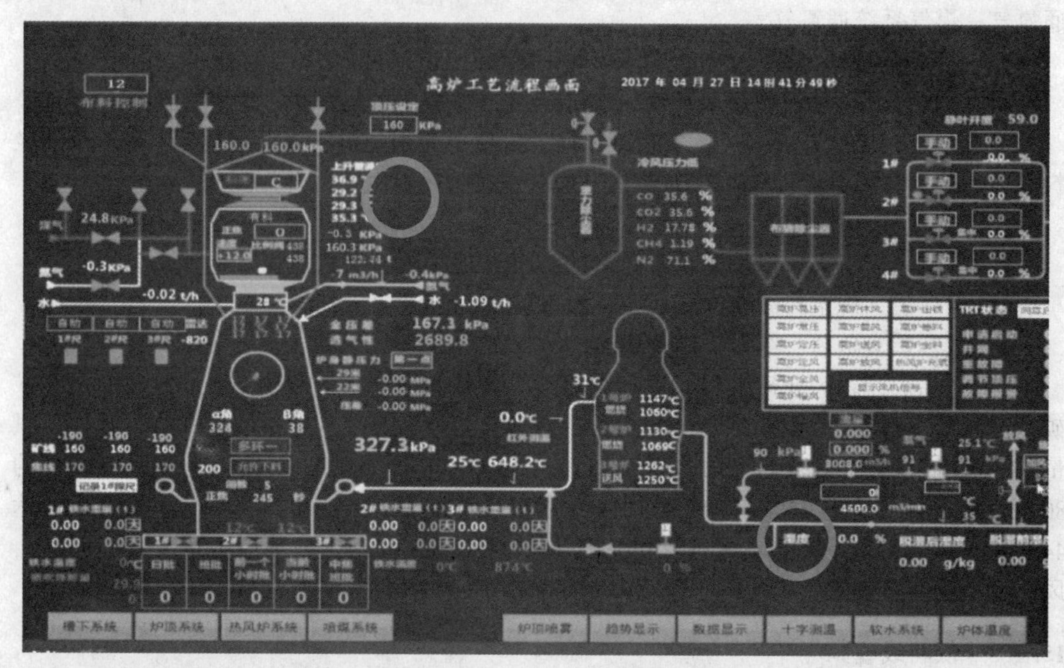

图15-22　减风、减压、减氧和减煤操作界面

（3）加净焦指令。点击“加1个净焦”指令，点击降低焦炭负荷和缩矿指令（见图15-23）。

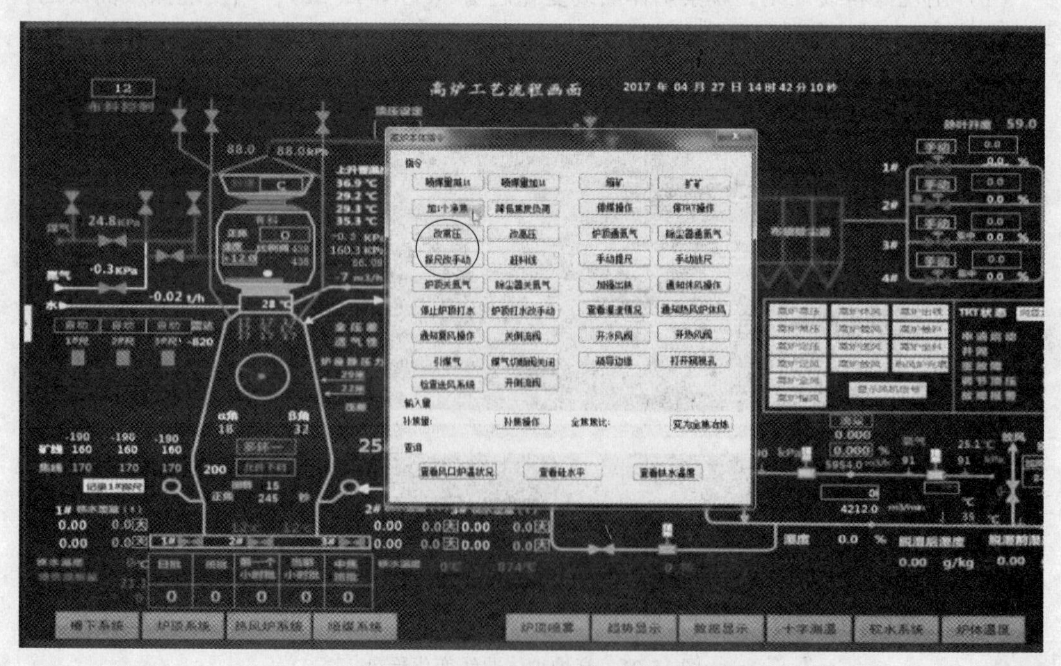

图15-23　加净焦指令窗口

（4）赶料线。点击“赶料线”指令，切换至趋势显示画面，查看赶料线情况（见图15-24）。

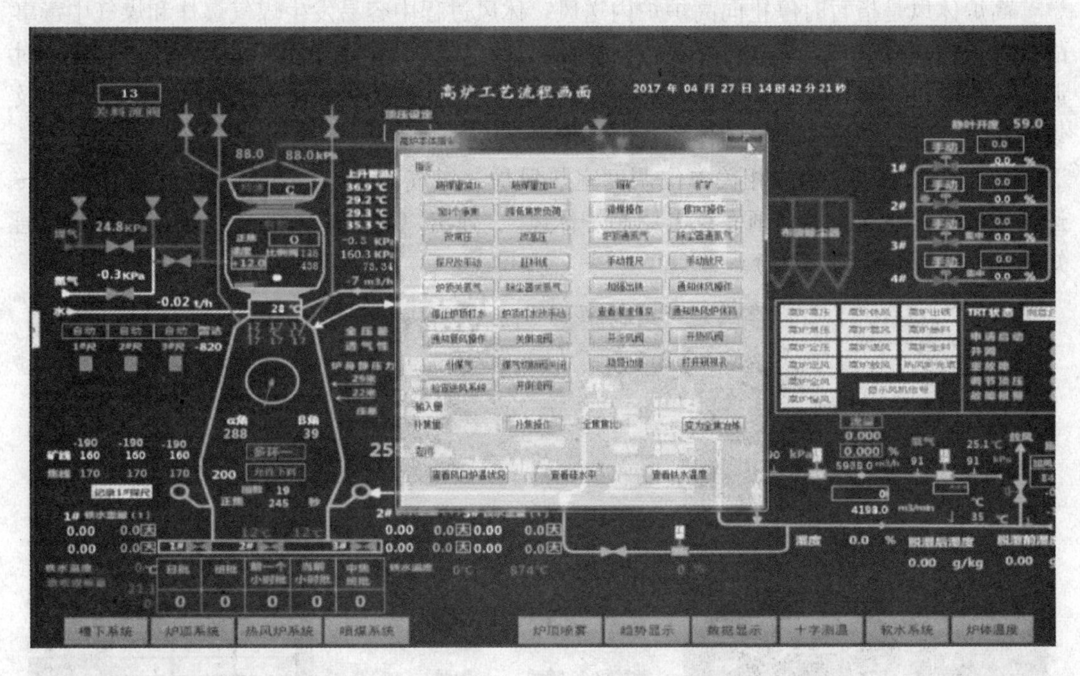

图 15-24　赶料线指令窗口

（5）恢复期。料线恢复正常时，开始加风、加压、加煤（点击 10 次）和加氧（见图15-25）。待料线情况恢复正常。

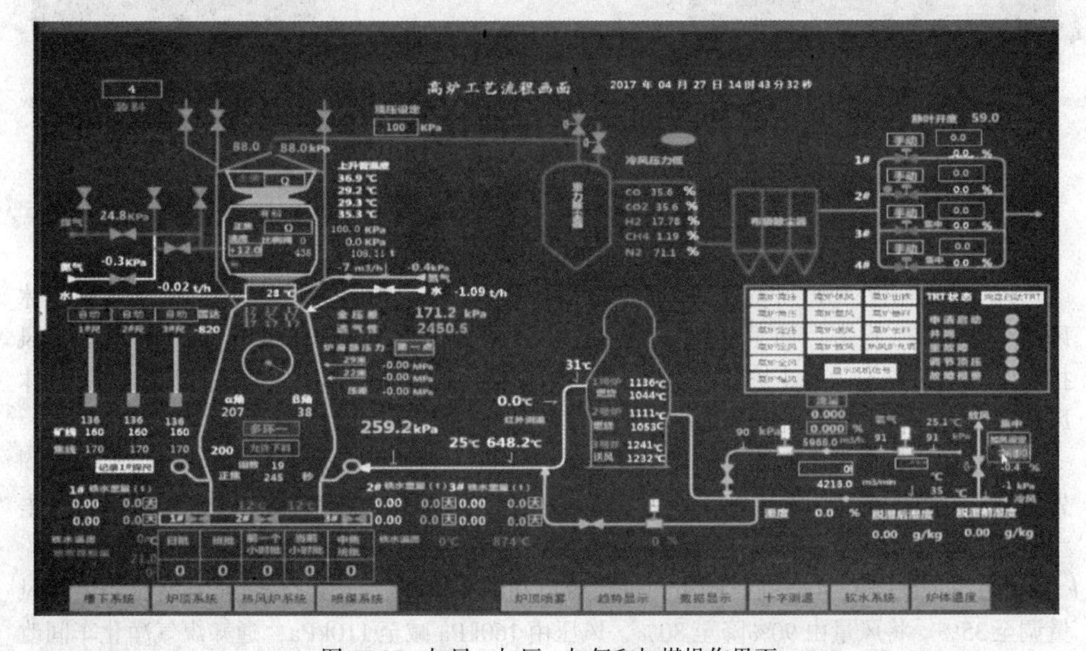

图 15-25　加风、加压、加氧和加煤操作界面

15.2.4 高炉休风

高炉休风是指暂时停止向高炉炉内送风。休风过程中容易发生煤气爆炸和煤气中毒事故。高炉休风往往是为了进行一些检修作业，如换风口、焊补煤气系统等。休风时应及时调节煤气供应，防止煤气系统产生负压；进行高压操作的高炉在休风前改为常压；炉顶及切断阀通蒸汽；严格按规定的休风程序操作。

(1) 预处理期。通知相关单位调度室热风炉、煤气净化车间、风机、喷煤、铁水转运高炉休风。在高炉本体画面点击“高炉休风”，弹出“高炉休风指令”窗口，点击“通知休风操作”(见图 15-26)。

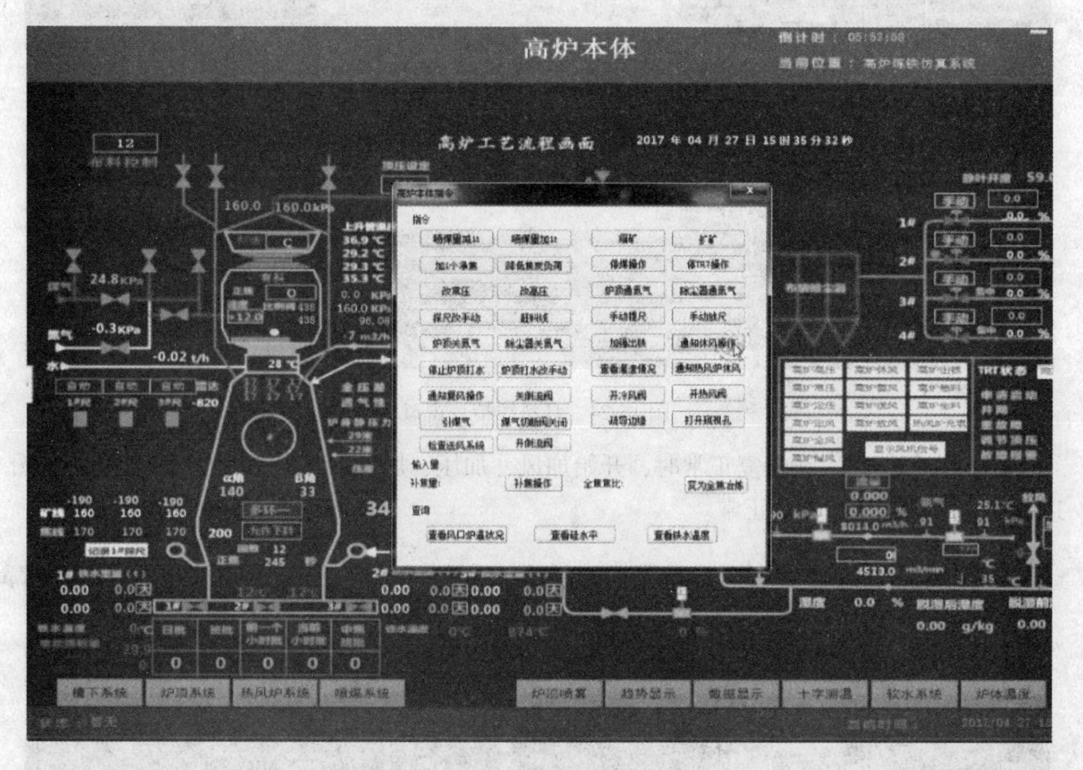

图 15-26 通知休风操作指令窗口

(2) 加强出铁和炉顶喷雾打手动。在高炉本体界面点击“高炉休风”，弹出“高炉休风指令”窗口，点击“加强出铁”。在高炉本体画面点击“高炉休风”，弹出“高炉休风指令”窗口，点击“停止炉顶打水”，在高炉本体画面点击“高炉休风”，弹出“高炉休风指令”窗口，点击“炉顶打水改手动”(见图 15-27)。

(3) 关闭富氧调节阀和切断阀，停煤和停 TRT（高炉煤气余压透平发电装置）操作。先停氧后停煤，在高炉本体画面点击“高炉休风”，弹出“高炉休风指令”窗口，点击“停 TRT 操作”。

(4) 打开 3 号、4 号高压阀组，进行减风和减压操作。打开 3 号、4 号高压阀，将风量调至 35%。将风量由 90%降至 80%，风压由 160kPa 减至 110kPa，通知煤气净化车间改常压（见图 15-28）。

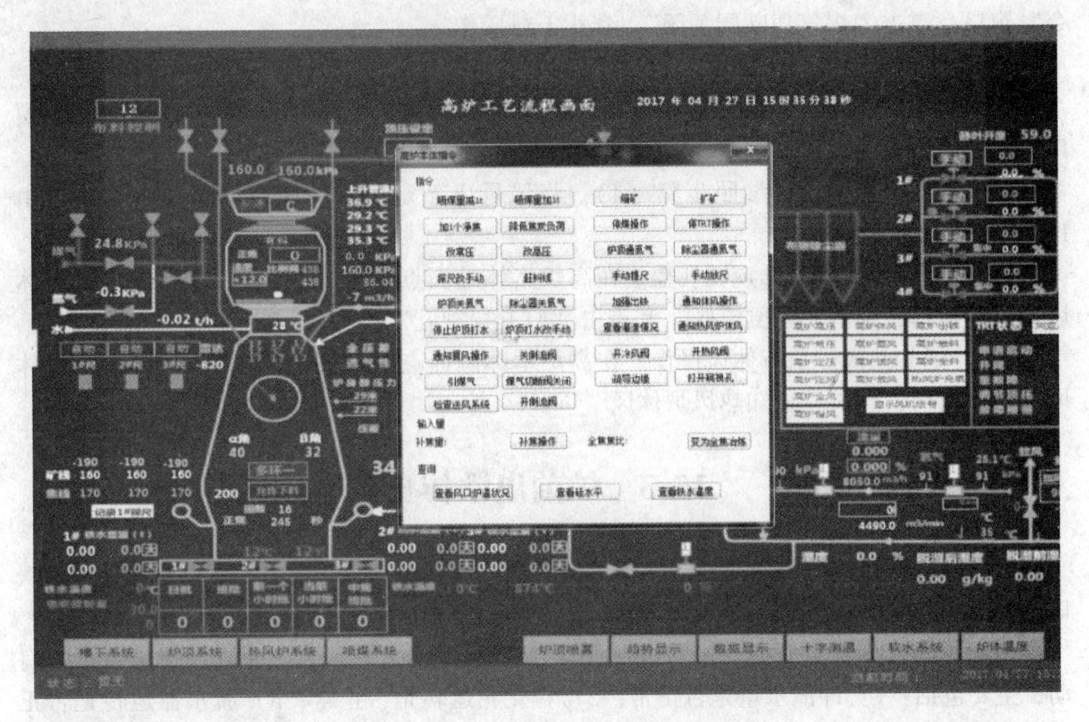

图 15-27　停止炉顶打水指令窗口

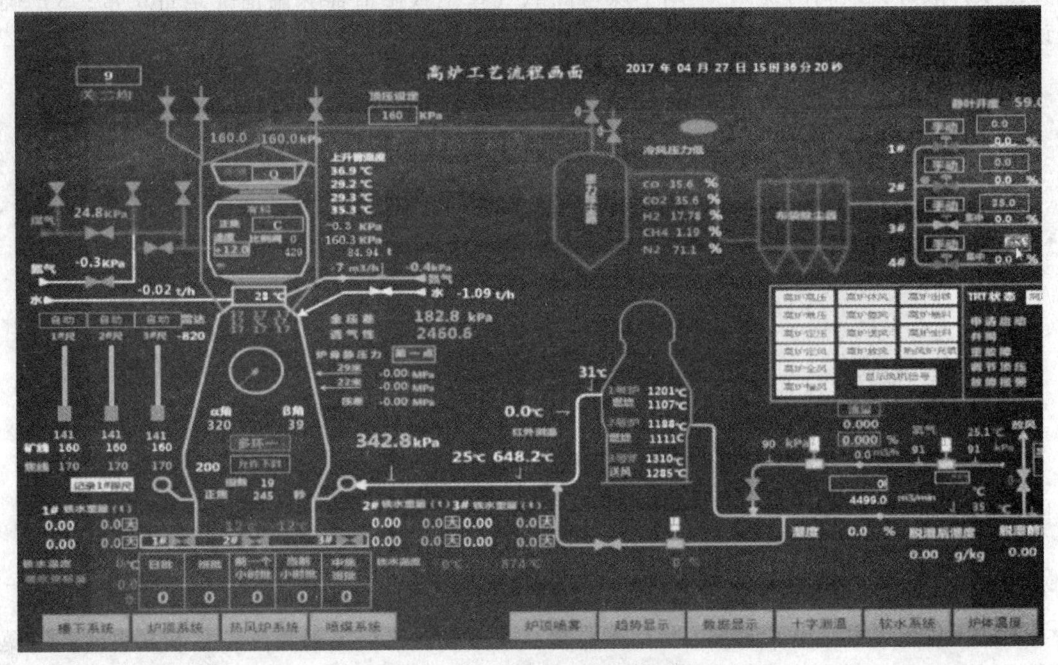

图 15-28　3 号、4 号高压阀组操作窗口

（5）炉顶和除尘系统通氮气，打开放散阀。在高炉本体界面点击“高炉休风”，弹出“高炉休风指令”窗口，点击“炉顶通氮气”和“除尘系统通氮气”。打开 3 个放散阀。

（6）切断煤气，禁止上料。在高炉本体画面点击“高炉休风”，弹出“高炉休风指令”窗口，点击“煤气切断阀关闭”。禁止上料操作。

(7) 关闭混风阀。煤气切完，且风压不低于40kPa关闭混风调节阀和混风切断阀。

(8) 查看罐渣情况。在高炉本体画面点击“高炉休风”，弹出“高炉休风指令”窗口，点击“查看灌渣情况”。

(9) 减风减压操作。参照步骤 (4)，将风量由额定风量的80%降至10%，风压由110kPa减至20kPa。

(10) 开倒流阀和打开窥视孔盖。在高炉本体画面点击“高炉休风”，弹出“高炉休风指令”窗口，点击“开倒流阀”和点击“打开窥视孔”指令。

(11) 通知热风炉执行休风操作。在高炉本体画面点击“高炉休风”，弹出“高炉休风指令”窗口，点击“通知热风炉休风”。

15.3　炉前出铁仿真

炉前出铁主要分为四个部分：准备工作、开口机操作、操作摆动流嘴更换铁罐和堵铁口四个工艺。

(1) 准备工作。打开指令窗口（见图15-29)，点击指令，确认冲渣系统是否正常启动，主要包括：1）冲渣水量是否正常；2）粒化轮运转是否正常；3）脱水器运转是否正常；4）水渣皮带是否运转正常；5）除尘系统是否打开；6）打小井沙坝，即用铁钎将小井沙坝打散开，以利出铁；7）用干燥弯曲氧气管检查撇渣器保温情况是否正常；8）确认铁水罐到位信号，并确认罐子实际到位情况；9）检查确认。

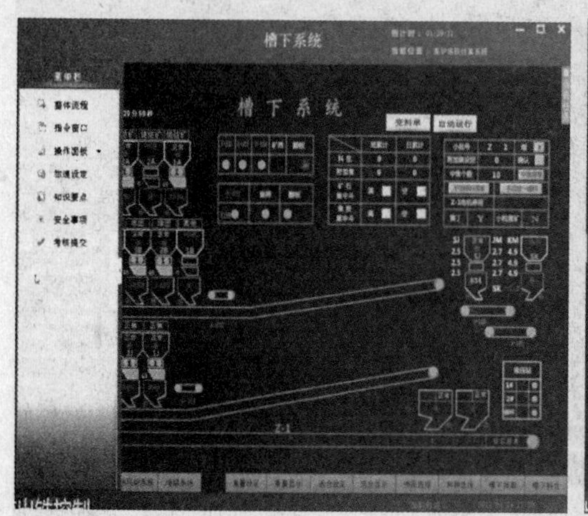

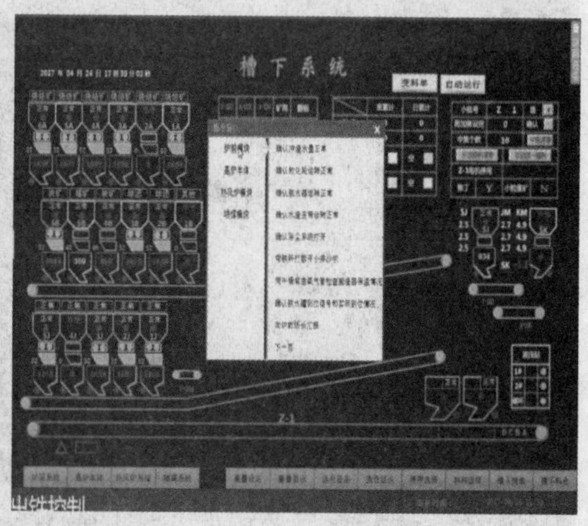

图15-29　准备工作指令窗口

打开左侧菜单→操作面板→炉前操作台，检查确认手柄是否归位。左下方摆动流嘴操作区，模式为“手动”操作情况下，按住“向左”按钮，将摆动流嘴摇到左侧受铁位；如果模式为“集中”，需要在虚拟程序“摆动流嘴电机”视角，点击操作箱上的“左”“右”按钮操作摆动流嘴。最后检查“炉前操作台”操作手柄是否都归位（见图15-30和图15-31)。

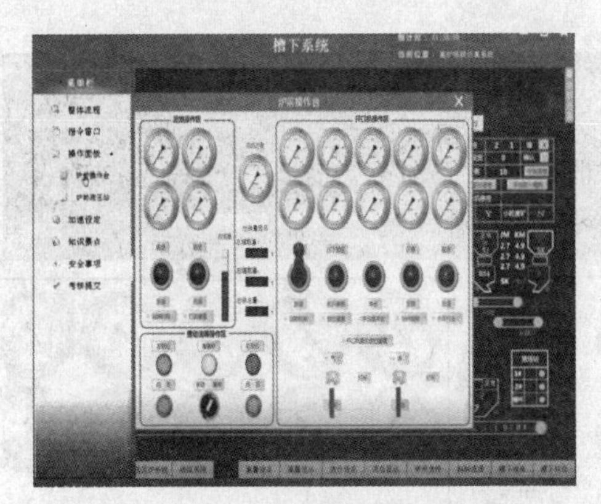

图 15-30　炉前操作面板界面

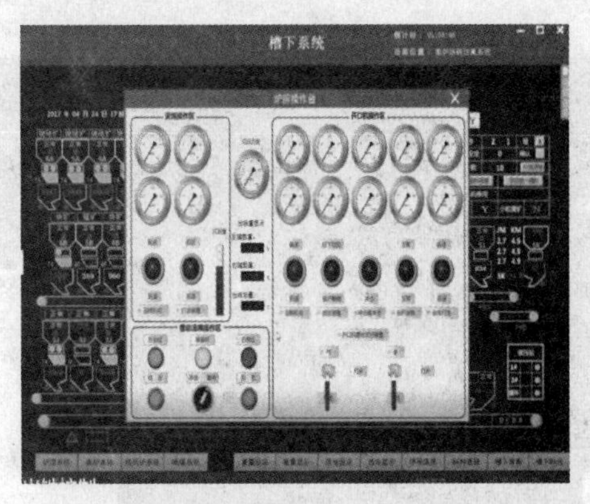

图 15-31　炉前操作台操作界面

（2）开口机操作。打开左侧菜单→炉前操作面板→炉前液压站，先点击“选择本地操作主油泵”按钮，再点击“主油泵启动”按钮，启动液压站。在炉前操作台界面确认挤泥操作，点击“打泥装置-前进”手柄按钮（见图 15-32 和图 15-33）。

图 15-32　炉前液压站操作界面

打开炉前操作台→在开口机操作区，回转机构手柄，点击“前进”按钮，将开口机旋转到铁口位置后，点击“手柄”归位（见图 15-34）。

在开口机操作区，锁定装置手柄，点击“压下锁定”（见图 15-35），将开口机倾动下降到对准铁口后锁定。开口机到位后，点击“手柄”归位。然后按下小车行走手柄（见图 15-36），点击“前进”，钻头顶到铁口后停止。冲击器冲击手柄，点击“冲击器冲击”，检查是对口成功后停止冲击（见图 15-37）。开口机雾化吹散装置，打“气”“水”（见图 15-38）。点击钻杆旋转手柄“正转”按钮，点击小车行走手柄“前进”，开始开口作业；

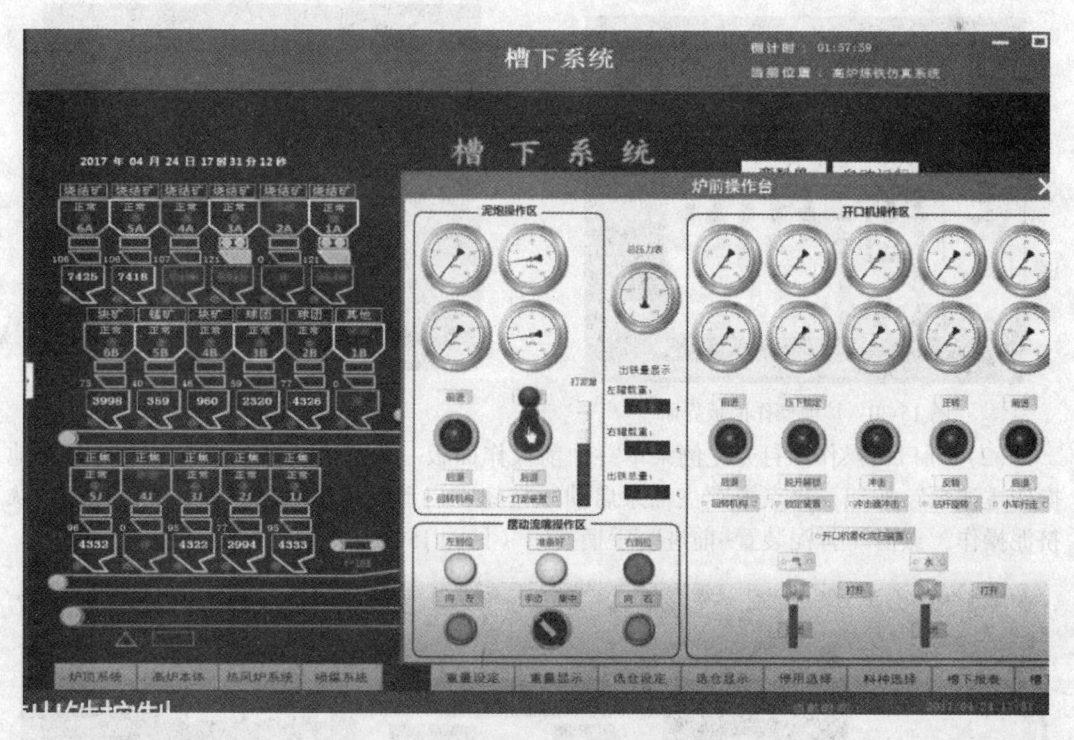

图 15-33　挤泥操作指令窗口

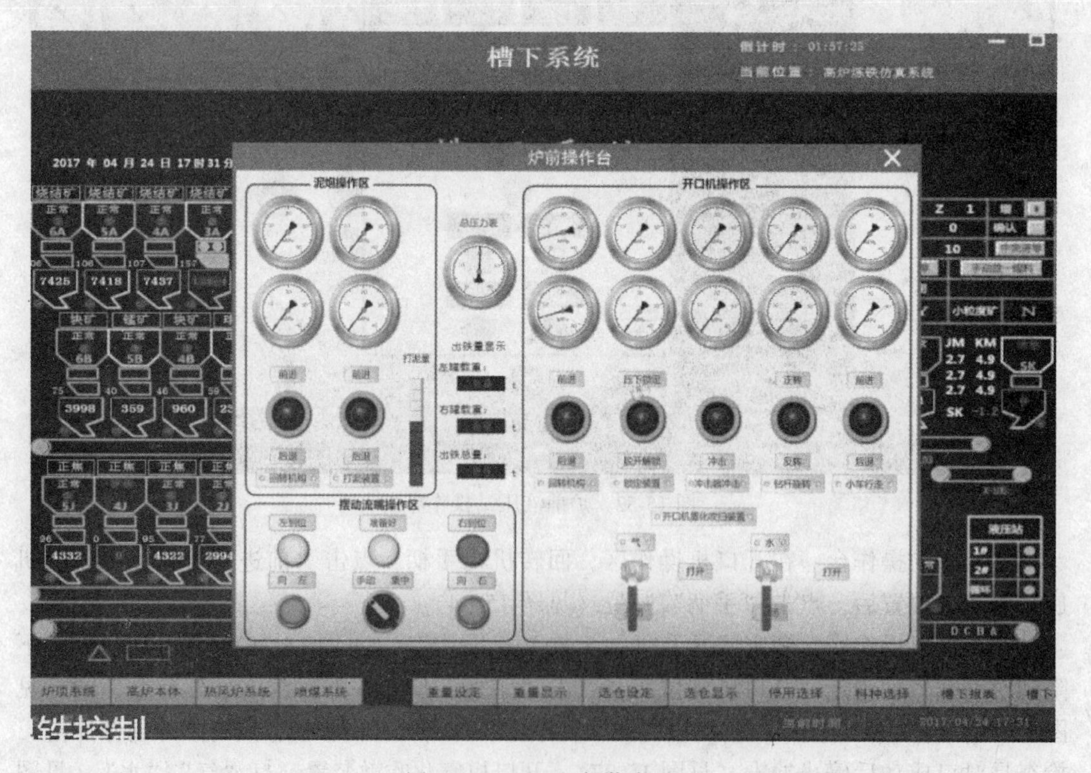

图 15-34　开口机操作窗口

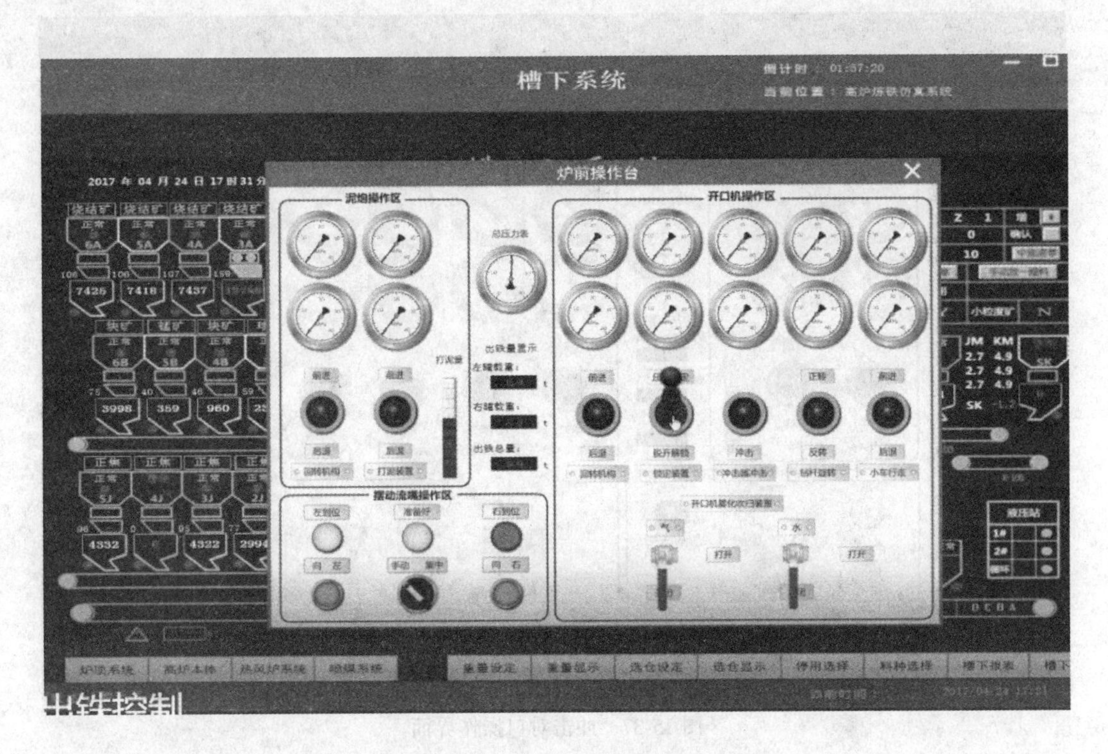

图 15-35　压下锁定按钮

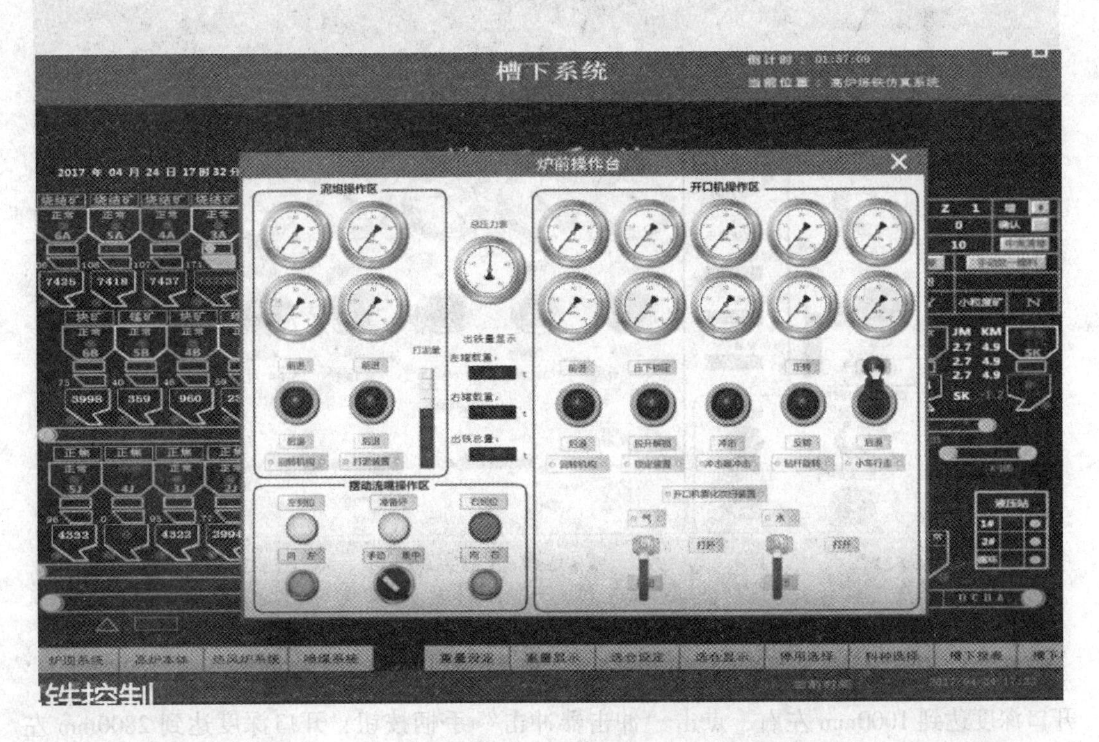

图 15-36　小车行走手柄

图 15-37　冲击对口操作界面

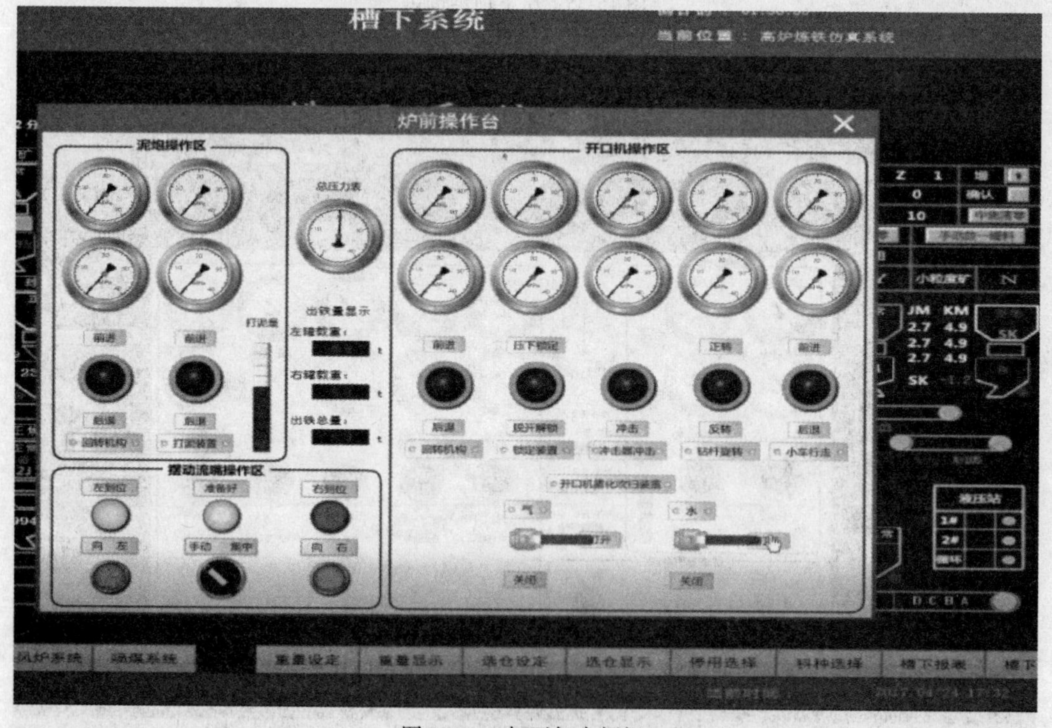

图 15-38　打开气水阀门

开口深度达到 1000mm 左右，点击“冲击器冲击”手柄按钮，开口深度达到 2800mm 左右，铁口开始喷火星；开口深度达到 3100~3300mm，铁口打开，开始流铁水。铁口打开后，小车行走手柄，点击“后退”，将钻杆退出，操作钻杆旋转手柄，点击“中间”手柄位置，停止旋转。锁定装置手柄，点击“脱开解锁”按钮，倾动提升到位后，冲击器冲击手柄归为零，停止冲击。回转机构手柄，点击“后退”，开口机退回待机位，关闭雾化“气”“水”，点击炉前液压站“主油泵停止”按钮，停止液压泵，4 个“液压站主油泵运行”指示灯灭。

(3) 操作摆动流嘴更换铁罐。初始摆动流嘴左右各一个铁水罐；摆动溜槽先左倾出铁，当左侧铁水罐载重达到210t，操作摆动流嘴右倾。指令窗口，向铁水罐加保温剂，给铁水转运跨发送走罐信号。

(4) 堵铁口。点击“主油泵启动”按钮，启动液压站。观察铁口出铁变成小股铁流表示出铁结束，准备堵口。泥炮操作区，回转机构手柄，点击“前进”，泥炮旋转到铁口上后，停止。操作打泥装置手柄，点击“前进”，堵上铁口后，停止。打完泥后，点击“主油泵停止”按钮，停止液压泵。等待15min压炮后，点击“主油泵启动”按钮，启动液压站。点击打泥装置手柄“后退”，缩回两格，停止。点击回转机构手柄“后退”，泥炮旋转到待机位后停止。继续点击打泥装置手柄“后退”直至泥炮指针退回零位。指令窗口，点击“泥炮手动装泥”。打泥装置手柄，点击“前进”，进行挤泥；界面提示“有炮泥从炮嘴挤出”后，停止打泥。点击“主油泵停止”按钮，停止液压泵。

15.4 热风炉换炉仿真

高炉送风系统包括鼓风机、冷风管路、热风炉、热风管路以及管路上的各种阀门等。本质上来讲，热风炉就是为工艺需要提供热气流的集燃烧与传热过程于一体的热工设，一般可分为间歇式工作的蓄热式热风炉和连续换热式热风炉。

现代高炉广泛采用蓄热式热风炉。蓄热式热风炉为了持续提供热风最起码必须有两座热风炉交替进行工作。根据燃烧室和蓄热室布置形式的不同，高炉热风炉可以分为外燃式热风炉、内燃式热风炉和顶燃式热风炉，其中，外燃式热风炉结构最复杂而材料用量大，可以实现结构稳定和提高风温的技术要求；而内燃式热风炉的火井墙结构稳定性差且存在燃烧振荡、热风温度不易提高等问题；顶燃式热风炉，因其结构简单而材料用量少，便于高风温实现。因此，随着热风炉技术的发展，顶燃式热风炉正在逐步取代内燃式热风炉和外燃式热风炉而成为热风炉的主流产品。

热风炉的附属设备主要包括：燃烧器、热风炉管道与阀类。

(1) 燃烧器。高炉热风炉的燃烧器基本上都是适于气体燃料燃烧的装置。燃烧器可分为金属燃烧器和陶瓷燃烧器。近年来国内外新建的热风炉均普遍采用陶瓷燃烧器，其材质是耐火材料，并且具有良好的体积稳定性。以防空气和煤气在燃烧器内部混合。

(2) 热风炉管道。热风系统设有冷风总管和支管、热风总管和支管、热风围管、混风管、倒流休风管、净煤气主管和支管、助燃空气主管和支管。

(3) 阀门。热风炉的阀门应具有以下特征：设备坚固，能承受高温、高压条件下密封性好，开关灵活使用方便以及设备简单易于检修和操作。热风炉系统的阀门主要有煤气调节阀、煤气切断阀、烟道阀、放风阀、热风阀、冷风阀、废气阀、混风阀等。

1) 煤气调节阀用来调节煤气流量；2) 煤气切断阀用来在送风时切断煤气；3) 烟道

阀：热风炉在燃烧期时打开，将废气排入烟道；在送风期，则关闭以隔断热风炉与烟道的联系；4）燃烧阀：在燃烧期，将煤气等送入燃烧室；在送风期，则切断煤气管道与热风炉的联系；5）冷风阀：冷风进入热风炉的闸门。在燃烧期关闭，在送风期打开；6）热风阀：送风期打开，燃烧期关闭，用于燃烧期隔断热风炉与热风管道之间的联系；7）混风阀：向热风总管内部掺入一定量的冷风，以保持热风温度稳定不变。由混风调节阀和混风隔断阀两部分组成。混风调节阀：利用其开度调节掺入冷风量的多少。混风隔断阀：为防止冷风管道内压力降低（如高炉休风时），热风或高炉炉缸煤气进入冷风管道而设的。当高炉休风时，关闭此阀，以切断高炉和冷风管道的联系，故此阀也称为混风保护阀。8）放风阀：安装在冷风管道上，在鼓风机不停止工作的情况下，用放风阀把一部分风或全部鼓风排放到大气中调节入炉风量。

本节对模拟热风炉换炉操作，可分为准备工作、燃烧送风、送风燃烧三个阶段。

15.4.1 准备工作

准备工作包括以下两个方面：

（1）启动液压站油泵。在热风炉主界面中点击“液压站”界面，点击启动1号主泵（或2号主泵），泵由灰色变为绿色（见图15-39）。

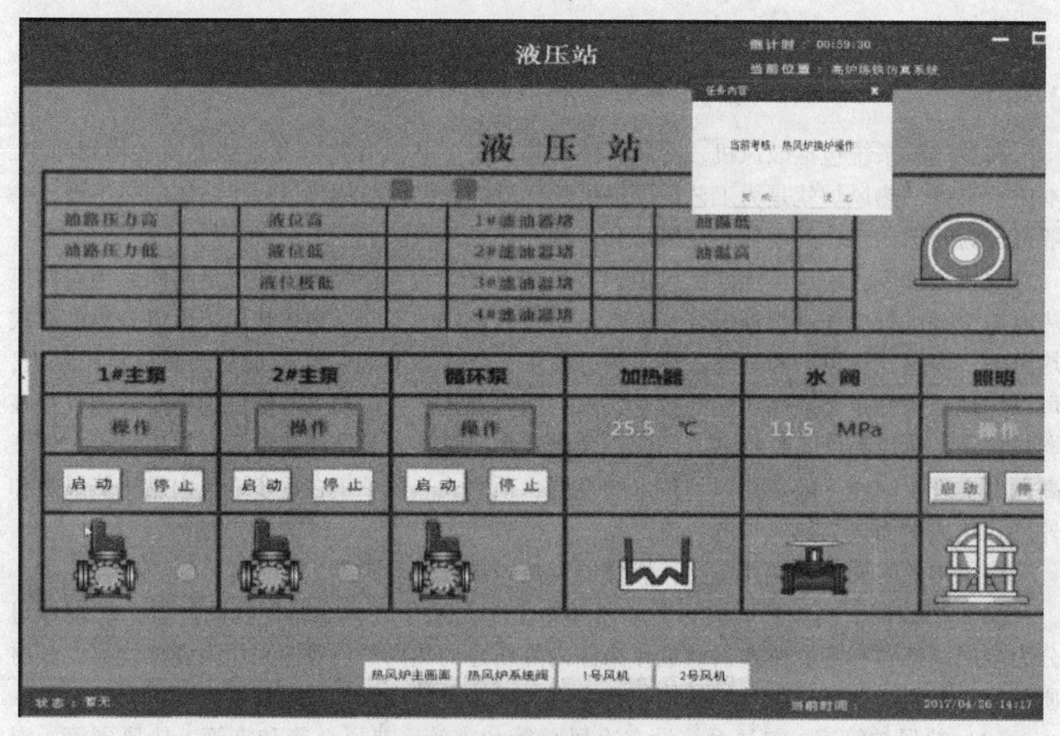

图15-39 液压站操作界面

（2）点击“热风炉系统阀”按钮，点击“空气换热器”，弹出“空气换热器控制”窗口，点击“开空气入口切断阀”，点击“开空气出口切断阀”，“关空气旁通切断阀”按钮。然后点击“煤气换热器”，弹出煤气换热器控制窗口，点击“开煤气入口切断阀”按钮，点击“开煤气出口切断阀”按钮，“关煤气旁通切断阀”按钮（见图15-40）。

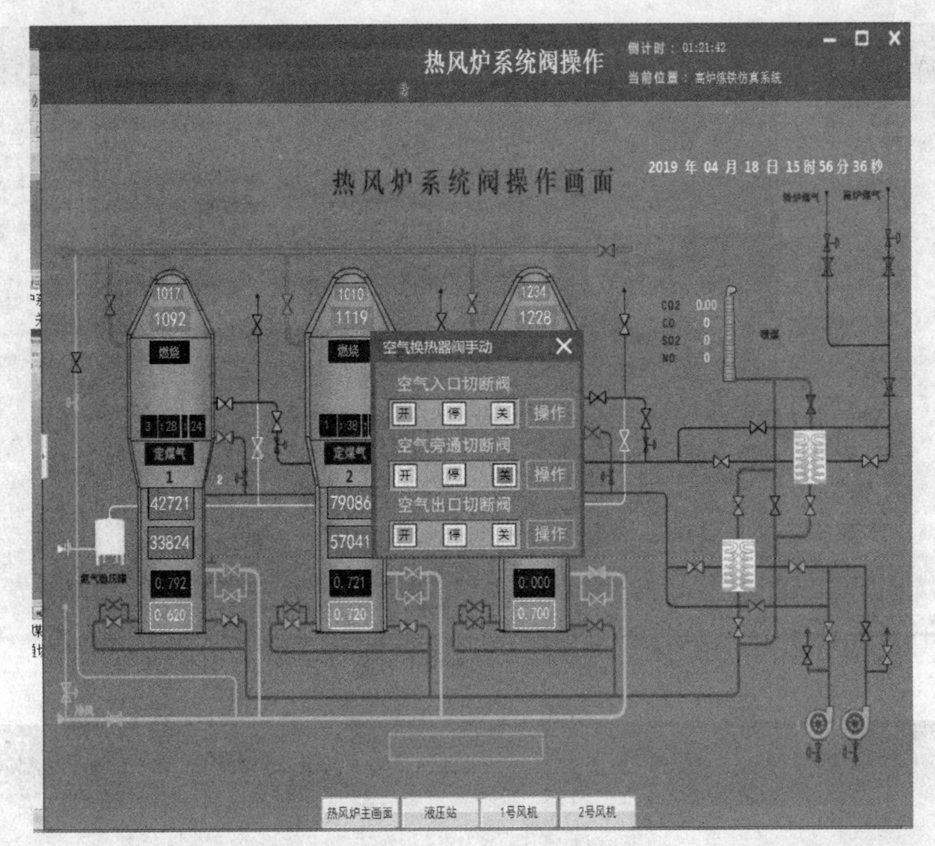

图 15-40　空气换热器操作界面

15.4.2　燃烧送风

在热风炉主界面中（见图 15-41），点击“换炉操作”按钮，弹出换炉操作弹框，选择需要转“送风换炉”的热风炉，两个燃烧炉中选择燃烧时间长的炉子进行换炉，然后在界面下拉列表中对应选择：点击“联锁”选择“解锁”，最后点击“启动”按钮。

（1）关煤气调节阀。在热风炉操作柱界面中点击“炉体”，点击“煤气流量”，弹出空煤比弹框，选择煤气手动按钮，设置煤气调节阀开度，一般为10%以下（见图 15-42）。

（2）关煤气切断阀。在热风炉操作主界面中点击炉体，弹出“热风炉手动”弹框，在热风炉手动弹框中点击关闭“煤气切断阀”按钮，切断煤气（见图 15-43）。

（3）关空气调节阀。在热风炉操作主界面中点击“煤气流量”，在煤气/空气设定弹框中，选择“空气手动”按钮，空气调节阀手动设定在15%以下（见图 15-44）。

（4）开/关氮气切断阀。在热风炉监控主界面中点击“炉体”，在热风炉手动弹框中点击“开氮气切断阀”按钮（10~30s），把管道里面的煤气冲走。然后点击“关氮气切断阀”按钮（见图 15-45）。

（5）关煤气燃烧阀。在热风炉手动弹框中点击关“煤气燃烧阀”按钮，切断煤气管道与热风炉的联系（见图 15-46）。

（6）开煤气支管放散阀。在热风炉手动弹框中点击“开煤气放散阀”按钮（见图 15-47）。

（7）全关空气调节阀（与操作（3）同界面）。在图 15-44 中所示热风炉操作主界面

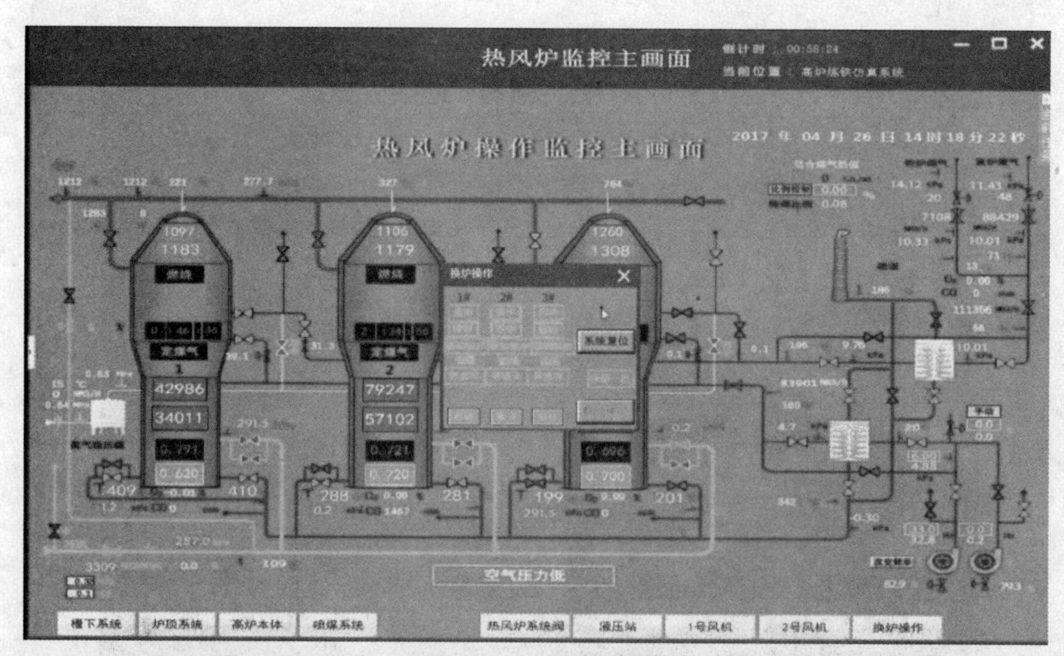

图 15-41 热风炉主界面

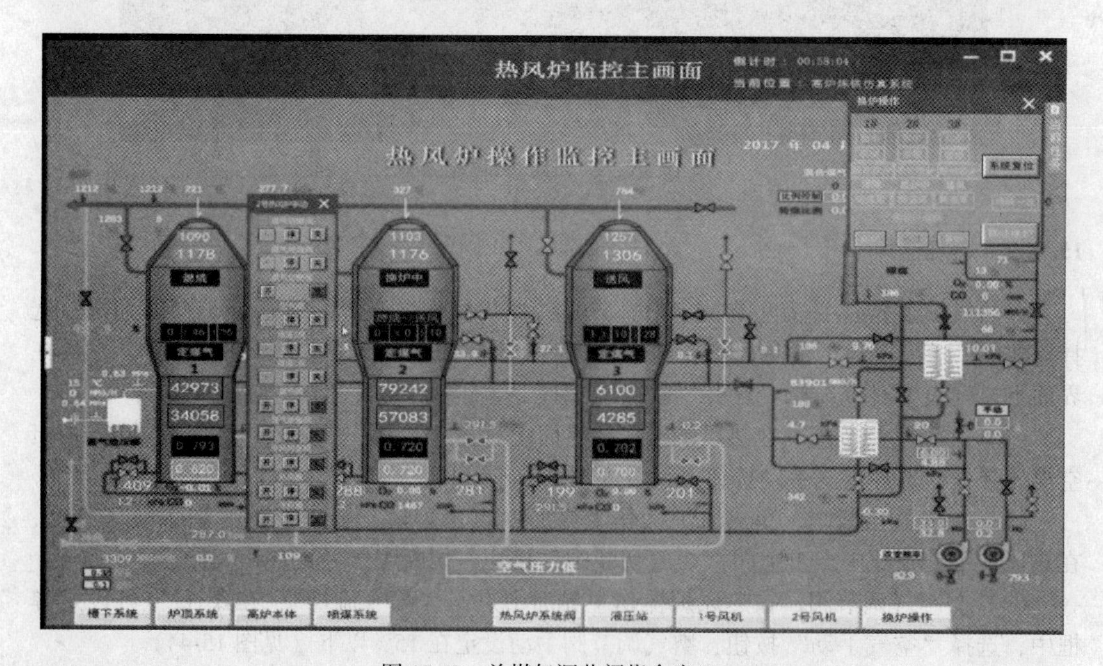

图 15-42 关煤气调节阀指令窗口

中点击煤气流量，在煤气/空气设定弹框中，空气调节阀手动设定 5%以下。

（8）关空气阀。在热风炉监控主界面中点击炉体，在热风炉手动弹框中点击关“空气切断阀”按钮（见图 15-48）。

（9）关闭两个烟道阀。在热风炉手动弹框中点击关烟道 1 阀和烟道 2 阀按钮（见图 15-49）。

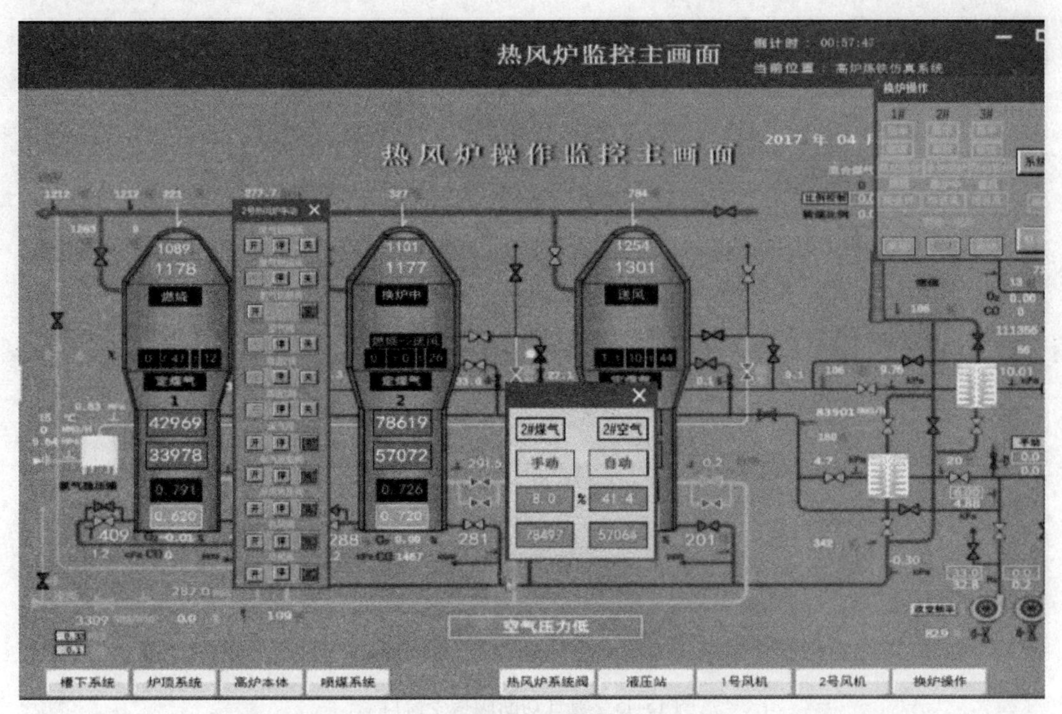

图 15-43　关煤气切断阀指令窗口

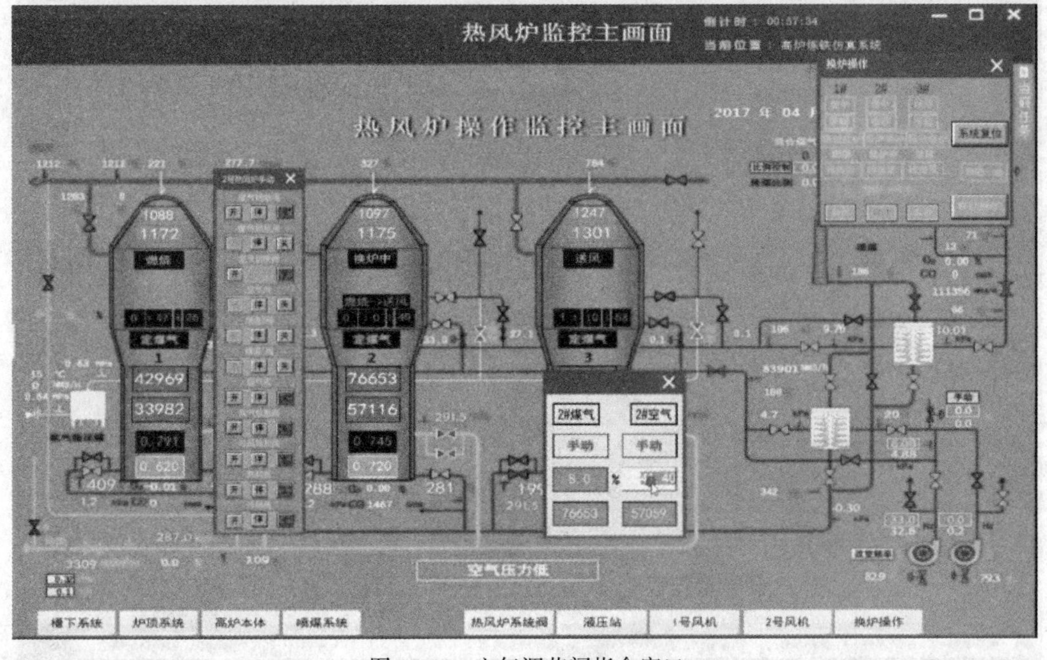

图 15-44　空气调节阀指令窗口

（10）开“冷风均压阀”（当热风阀前后压差小于 20kPa）。在热风炉手动弹框中点击开“冷气均压阀”按钮，减小热风炉前后压差。在热风炉监控主界面中需要等到冷风均压压差下降到 20kPa 以下才可以进行下面的阀门操作（见图 15-50）。

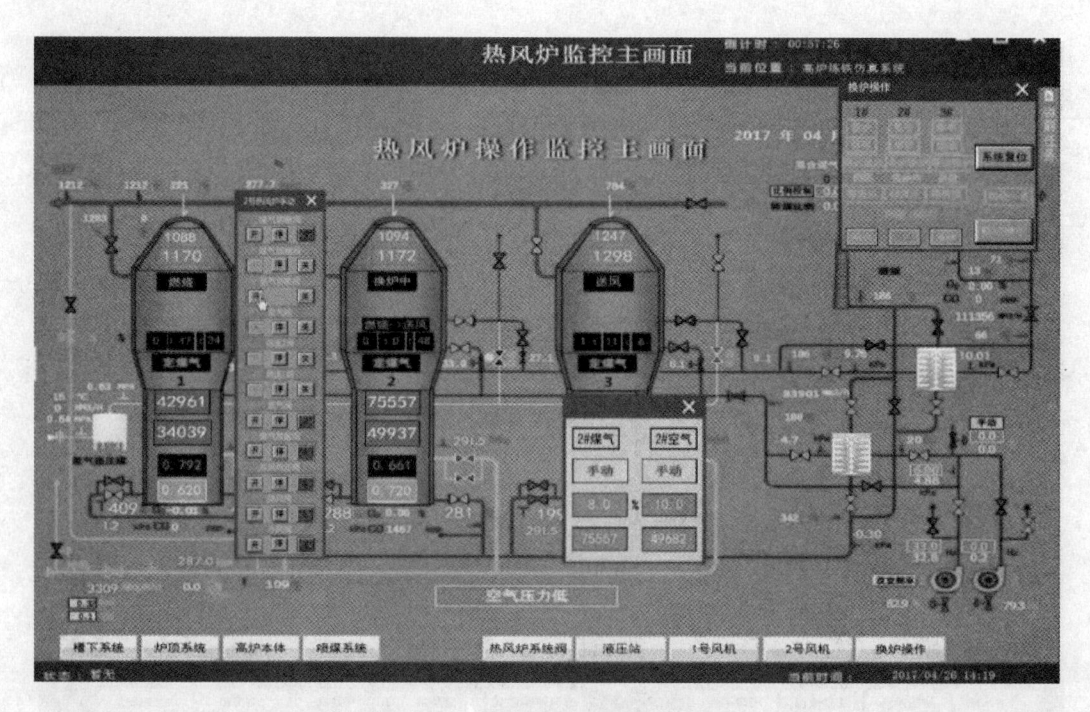

图 15-45 氮气切断阀指令窗口

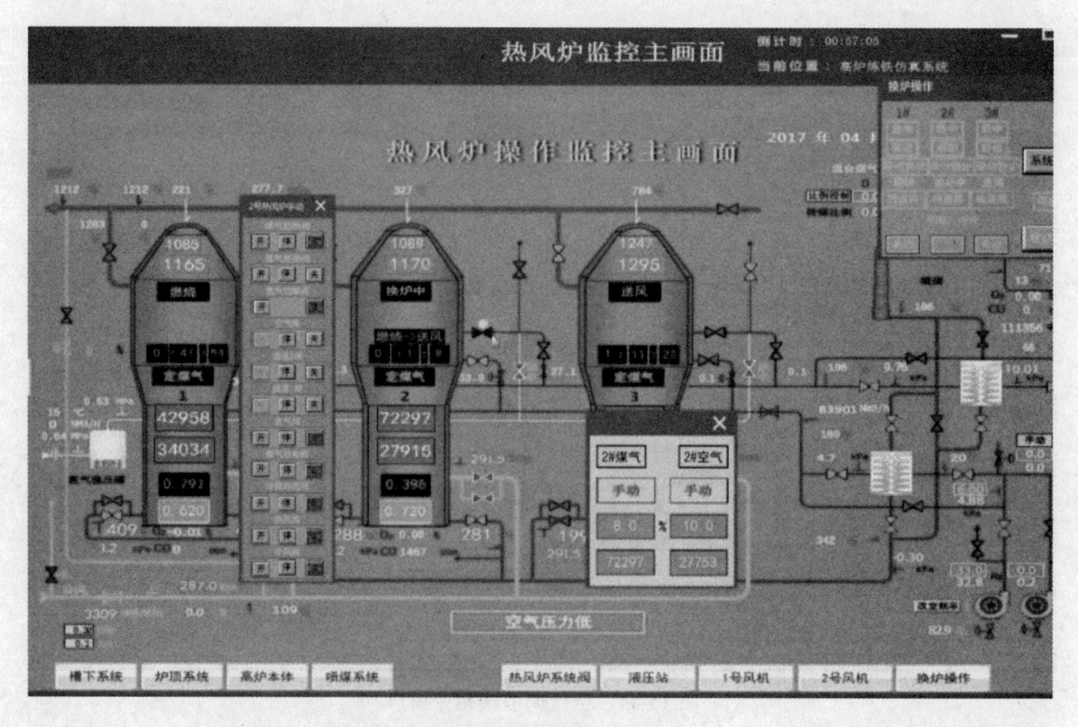

图 15-46 煤气燃烧阀指令窗口

（11）开热风阀和冷风阀。在热风炉手动弹框中，点击开“热风阀”按钮和“冷风阀”按钮（见图 15-51）。

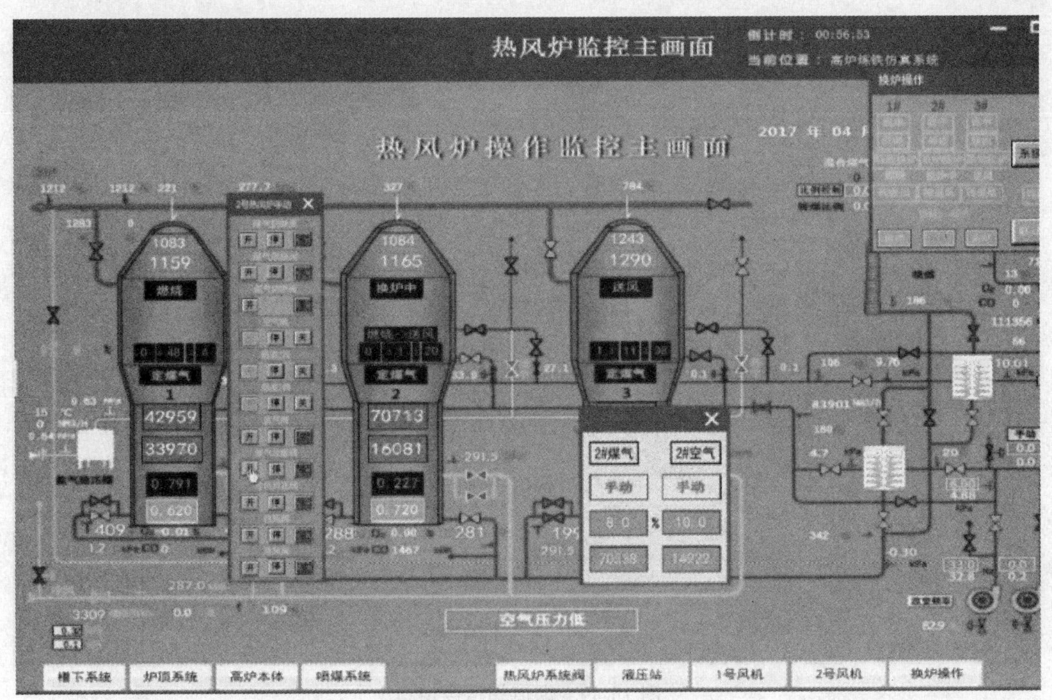

图 15-47　煤气放散阀指令窗口

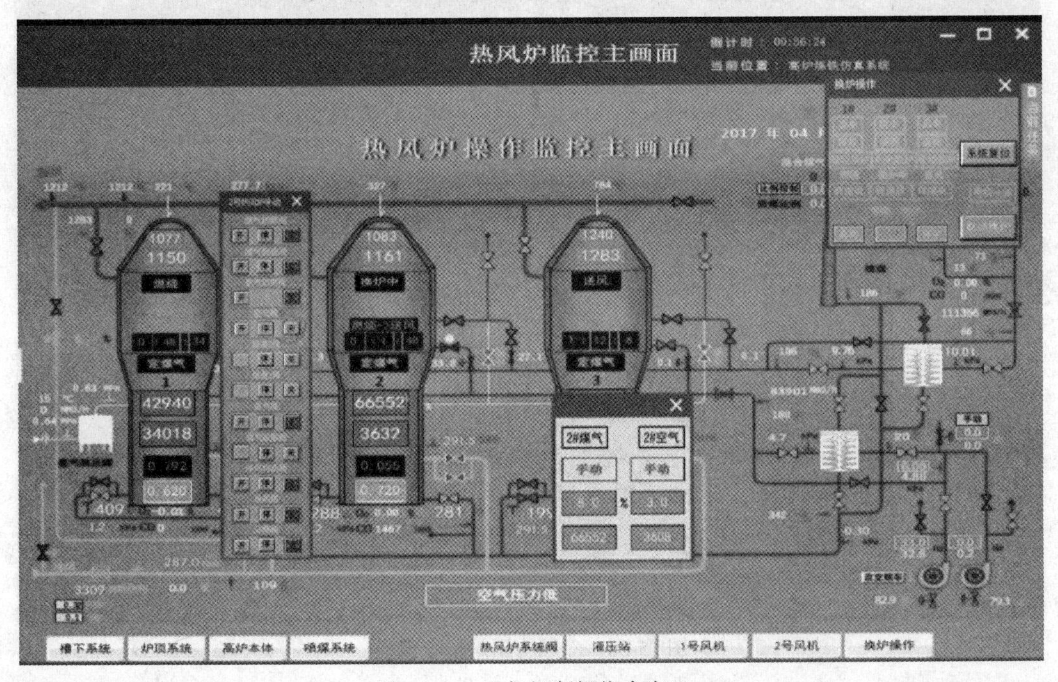

图 15-48　空气切断阀指令窗口

（12）关冷风均压阀。如操作（10）所示界面，在热风炉手动弹框中点击关“冷风均压阀”按钮。对应热风炉显示送风。燃烧转送风操作结束，空气和煤气选择“自动”按钮。

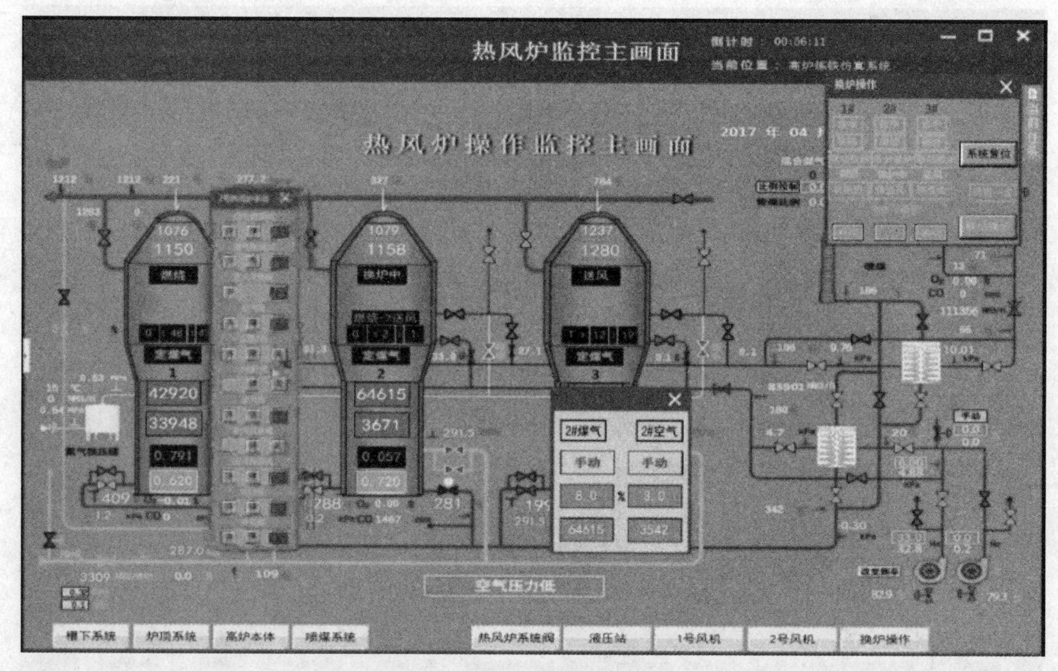

图 15-49　烟道阀指令窗口

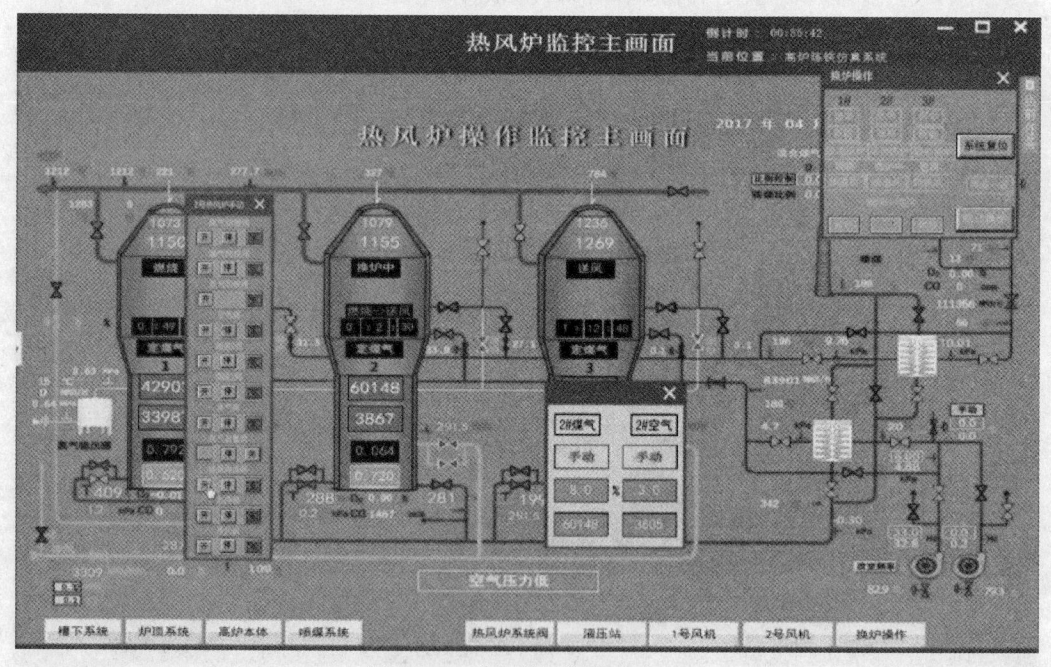

图 15-50　冷风均压阀指令窗口

15.4.3　送风燃烧

在热风炉主界面中，点击“换炉操作”按钮，弹出换炉操作弹框，选择时间长的送风炉进行换炉，然后在界面下拉列表中对应选择：点击“联锁”选择“解锁”。在热风炉主界面中点击“对应炉体”，然后在“热风炉手动”弹框中操作以下阀门。

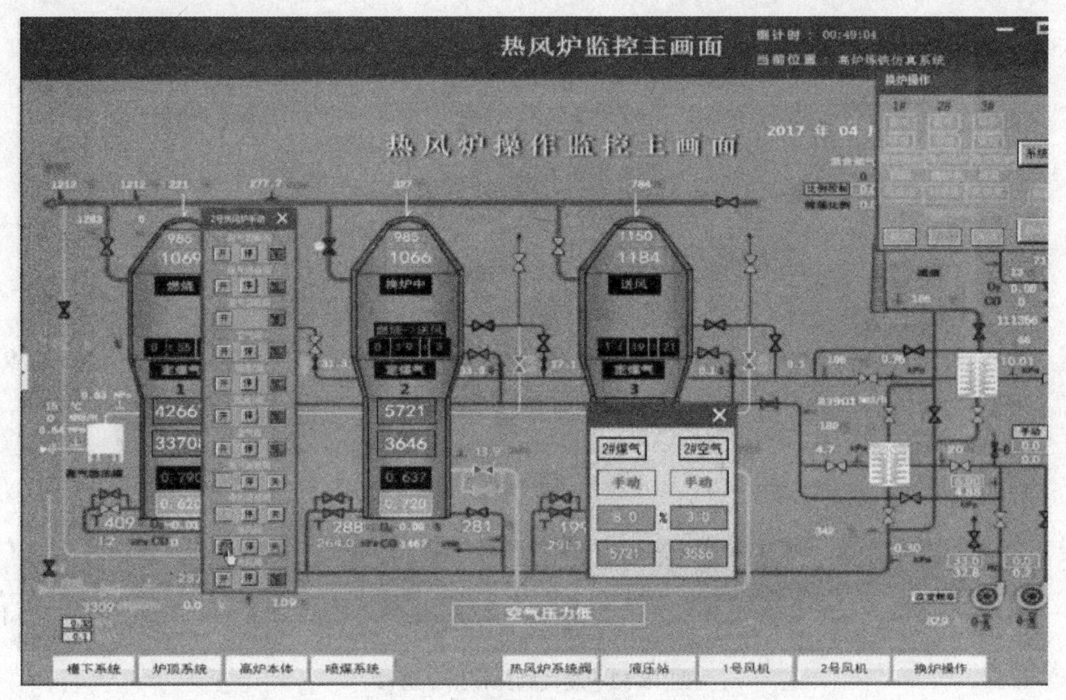

图 15-51　热风阀和冷风阀指令窗口

（1）关冷风阀和热风阀。在如第 15. 4. 2 节操作（11）“开热风阀和冷风阀”所示的界面中，在热风炉手动弹框中点击关“冷风阀”按钮和关“热风阀”按钮。

（2）开废气阀（当烟道阀前后压力差平衡后）。在热风炉主界面，弹出热风炉手动弹框，点击开废气阀按钮，烟道阀前后压差逐渐减小。在主界面中需要等到烟道阀前后压差小于 20kPa 之后才可以进行下面的阀门操作（见图 15-52）。

（3）开两个烟道阀。在如第 15. 4. 2 节操作（9）“烟道阀”所示的指令界面中，在热风炉手动弹框中，点击开“烟道 1 阀”和“烟道 2 阀”。

（4）关废气阀。在如本节操作（2）“开废气阀”所示的指令窗口中，点击关“废气阀”按钮。

（5）开煤气燃烧阀。在如第 15. 4. 2 节操作（5）“关煤气燃烧阀”所示的指令界面中，点击开“煤气燃烧阀”按钮。

（6）关煤气支管放散阀。在如 15. 4. 2 节操作（6）“开煤气支管放散阀”所示的指令界面中，在热风炉手动弹框中点击关“煤气放散阀”按钮 。

（7）开空气阀。在热风炉主界面，弹出热风炉手动弹框，点击开“空气阀”按钮（见图 15-53）。

（8）开空气调节阀（调节到点火角度）。在如第 15. 4. 2 节操作（3）“关空气调节阀”所示的指令界面中，点击煤气流量，在煤气/空气设定弹框中，选择空气手动按钮，空气调节阀手动设定 10%~15%之间。

（9）开氮气切断阀。在如第 15. 4. 2 节操作（4）“开/关氮气切断阀”所示的指令界面中，弹出热风炉手动弹框，点击开“氮气切断阀”按钮。

（10）开煤气切断阀。在如第 15. 4. 2 节操作（2）“关煤气切断阀”所示的指令界面

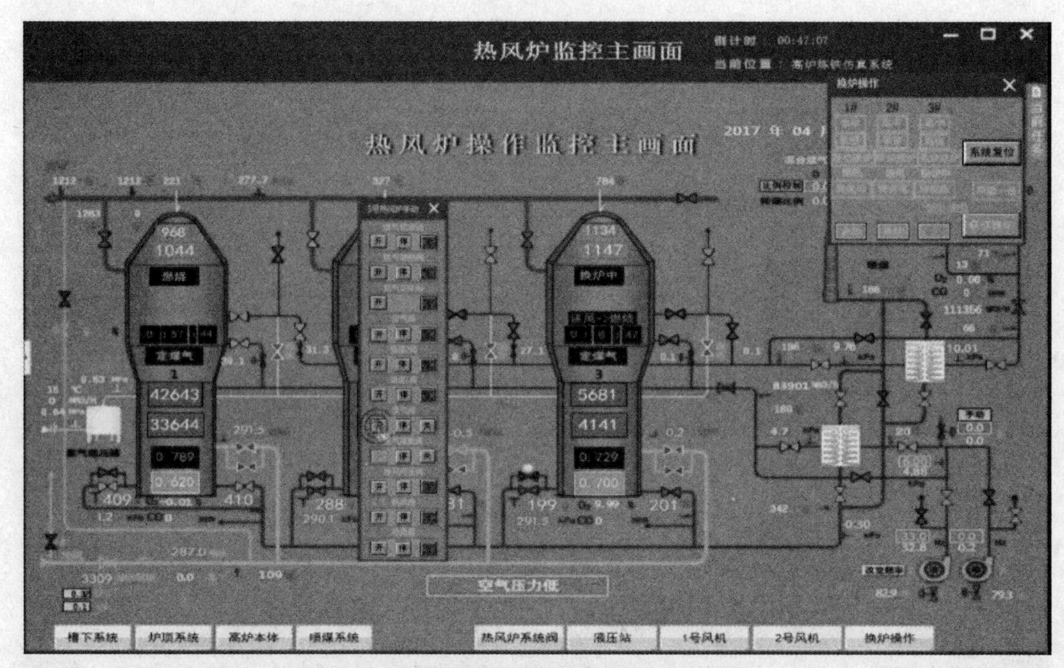

图 15-52　废气阀操作指令窗口

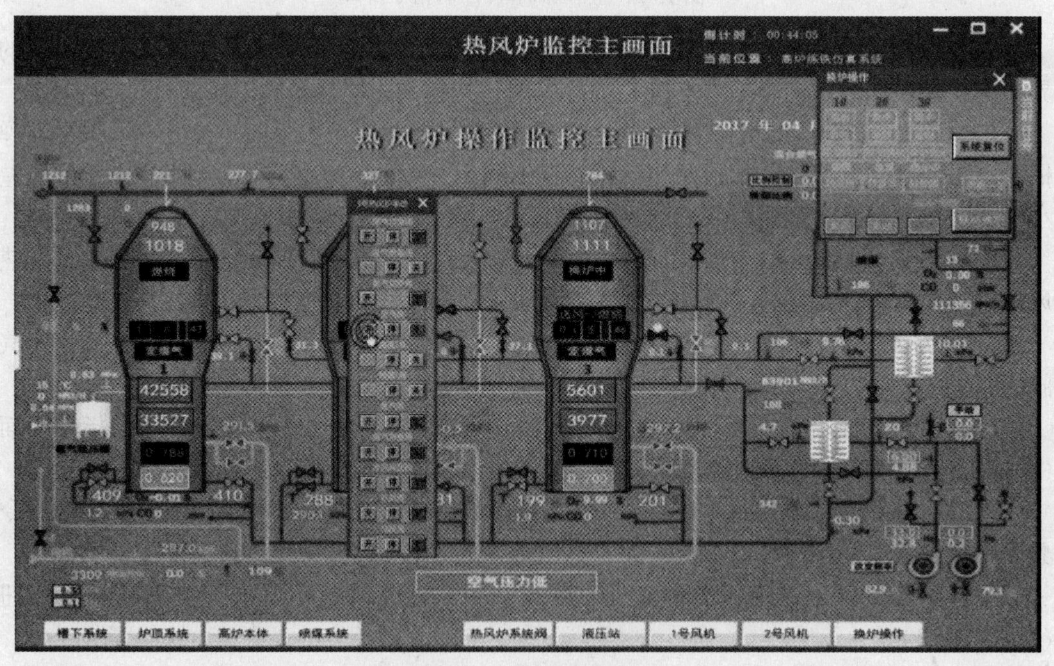

图 15-53　空气阀指令窗口

中，点击开“煤气切断阀”按钮。

（11）关氮气切断阀。在如第 15. 4. 2 节中步骤（4）所示的“氮气切断阀”指令操作界面中，弹出热风炉手动弹框，点击关“氮气切断阀”按钮。

（12）开煤气调节阀点火。在如第 15. 4. 2 节操作（1）“关煤气调节阀”所示的指令界面中，弹出空煤比弹框，选择煤气“手动”按钮，手动调节煤气调节阀5%～10%之间，点火成功拱顶上升。点着火后调节煤气、空气的配比值，保证供应风温所需要的最佳燃烧量（煤气调节阀开度一般在30%左右）。

送风转燃烧操作完毕。最后在热风炉主界面中，点击“换炉操作”按钮，在换炉操作弹框中，操作的炉子恢复最初的状态，在下拉列表中对应选择：联锁、联动换炉、转送风。

15.5　喷煤系统仿真

高炉经风口喷吹煤粉已成为节焦和改进冶炼工艺最有效的措施之一。喷吹的燃料可以是重油、煤粉、粒煤或天然气，其中，喷吹煤粉日益受到各个国家或地区的高度重视。高炉喷煤对现代高炉炼铁技术来说是具有革命性的重大措施。它是高炉炼铁能否与其他炼铁方法竞争，继续生存和发展的关键技术，其意义具体表现为：

（1）以价格低廉的煤粉部分替代价格昂贵而日趋匮乏的冶金焦炭，使高炉炼铁焦比降低，生铁成本下降。

（2）喷煤是调剂炉况热制度的有效手段。

（3）喷煤可改善高炉炉缸工作状态，使高炉稳定顺行。

（4）喷吹的煤粉在风口前气化燃烧会降低理论燃烧温度，这就为高炉使用高风温和富氧鼓风创造了条件。

（5）喷吹煤粉气化过程中放出比焦炭多的氢气，提高了煤气的还原能力和穿透扩散能力，有利于矿石还原和高炉操作指标的改善。

（6）喷吹煤粉替代部分冶金焦炭，既缓和了焦煤的需求，也减少了炼焦设施，可节约基建投资。

（7）喷煤粉代替焦炭，减少焦炉座数和生产的焦炭量，从而可降低炼焦生产对环境的污染。

高炉喷煤系统主要由原煤贮运、煤粉制备、煤粉喷吹、热烟气和供气等几部分组成。

（1）原煤贮运系统。原煤用汽车或火车运送至原煤场进行堆放、贮存、破碎、筛分及去除其中金属杂物等，同时将过湿的原煤进行自然干燥，用皮带机运至煤粉制备系统的原煤仓内。

（2）煤粉制粉系统。将原煤经过磨碎和干燥制成煤粉，再将煤粉从干燥气中分离出来存入细粉仓内。

（3）煤粉喷吹系统。在喷吹罐组内充以氮气，再用压缩空气将煤粉经输送管道和喷枪喷入高炉风口。根据现场情况，喷吹罐组进而布置在制粉系统的煤仓下面，直接将煤粉喷入高炉；也可布置在高炉附近，用设在制粉系统粉煤仓下面的仓式泵将煤粉输送至高炉附近的喷吹罐组内。

（4）热烟气系统。将高炉煤气在燃烧炉内燃烧生成的热烟气送至制粉系统，用来干燥煤粉。

（5）供气系统。供给整个喷煤系统的压缩空气、氮气、氧气及少量的蒸汽。压缩空气用于输送煤粉，氮气用于烟煤制备和喷吹系统的气氛惰化，蒸汽用于设备保温。

本章节所涉及的喷煤仿真系统分为磨制煤粉工艺和停磨煤机操作两个仿真操作单元。

15.5.1 磨制煤粉工艺仿真

煤粉制备是指在许可的经济条件下，通过磨煤机将原煤加工成粒度和含水量均符合高炉喷吹要求的煤粉的工艺过程。制粉系统主要由给料、干燥与研磨、收粉与除尘几部分组成。高炉喷吹系统对煤粉的要求如下：粒径不大于74μm的占80%以上，水分不大于1%。

（1）打开指令窗口，确认高炉热风炉废气供应正常（见图15-54）。

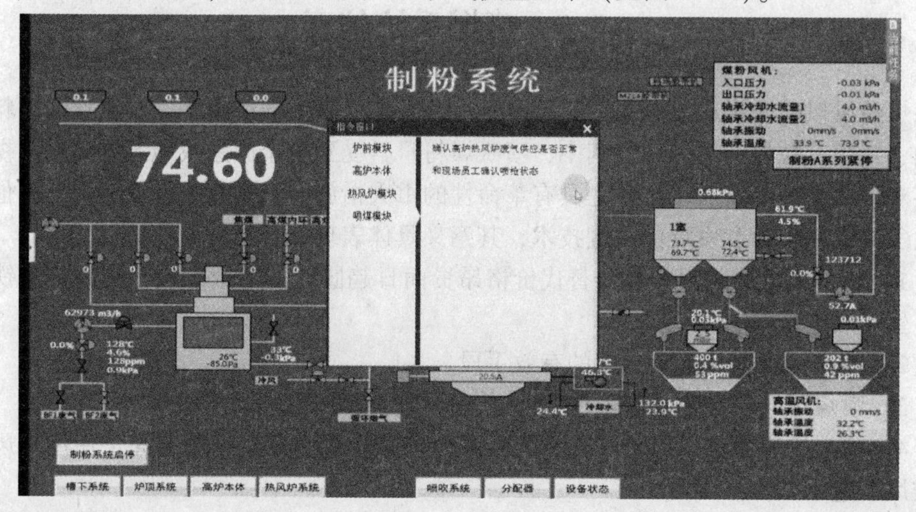

图15-54 确认界面

（2）确认设备状态画面中的设备是否正常。点击“设备状态”界面，查看所有设备的状态是否正常（见图15-55）。

设备状态　　当前位置：高炉炼铁仿真系统

设备编号	设备名称	工作方式	故障状态	设备编号	设备名称	工作方式	故障状态
P231M	B系列热风炉废气引风机	自动		P101M	M214胶带机	自动	
P232M	B系列干燥炉助燃风机	自动		P102M	M502胶带机	自动	
P233YM	B系列热风炉废气支管电动阀	自动		P103M	M503胶带机	自动	
P234YM	B系列再循环气电动阀	自动		P104M	M504胶带机	自动	
P235YM	B系列干燥气放散电动阀	自动		P105M	滚轴筛 电动翻板	自动	
P236YM	B系列磨煤机入口电动阀	自动		P107M	M507胶带机	自动	
P237YM	B系列磨煤机冷风吸入电动阀	自动		P108M	M508胶带机	自动	
P239M	B系列磨煤机密封风机			P109M	犁式卸料器	自动	
P240M	B系列磨煤机			P111M	卸料小车		
P241PU	B系列磨煤机润滑系统			P114M	仓壁振动器1	自动	
P243PU	B系列给煤机入口闸门			P115M	仓壁振动器2	自动	
P244PU	B系列给煤机出口闸门			P116M	仓壁振动器3	自动	
P245PU	B系列给煤机			P121PU	1#带式定量给料装置	自动	
P251M	B系列煤粉风机			P122PU	2#带式定量给料装置	自动	
P254M	B系列煤粉振动筛1	自动		P123PU	3#带式定量给料装置	自动	
P255M	B系列煤粉振动筛2	自动		P124PU	M503胶带机除铁器	自动	
				P50M	犁式卸料器2	自动	

制粉系统　喷吹系统　分配器

图15-55 设备状态确认界面

（3）干燥炉点火操作。干燥炉点火操作可分为两步：1）弹出“焦煤调节阀”窗口，调节焦煤调节阀开度（见图 15-56）；2）点击干燥炉，弹出点火/灭火弹出框，点击“点火”按钮（自动打开焦煤和高煤内环的截止阀），对应焦煤和高煤内环的助燃风机调节阀自动调节开度（见图 15-57）。

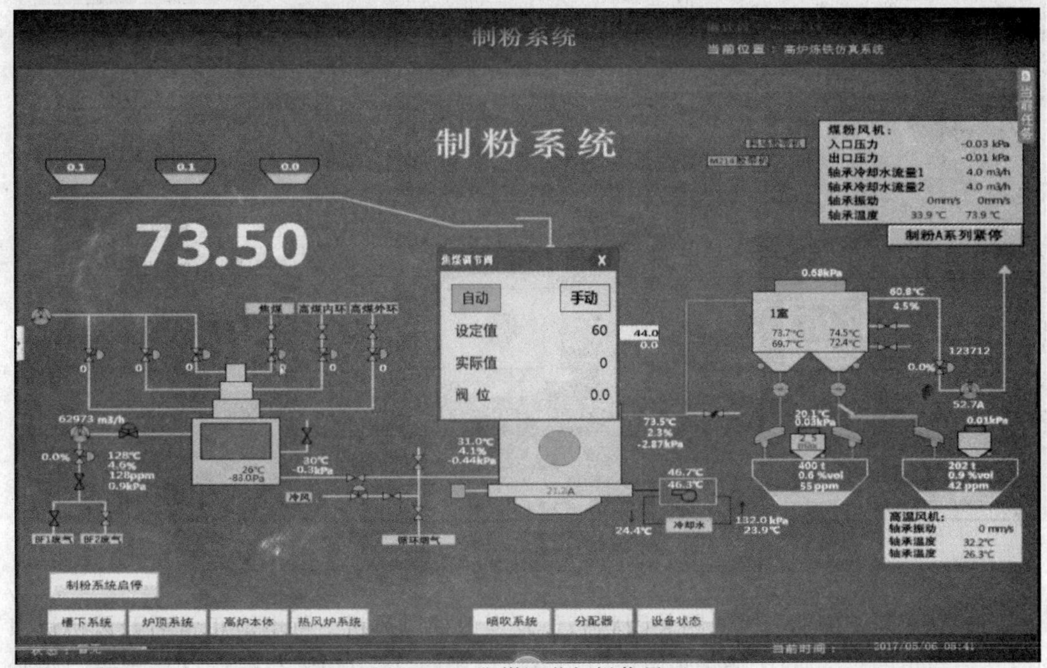

图 15-56　焦煤调节阀操作界面

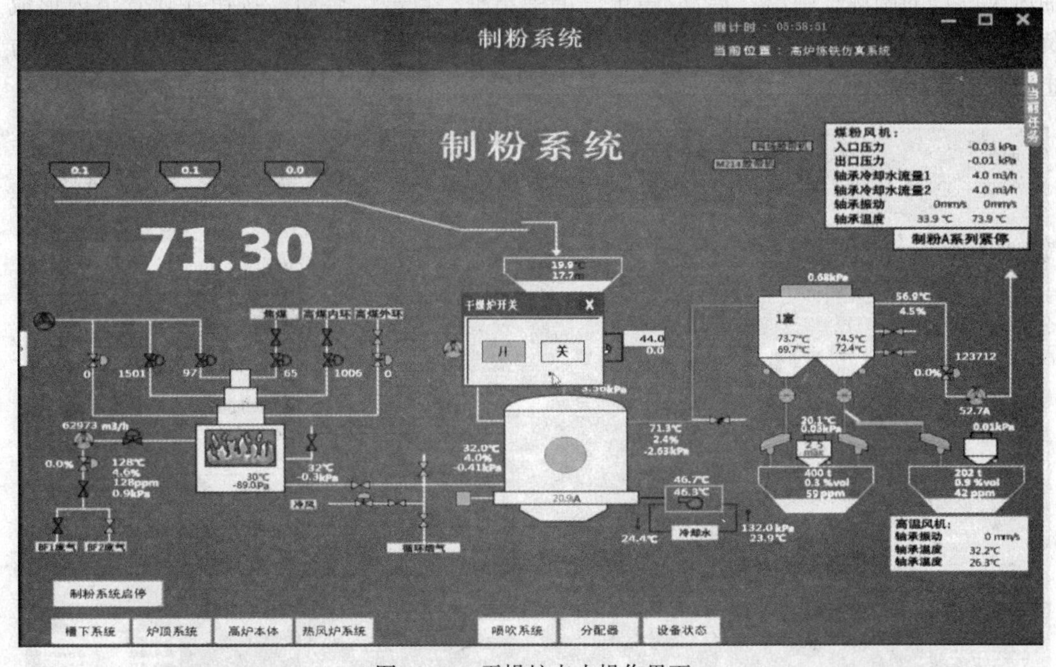

图 15-57　干燥炉点火操作界面

（4）点击制粉系统启停。打开制粉系统启停弹出框，点击“启动”按钮，自动开启收粉布袋上的所有阀门、热风阀开启、放散阀关闭（见图 15-58）。

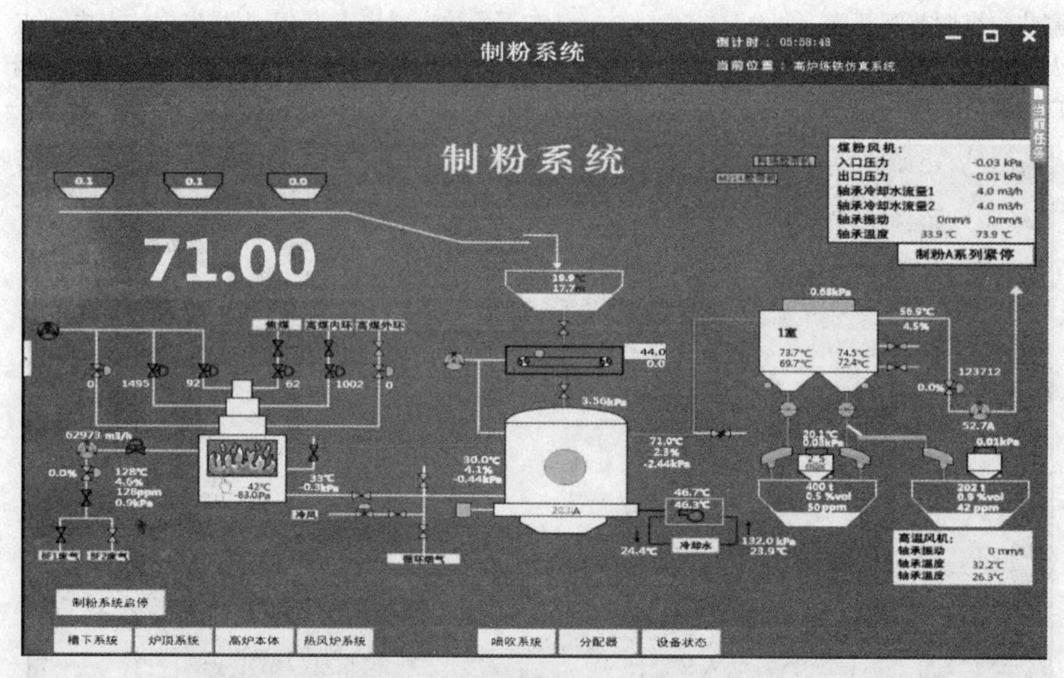

图 15-58 制粉系统启停操作界面

（5）让干燥炉前的废气通路关闭状态，开煤粉抽风风机，待电流正常后开风机进口阀门（适当角度），通过干燥炉炉膛压力调节进口阀门（-100Pa 左右）。1）点击“煤粉抽风风机”的图标，弹出“启动/停止”的弹出框，点击“启动”按钮（让管道内形成负压），如图 15-59 所示；2）点击煤粉抽风风机的调节阀（≤50%），缓慢调节开度，防止把收粉布袋抽坏。

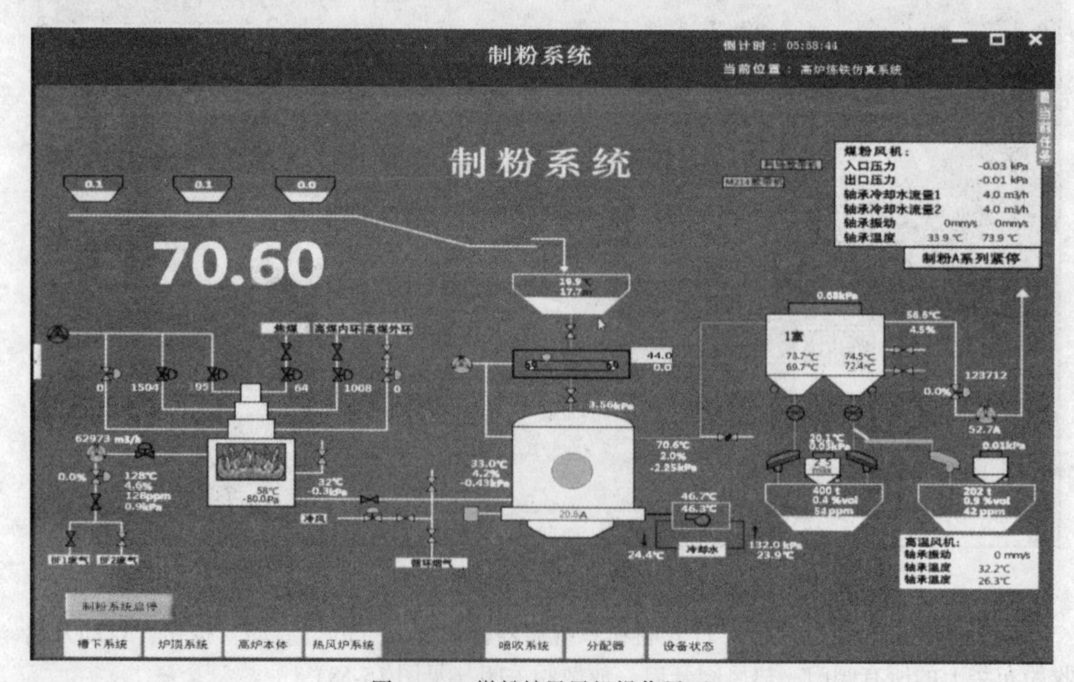

图 15-59 煤粉抽风风机操作界面

（6）调节冷风阀，使系统 $w(O_2) \leqslant 8\% \sim 10\%$，磨煤机出口温度不大于 90℃打开冷风的截止阀调节界面，设定冷风调节阀阀位，调节冷风开度（见图 15-60）。

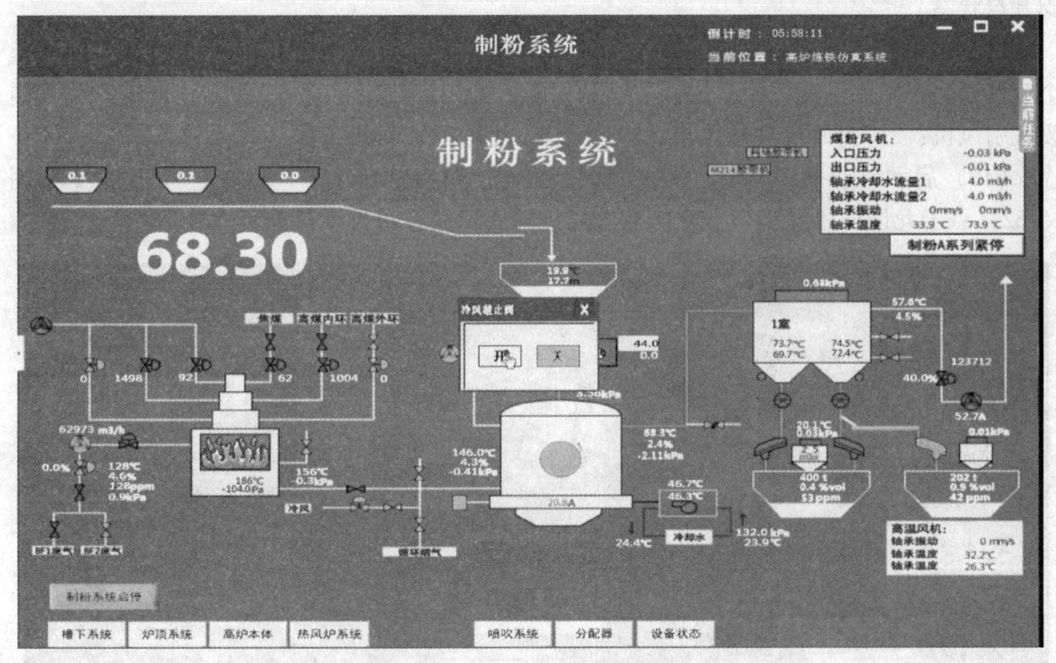

图 15-60　冷风截止阀操作界面

（7）启动磨煤机，调节高煤内环调节阀阀位。点击“磨煤机”，弹出“启动/停止”弹出框（见图 15-61），点击启动按钮（密封风机自动打开）。

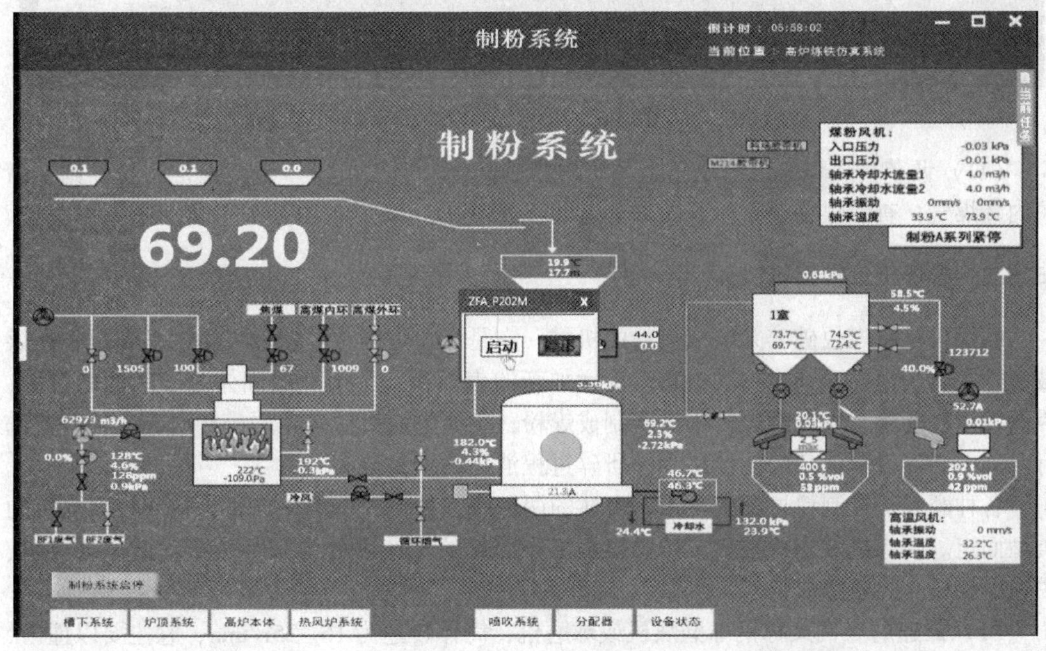

图 15-61　磨煤机启停操作界面

(8) 暖机。暖机过程中关注磨煤机出口温度、氧含量和收粉布袋出口温度，待收粉布袋出口温度达到70℃，具备下煤条件（此时不能开给煤机，因为废气没有通路，冷风阀开启状态）。

(9) 开启废气引风机的出口调节阀。开启废气引风机（两个顺序不能颠倒）保证整个废气通路正常。迅速关闭冷风调节阀和切断。1）打开废气引风机的出口调节阀，开启废气引风机；2）打开废气送风机；3）关闭冷风调节阀和切断阀。

(10) 启动给煤机。点击“给煤机”图标，弹出“允许/不允许”弹出框（见图15-62），点击允许按钮（出口截止阀和磨煤机的入口截止阀自动打开）。

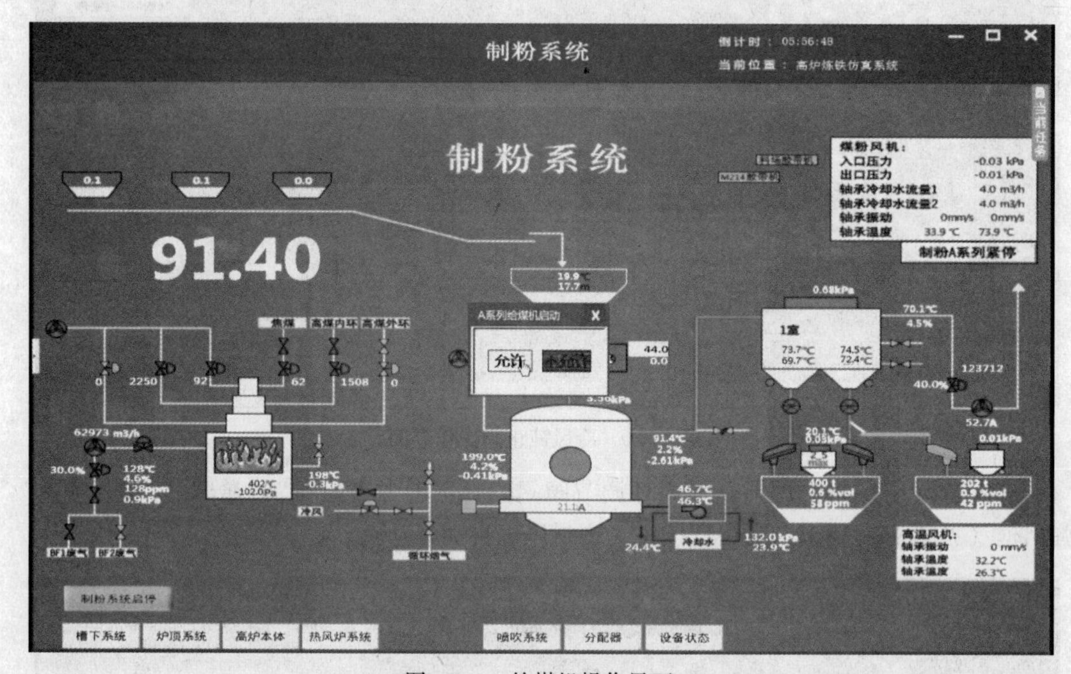

图 15-62 给煤机操作界面

(11) 调节高煤煤气，控制整个系统的热量供应及磨煤机出口温度正常制粉。调节高炉内环煤气，查看煤粉仓重量开始增加（见图15-63）。磨煤制粉操作完成。

15.5.2 磨煤机正常停机仿真

磨煤机是将煤块破碎并磨成煤粉的机械，它是煤粉炉的重要辅助设备。磨煤过程是煤被破碎及其表面积不断增加的过程。要增加新的表面积，必须克服固体分子间的结合力，因而需消耗能量。煤在磨煤机中被磨制成煤粉，主要是通过压碎、击碎和研碎三种方式进行。其中压碎过程消耗的能量最少，研碎过程消耗的能量最高。

各种磨煤机在制粉过程中都兼有上述的两种或三种方式，但以何种为主则视磨煤机的类型而定。磨煤机的形式很多，按磨煤机工作部件的转速可分为三种类型：低速磨煤机、中速磨煤机和高速磨煤机。

(1) 低速磨煤机又称钢球磨煤机或球磨机，筒体转速为16~25r/min，它主要以撞击、挤压、研磨原理将煤磨成粉。

(2) 中速磨煤机筒体转速为50~300r/min，如中速平盘辊磨、碗式磨、MPS 型磨等。

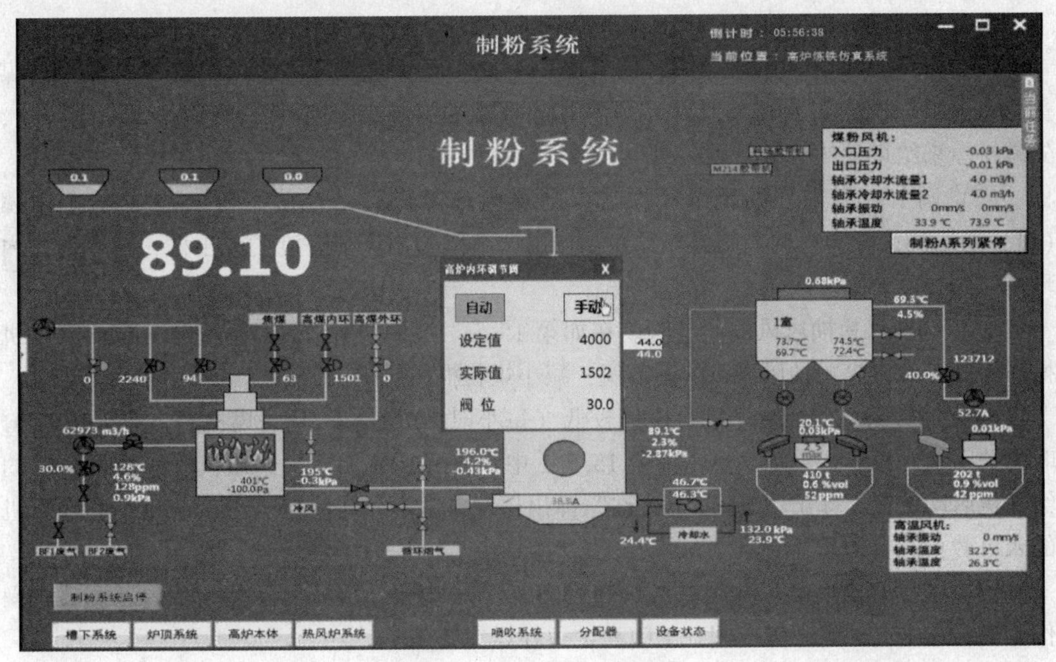

图 15-63　高炉内环调节阀

中速磨主要以碾压原理将煤磨成粉。

（3）高速磨煤机转速 500~1500r/min，如风扇磨、锤击磨等，主要以撞击原理将煤磨成粉。

中速磨煤机具有结构紧凑、占地面积小、基建投资低、噪声小、耗水量小、金属消耗少和磨煤电耗低等优点，是目前制粉系统广泛采用的磨煤机（见图 15-64）。

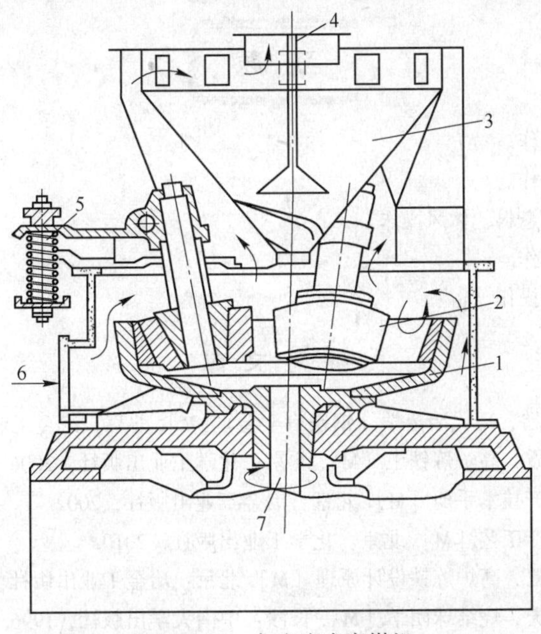

图 15-64　中速碗式磨煤机

1—碗形磨盘；2—辊子；3—粗粉分离器；4—气粉混合物出口；
5—压紧弹簧；6—热空气进口；7—驱动轴

本节对磨煤机在工作过程中的正常停机进行仿真操作，其具体步骤如下。

（1）减少给煤量，逐渐降低磨煤机出口温度。磨煤机正常停机时，首先应减少给煤量。点击给煤机（如第15.5.1中步骤（10）所示的给煤机操作界面），逐步减小给煤量，先减小原来给煤量的一半，再次减小到零的给煤量。

（2）调节高煤内环的调节阀，减少高煤内环给煤气量。在如第15.5.1节中步骤（11）所示的高炉内环调节阀操作界面，点击调节阀弹出调节开度的弹出框，减小高炉内环调节阀开度。

（3）调节煤粉抽风风机调节阀。在如第15.5.1节中步骤（5）所示的煤粉抽风风机操作界面，点击煤粉抽风风机的调节阀，减小煤粉抽风风机调节阀。

（4）停止给煤。当给煤机给煤量较低（每小时10t左右）且磨煤机出口不大于80℃时，关闭给煤机停止给煤。点击如第15.5.1中步骤（10）所示的给煤机操作界面所示的给煤机启动按钮，弹出“允许/不允许”弹出框，点击不允许按钮（出口截止阀和磨煤机的入口截止阀自关闭开）。

（5）关闭高炉内环煤气阀。在如第15.5.1节中步骤（11）所示的高炉内环调节阀操作界面，点击高炉内环煤气阀，关闭高炉内环煤气阀。

（6）打开磨煤机进口和出口充氮阀。为了避免系统温度迅速上升，开启磨煤机进口和出口充氮阀保证安全（有必要的情况下，开启布袋充氮阀）。

（7）制粉系统停止。待确认系统煤粉被抽尽时（通过判断磨煤机电流），点击制粉系统停止（热风阀和放散阀自动切换）。关闭废气引风机，待磨煤机出口温度降低到安全值（≤75℃），迅速开启冷风阀。

（8）停磨煤机和主排风机。关闭煤粉抽风风机对应的调节阀和截止阀。

习 题

15-1 模拟高炉槽下上料操作。
15-2 模拟高炉炉顶布料操作。
15-3 模拟高炉本体崩料、悬料、休风操作。
15-4 模拟高炉炉前出铁操作。
15-5 模拟高炉热风炉换炉操作。

参 考 文 献

[1] 朱苗勇，杜钢，阎立懿. 现代冶金学（钢铁冶金卷）[M]. 北京：冶金工业出版社，2005.
[2] 贾艳，时彦林，刘艳霞. 高炉炼铁工 [M]. 北京：化学工业出版社，2006.
[3] 周传典. 高炉炼铁生产技术手册 [M]. 北京：冶金工业出版社，2002.
[4] 杨万明. 高炉炼铁生产工艺 [M]. 北京：化学工业出版社，2010.
[5] 郝素菊，蒋武锋，方觉. 高炉炼铁设计原理 [M]. 北京：冶金工业出版社，2003.
[6] 傅菊英，姜涛，朱德庆. 烧结球团学 [M]. 长沙：中南大学出版社，1996.
[7] 由文泉. 实用高炉炼铁技术 [M]. 北京：冶金工业出版社，2002.
[8] 胡洵璞，吕岳辉，王建丽. 高炉本体-高炉炼铁设计 [M]. 北京：化学工业出版社，2010.

[9] 王宏启，王明海．高炉炼铁设备［M］．北京：冶金工业出版社，2008.
[10] 马丁·戈德斯，瑞纳德·谢尼奥，伊万·库若诺夫，等．现代高炉炼铁［M］．3版．沙永志，译．北京：冶金工业出版社，2016.
[11] 刘云彩．现代高炉操作［M］．北京：冶金工业出版社，2016.
[12] 胡洵璞，吕岳辉，王建丽．高炉炼铁设计原理［M］．北京：化学工业出版社，2010.

16　转炉炼钢仿真与模拟

所谓炼钢，就是通过冶炼降低生铁中的碳并且去除其中的有害杂质，然后再根据对钢性能的要求加入适量的合金元素，使其成为具有较高强度、较高韧性或其他特殊性能的钢。炼钢的基本任务可归纳为以下三个方面：

（1）脱碳并将其含量调整到一定范围。碳含量的不同不但是引起生铁和钢性能差异的决定性因素，同样也是控制钢性能的最主要元素。钢中含碳量增加，则硬度、强度、脆性都将提高，而延展性能将下降；反之，含碳量减少，则硬度、强度下降而延展性能提高。所以，炼钢过程必须按钢种规格将碳氧化至一定范围。

（2）去除杂质，主要包括：

1）脱磷、脱硫。对绝大多数钢种来说，P、S 均为有害杂质。P 可引起钢的冷脆，而 S 则引起钢的热脆。

2）脱氧。由于在氧化精炼过程中，向熔池输入大量氧以氧化杂质，致使钢液中溶入一定量的氧，它将大大影响钢的质量。因此，需降低钢中的含氧量。一般是向钢液中加入比铁有更大亲氧力的元素来完成（如 Al、Si、Mn 等合金）。

3）去除气体和非金属夹杂物。钢中气体主要指溶解在钢中的氢和氮。非金属夹杂物包括氧化物、硫化物、磷化物、氮化物以及它们所形成的复杂化合物。在一般炼钢方法中，主要靠碳-氧反应时产生 CO 气泡的逸出，所引起的熔池沸腾来降低钢中气体和非金属夹杂物。

（3）调整钢液成分和温度。为保证钢的各种物理、化学性能，除控制钢液的碳含量和降低杂质含量之外，还应加入适量的合金元素使其含量达到钢种规格范围。

最早的炼钢方法可追溯至 1740 年出现的坩埚法，它将生铁和废铁装入坩埚内，继而用火焰加热熔化炉料，再将熔化额炉料浇铸成钢锭。1855 年，亨利·贝塞麦发明酸性底吹转炉炼钢法，第一次解决了大规模生产液态钢的问题。贝塞麦炼钢法的出现是现代炼钢法的开始。但由于它是酸性炉衬，不能造碱性渣，因而不能脱磷和脱硫。目前该方法已被淘汰。1878 年托马斯发明了碱性炉衬的转炉炼钢法，该方法实在吹炼过程中加入石灰生成碱性渣，解决了高磷生铁炼钢的问题。但托马斯法存在炉子寿命低、钢水中氮含量高的缺点。

20 世纪 40 年代出现的大型空气分离机使氧气制造成本大大降低，为氧气在炼钢中的应用奠定了基础。1952 年发明的氧气顶吹转炉标志着转炉炼钢新时代的到来。该方法具有生产率高、成本低、钢水质量高、便于自动化操作等优点，一经问世就在世界范围内得到迅速推广和应用，并逐渐取代平炉。在顶吹氧气转炉炼钢的同时，1978~1979 年成功开发了转炉顶底复合吹炼工艺，显著提高了钢的质量，降低了吨铁成本，更适合生产连铸优质钢水。

顶底复合吹炼操作，主要是除顶吹供氧外，还从炉底吹入惰性气体、炉底吹氧以及炉底同时喷吹熔剂。在充分利用顶吹转炉炼钢技术的同时从炉底吹入一部分氧或惰性气体等，以此强化熔池的搅拌能力，改善熔池的动力学条件，并通过惰性气体进行脱碳。顶底复合吹炼工艺的特点如下：

（1）由于熔池搅拌加强，扩大了钢液与炉渣的接触面积，成渣快，吹炼平稳，反应易达到平衡，喷溅少。不仅减少了金属损失，而且为提高供氧强度，缩短供氧时间提供了前提。

（2）吹炼过程中熔池 CO 分压低，尤其是以惰性气体为底部搅拌气体时，更有利于熔池 CO 分压的降低，从而能经济、方便地冶炼低碳钢及超低碳钢（$w(C)<0.01\%$）。

（3）熔池搅拌力增强，抑制了熔池铁的过氧化，减少了渣中的氧化铁含量，从而提高了金属收得率（约 1%）。同时降低了钢中的氧含量，从而减少钢中非金属夹杂物，提高钢的质量。

（4）由于终渣氧化铁含量低，因此钢水中残（Mn）量增加，而且锰铁脱氧效率也相应提高，从而可降低铁合金的消耗量。

（5）熔池均匀有力的搅拌，使炉渣的精炼能力得以充分的发挥，易于获得低硫、低磷和温度、成分均匀的高质量钢水。

（6）通过喷吹固体含碳物质（如煤粉）作为二次燃料并强化一氧化碳的二次燃烧，能量利用率高，废钢比大大提高。

（7）良好的搅拌使熔池温度、成分均匀、炉子的可控性明显改善，冶炼过程中的可预测性、再现性提高，有利于采用副枪进行动态控制，从而终点命中率提高。

本章中涉及的仿真实训系统采用的是 300t 顶底复吹转炉工艺，转炉的公称容量为 250t，转炉平均出钢量为 295t，转炉底吹气体种类为氮气和氩气，钢包容量为 300t，转炉平均冶炼周期为 38min（其中吹氧时间 16min）。本章主要讲述了 300t 顶底复合转炉炼钢生产工艺的仿真操作过程，主要包括：条件确认与备料、进废钢和兑铁水、吹炼前准备、吹炼开始、出钢、溅渣护炉、出渣。

16.1 条件确认和备料

打开如图 16-1 所示的“条件确认”界面，确认计划下达中的数据，以及终点目标成

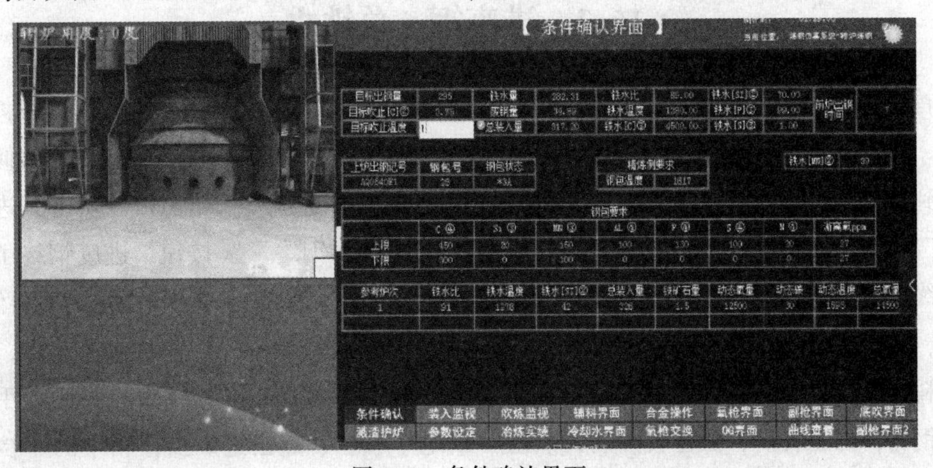

图 16-1 条件确认界面

分，设定目标吹止温度。停吹终止温度设定值标准值通过计算获得，包括三方面：精炼侧要求温度、出钢过程温降、钢包状态。然后切换界面至辅料操作界面（见图16-2），根据辅料的成分，设定称量数据，然后点击“称量”按钮进行称料，称量结束后，自动排出辅原料。

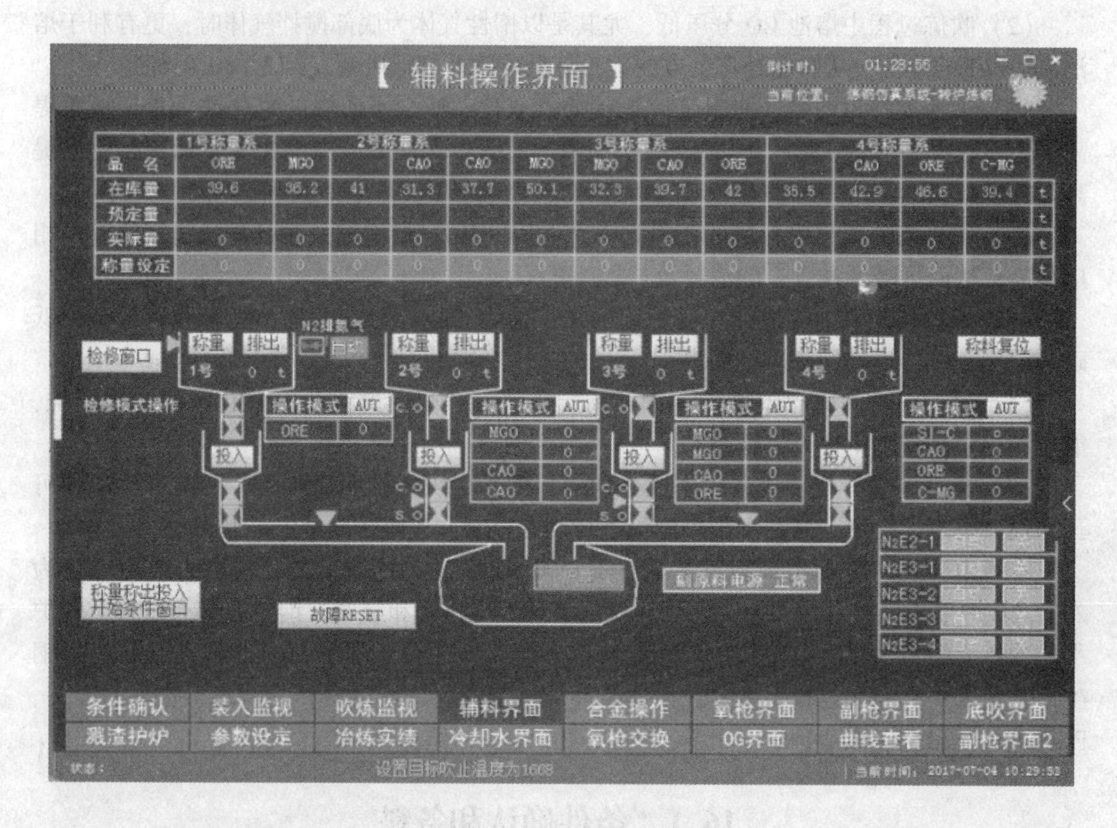

图16-2　辅料操作界面

16.2　进废钢、兑铁水

首先打开倾动操作面板（见图16-3），确认条件成立，然后点击“送电”按钮，倾动送电。打开倾动操作面板，并且将虚拟界面切换为进废钢视角，进行摇炉操作，将倾动手柄摇到原料侧，最终将炉子角度定为55°左右，然后打开进炉操作箱面板，点击“进废钢开始”按钮，进废钢开始。进废钢终了后，点击“进废钢终了”按钮，进废钢终了。进废钢终了后，先将炉子摇到原料侧75°~100°，再回摇炉，最终将转炉角度定为原料侧44°左右，点击进炉操作箱中的“兑铁开始”按钮，兑铁水开始，根据铁水包的角度，慢慢往原料侧倾动转炉。兑铁水结束后，点击“兑铁终了”按钮，兑铁结束，将倾动手柄摇到出钢侧，摆正转炉；摆正转炉后，点击“断电”按钮，点击进炉操作箱中的“挡烟门关闭”按钮。将虚拟界面中的视角切换为转炉前视角。

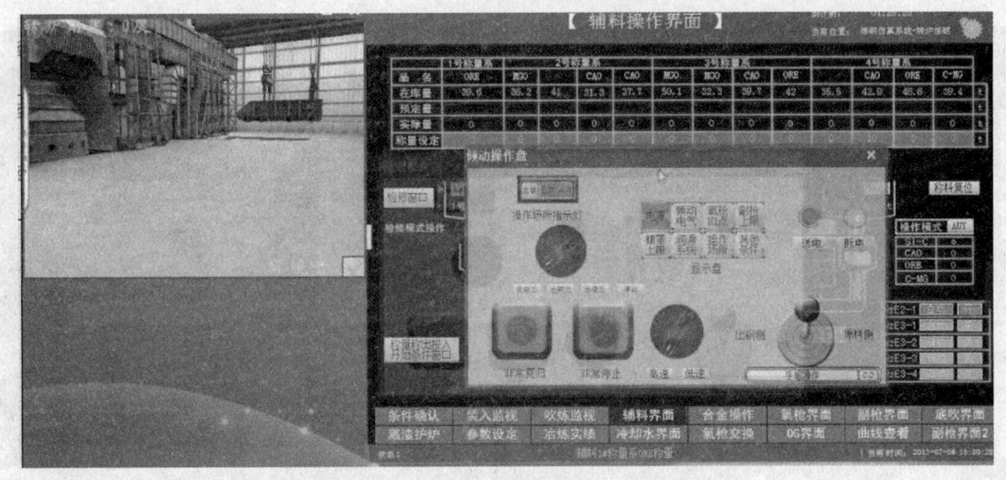

图 16-3　倾动操作面板

16.3　吹炼前准备

虚拟视角切换到“副枪着装视角”，打开副枪界面（见图 16-4），选择副枪探头为定深探头，点击副枪界面中的“着装开始”按钮，副枪开始着装，然后进行测深设定和液面设定，设定完成后，点击“读入”按钮。副枪着装完毕后，点击“测定开始”按钮，按钮，副枪定深测定开始。副枪定深结束后，会在“液面测定值”中显示测深数据（见图 16-4）。

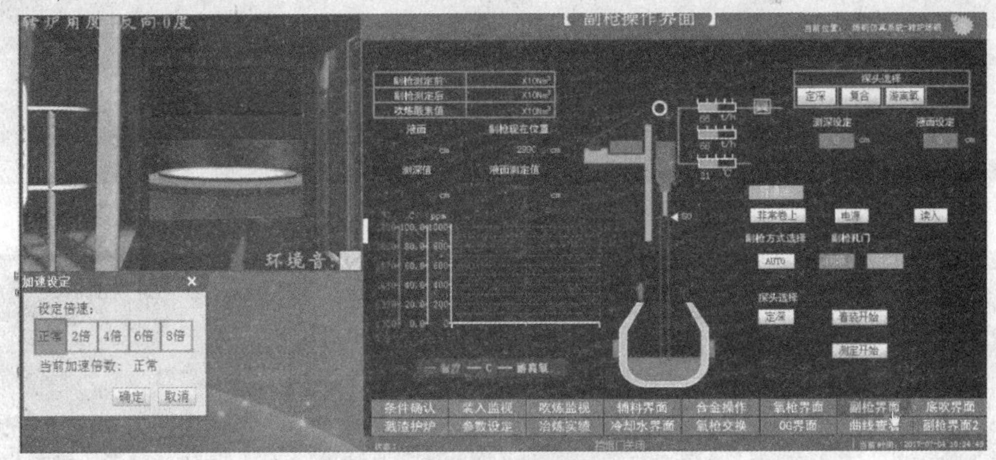

图 16-4　副枪操作界面

打开底吹界面（见图 16-5），鼠标移到右上角转炉炉体上，判断风口状态，从而设定底吹方式。设定氮气/氩气切换比。打开参数设定界面（见图 16-6），设定吹炼过程中供氧强度、吹炼过程中枪位控制。打开装入监视界面，设定耗氧量。打开吹炼监视界面（见图 16-7），点击“吹炼条件”按钮，确认吹炼前准备已完毕，然后点击“吹炼开始”按钮，吹炼开始，氧枪下降到位后，点击“着火”按钮。将虚拟界面中的视角切换为吹炼视角。将副枪探头选择复合探头，点击“着装开始”按钮，副枪自动着装。

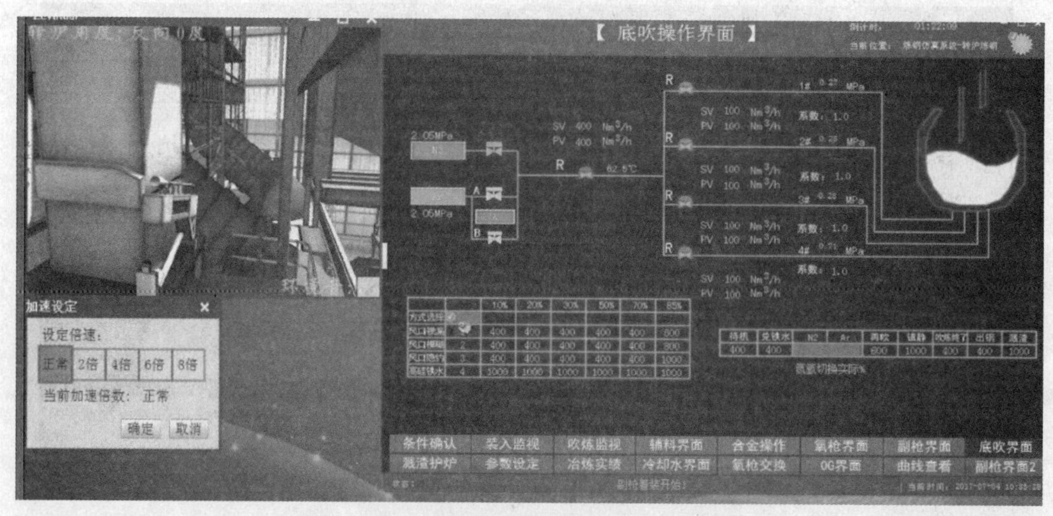

图 16-5　底吹界面及氮氩比切换比设定界面

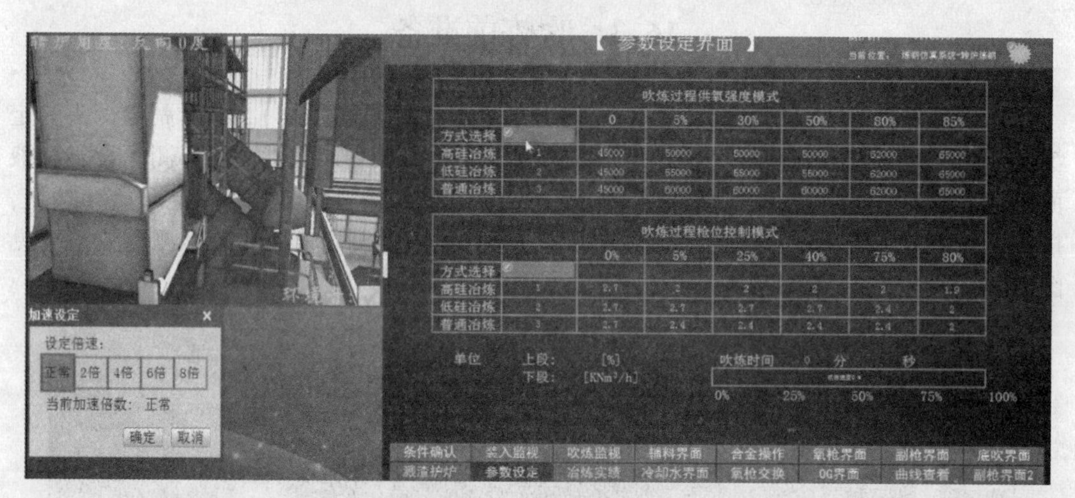

图 16-6　参数设定界面

图 16-7　吹炼监视界面

16.4 吹炼开始

吹炼开始后，切换界面为辅原料界面（见图 16-2），点击前一步称量设定的称量系中的“投入”按钮，投入辅原料。根据吹炼过程中的成分变化，可以继续称料，投料。吹炼过程中耗氧量达到某一特定的耗氧量时，点击副枪界面中的“测定开始”按钮，副枪动态测定钢液中 C 的含量以及钢液温度，此时副枪界面中会显示动态测定数据曲线及数值显示。副枪复合测定完后，探头选择游离氧探头，点击“自动着装”开始副枪着装。

吹炼达到设定耗氧量时，会自动吹炼结束，如果提前吹炼结束，可以打开吹炼监视界面（见图 16-7），点击“吹炼终了”按钮，吹炼结束。打开副枪界面（见图 16-4），点击“测定开始”按钮，进行副枪动态测定钢液中的游离氧。此时副枪界面曲线中会显示动态测定的游离氧数据。

16.5 出　　钢

打开合金操作界面（见图 16-8），根据吹炼后的钢包成分，设定合金称量的数量，点击“称量”按钮，进行合金称量，称量完毕后，自动排出到合金皮带，将合金排放到合金仓。合金仓分为大合金仓和小合金仓。

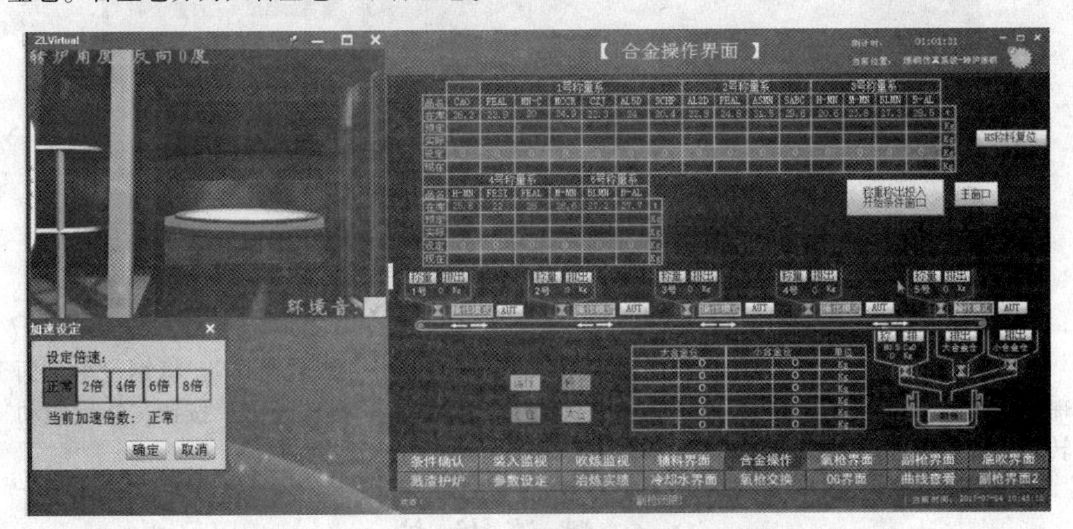

图 16-8　合金操作界面

吹炼结束后，将虚拟界面的视角切换为钢包车视角，打开钢包车操作面板（见图 16-9），点击“转炉控制”按钮，摇动钢包车手柄至“渣处理侧”，将钢包车开至出钢水处。然后打开倾动操作面板，将操作场所切换为出钢处，摇动倾动手柄至“出钢侧”。出钢开始后，继续摇动倾动手柄至 100°左右，同时前进钢包车。

打开转炉合金操作台（见图 16-10），点击“合金仓左旋”，将合金溜管对准钢包口。打开合金操作界面（见图 16-8），如果是刚才排出到了大合金仓，那么点击“排出大合金仓”按钮，否则点击“排出小合金仓”按钮，进行合金投入。

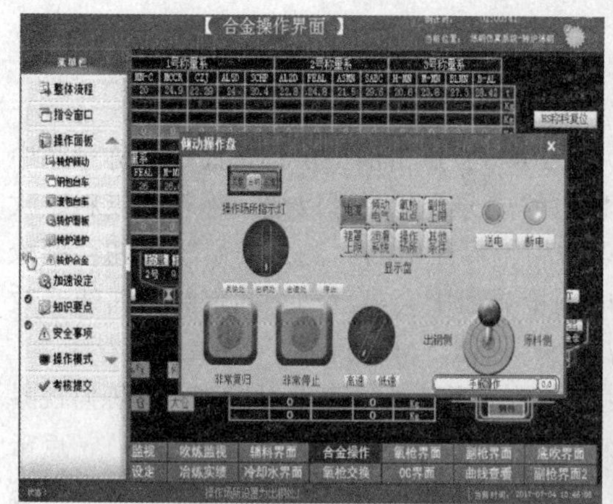

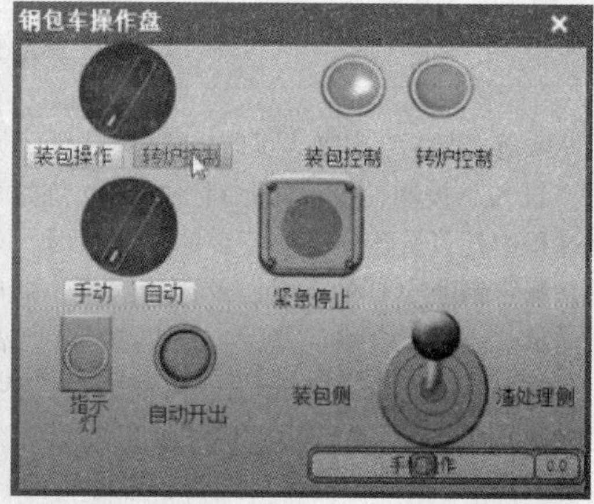

图 16-9　钢包车操作面板

图 16-10　转炉合金操作台

出钢结束后，打开钢包车操作面板（见图 16-9），点击“装包操作”，将钢包车手柄摇至出钢侧，将钢包车开出到初始位或者选择自动，点击“自动开出”按钮。然后倾动转炉，将炉子摆正到 0°。

16.6　溅 渣 护 炉

将虚拟界面视角切换为吹炼视角。打开辅料界面（见图 16-2），称量 C-MG、MgO 各 1~2t 辅料。打开溅渣护炉界面（见图 16-11），进行溅渣枪位设定，点击溅渣选择“切”变为“入”，然后检查溅渣条件是否都成立。界面切换到“氧枪交换界面”，点击 A 枪切换至 B 枪，点击“氧枪交换开始”按钮，开始换枪。

换枪完成后，点击“溅渣终了”按钮切换到开始，开始溅渣，显示溅渣时间。溅渣过程中，将称好的料加入转炉。溅渣时间 2~4min 后，将溅渣开始切换到终了。

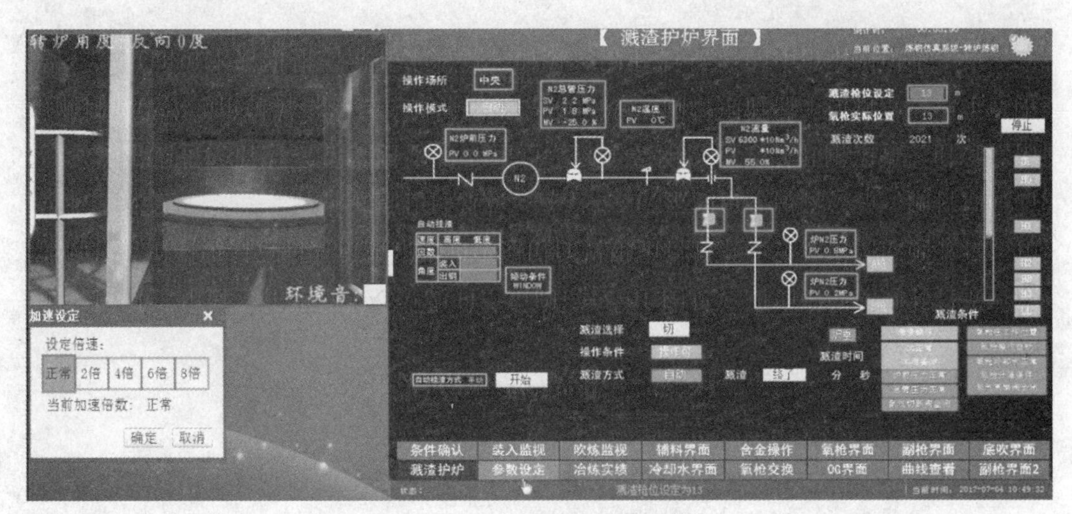

图 16-11　溅渣护炉操作界面

16.7 出　渣

将虚拟界面视角切换为出渣视角，打开渣包车操作面板，选择“转炉侧”，将渣包车手柄摇至“装包侧”，渣包车进站到位后，打开倾动操作面板，将倾动操作选择为出渣处，将倾动手柄往原料侧摇至140°左右出渣。出渣开始后，继续摇动手柄往原料侧，同时开渣包车。等待出渣终了后，打开渣包车操作面板，将渣包车操作场所改为渣处理侧，摇动渣包车手柄至渣处理侧，渣包车出到初始位后，打开倾动操作面板，将转炉摆正。

习　题

16-1 模拟转炉炼钢出钢操作。

参 考 文 献

[1] 张芳. 转炉炼钢技术问答 [M]. 北京：化学工业出版社，2013.
[2] 冯捷. 转炉炼钢生产 [M]. 北京：冶金工业出版社，2010.
[3] 戴云阁. 现代转炉炼钢 [M]. 沈阳：东北大学出版社，1998.
[4] 王社斌，宋秀安. 转炉炼钢技术要求，转炉炼钢技术参数 [M]. 北京：化学工业出版社，2010.
[5] 王社斌，宋秀安. 转炉炼钢生产技术 [M]. 北京：化学工业出版社，2008.
[6] 张芳. 转炉炼钢 [M]. 北京：化学工业出版社，2008.
[7] 张芳. 转炉炼钢500问 [M]. 北京：化学工业出版社，2010.
[8] 张岩. 氧气转炉炼钢工艺与设备 [M]. 北京：冶金工业出版社，2010.
[9] 陈家祥. 钢铁冶金学：炼钢部分 [M]. 北京：冶金工业出版社，2006.
[10] 人力资源和社会保障部教材办公室. 转炉炼钢工艺及设备 [M]. 北京：中国劳动社会保障出版社，2006.